湖泊蓝藻定量遥感

马荣华　薛　坤　齐　琳
李　晶　姜广甲　著

科学出版社
北　京

内 容 简 介

本书阐释和完善了湖泊浮游植物色素定量反演的基础理论、技术路线和研究方法。书中首先分析了蓝藻中藻蓝素的光谱特征及粒径特征，为蓝藻定量遥感提供了理论基础；然后阐述蓝藻水华的遥感监测原理及典型湖泊的藻华时空分布规律，介绍浅水湖泊藻颗粒的垂向速率及垂向分布规律；在分析其对遥感反射比影响的基础上，提出了藻总量的估算方法，揭示巢湖和太湖藻量的时空分布规律；最后介绍了富营养化湖泊颗粒有机碳及溶解有机碳的遥感反演方法。

本书旨在推动湖泊水色遥感的进一步发展和深入应用，同时丰富和完善湖泊水环境遥感的科学内涵。本书可供从事环境遥感、环境科学、水环境监测等领域的科技人员以及高等院校水环境、遥感应用等专业的师生参考、使用。

图书在版编目(CIP)数据

湖泊蓝藻定量遥感/马荣华等著. —北京：科学出版社，2023. 4

ISBN 978-7-03-075266-6

Ⅰ. ①湖… Ⅱ. ①马… Ⅲ. ①遥感技术–应用–湖泊–蓝藻纲–藻类水华–研究 Ⅳ. ①Q949.22

中国国家版本馆 CIP 数据核字(2023)第 048456 号

责任编辑：彭胜潮/责任校对：郝甜甜

责任印制：吴兆东/封面设计：图阅盛世

科 学 出 版 社 出版

北京东黄城根北街 16 号

邮政编码：100717

http://www.sciencep.com

北京虎彩文化传播有限公司 印刷

科学出版社发行 各地新华书店经销

*

2023 年 4 月第 一 版 开本：787×1092 1/16

2023 年 4 月第一次印刷 印张：12 1/4

字数：287 000

定价：150.00 元

(如有印装质量问题，我社负责调换)

前　言

时光荏苒，白驹过隙。《湖泊水环境遥感》一书出版至今，十年有余。遥感科学技术发展日新月异，遥感卫星发射数量不断增长；目前，我国已经发射了200多颗卫星，形成了通信、气象、资源、高分、海洋、导航等六大系列。到2025年，全球卫星遥感服务行业规模有望达到43.6亿美元。湖泊是国家重要战略资源，是我国近50%人口的饮用水源地(包括水库)和“山水林田湖草沙”生命共同体的核心组成部分，也是全球环境变化与区域气候的指示器和调节器。随着我国社会经济的快速发展，湖泊水环境和水生态问题凸显，精准监测与科学评估是环境问题诊断与治理的前提；卫星遥感具有大范围、周期性、快速实时的优势，在湖泊监测方面发挥着不可替代的作用。

浮游植物是湖泊生态系统中最重要的初级生产者之一，也是评价湖泊营养类型的重要依据。湖泊水体浮游植物色素的组成和浓度变化会引起水体固有光学特性的改变，并最终通过遥感光谱信号反映出来，因此通过遥感卫星可以准确地反演水体的浮游植物色素含量。本书以作者多年的研究为基础，试图阐释和完善湖泊浮游植物色素定量反演的基础理论、技术路线和研究方法，旨在推动湖泊水色遥感的进一步发展和深入应用，同时丰富和完善湖泊水环境遥感的科学内涵。

沿着湖泊环境遥感这一极具生命力的研究方向，我们持之以恒，始终战斗在湖泊生态环境遥感的前沿，一路前行，不断与各种难题作斗争。在行进过程中，伴随着科学问题的求真求实，收获了大量的研究成果，现整理成册，以期与各位同行、老师和专家学者深入交流。在本书写作过程中，得到了潘德炉院士、周成虎院士、李忠平教授、胡传民教授等老师的关心和指导，同时得到中国科学院南京地理与湖泊研究所众多同事的支持和帮助。

全书共分七章。第1章介绍蓝藻的光谱特征和定量遥感方法，由马荣华和齐琳撰写；第2章介绍蓝藻水华的光谱特征，及其与目前光学卫星传感器的关系，由马荣华和薛坤撰写；第3章介绍蓝藻水华面积的卫星遥感估算方法及其监测报告的制作与发布，由薛坤、齐琳和马荣华撰写；第4章介绍藻颗粒垂向运动速率的估算方法和太湖估算结果，由齐琳撰写；第5章介绍藻颗粒的垂向分布类型、规律及其对遥感反射比的影响，由薛坤撰写；第6章介绍湖泊藻总量的估算方法和结果，揭示巢湖和太湖藻总量的时空分布规律，由李晶和薛坤撰写；第7章介绍湖泊水体有机碳的关系及有机碳的反演，由姜广甲和马荣华撰写。全书由马荣华、薛坤、齐琳、李晶和姜广甲统稿。

本书出版获得国家自然科学基金面上项目(42071341、41771366)、重点项目(41431176)等课题的资助；同时，国家地球系统科学数据中心湖泊-流域分中心(http://lake.geodata.cn)、中国科学院南京地理与湖泊研究所科学数据中心(http://data.niglas.ac.cn)以及“十四五”网络安全和信息化专项(CAS-WX2021SF-0306)为本书提供了数据支持。在此一并表示感谢！

在本书即将出版之际，谨向为我们提供资助的单位、参与研究的全体成员以及提出宝贵意见的各位有识之士表示诚挚的谢意！向给予我们支持、理解和帮助的同行和学者表示诚挚的谢意！感谢郝景燕撰写藻蓝素及其他色素吸收光谱等内容，胡旻琪帮助绘制藻华水体反射曲线斜率图，史小丽提供藻颗粒粒径实测数据，张民提供藻颗粒及其聚集体的扫描电镜图像，周雯提供藻颗粒粒径反演算法，曹志刚提供宽波段卫星传感器在水体光学性能评估结果等，朱道瑶、刘宇晨、胡旻琪等参与文字校对工作。另外，还有许多人员为本书的顺利出版提供了帮助，感谢他们的热情帮助和无私支持！本书引用了许多学者的研究成果和学术思想，虽然已有标注和说明，但在主要参考文献中未完全列出，敬请谅解！本书为《湖泊水环境遥感》的后续(第二部)，希望不久的将来，《湖泊水环境遥感》的第三部顺利问世。

知识所限，学识疏浅，加之时间仓促，书中难免存在不当之处，恳请读者批评指正。

目　　录

第1章　蓝藻光谱及其定量反演

1.1　藻种及其标志性色素

淡水湖泊中，浮游植物主要有八大类：绿藻(Chlorophyta)、硅藻(Diatom)、蓝藻(Cyanobacteria)、隐藻(Cryptophyta)、裸藻(Euglenophyta)、甲藻(Dinophyta)、金藻(Chrysophyta)、黄藻(Xanthophyta)；此外，个别湖泊还有轮藻(Charophyta)、褐藻(Phaeophyta)、红藻(Rhodophyta)。不同的优势藻种，会引起不同的水环境问题，各藻种的生活习性也有所不同(表1-1)。蓝藻多喜在水温较高、含氮及有机质丰富的水体中生长，是水体有机污染的指示藻种，存在于几乎所有的富营养化湖中；隐藻的耐污性较强；裸藻多在高温和有机质丰富的水体中；甲藻和金藻一般在清洁水体中出现；黄藻由单细胞或单细胞的丝状体组成，绝大多数生活于淡水中，仅少数分布于海洋和半咸水中，对低温有较强的适应性，早春晚秋大量发生，但在大型水体中种群数量不多，易于在浅水或间歇性水体中形成优势，因此黄藻常大量发生于微流动的沟渠或山涧中，偶见于养殖水体，是我国传统鱼池肥水的主要浮游植物组分。金藻，特别是能运动的金藻，几乎没有真正的细胞壁，但有固定形状的周质膜，有细胞壁的主要成分为果胶质，其上有许多硅质或钙质小片。伴随着湖泊的营养化进程，湖泊浮游植物的群落结构发生或正在发生着显著变化。不同的湖泊，浮游藻类的优势种及其占有的比例不同；同一湖泊在不同的季节，浮游藻类的优势种也不同，并且有着交替轮换的现象。

表1-1　不同类型湖泊中蓝藻、绿藻和硅藻占浮游植物比例

营养类型	湖泊、水库名称	蓝藻、绿藻和硅藻所占比例
富营养	巢湖(安徽)	99.91%(1984年)
		98.11%(2004～2005年)
		98.47%(2004年)
	太湖(江苏)	90%以上(2007年～)
	新立城水库(吉林)	98%以上(2007年～)
中营养	鄱阳湖(江西)	87.3%(1987～1993年)
贫营养	滴水湖(上海)	58%(2006～2008年)

目前的藻类识别方法主要有：从形态学入手的显微计数法和图像法，从藻种DNA入手的流式细胞仪法，从色素光学特征入手的高效液相色谱法(HPLC)、荧光光谱法和吸收光谱法；另外，还有黑白瓶法、^{14}C法、叶绿素a测量法、分子探针法。近年来，随着水色遥感的发展，基于特征色素的遥感探测法逐渐成熟。

水体的营养水平影响着浮游植物的生物量及其群落结构(Kilham and Hecky, 1988)。在不同营养化水平的湖泊，浮游植物种类组成、优势种组成及个体数量变化等都表现出不同的特征。水体中浮游植物采集光能的天线色素(*Antenna pigments*)主要有叶绿素、类胡萝卜素和藻胆色素(*Phycobilin pigments*)三大类(Rowan, 1989)，不同门类浮游植物的光合辅助色素差别很大。营养化水平较高的水体中浮游植物种群密度较大，蓝藻通常为优势种，绿藻、硅藻的数量较多(Gopal and Goel, 1988)。太湖、巢湖和鄱阳湖是我国湖泊水体藻类最为丰富的三个，有许多学者通过研究藻类及其演替过程，评价水体营养化水平和污染状况(高玉荣，1992；Izaguirre et al.，2003；贺筱蓉和李共国，2009)。

太湖浮游植物优势种在1960年时为绿藻，1981年变为硅藻，1988年后蓝藻成为主要优势种；其中1996～1997年，蓝藻和绿藻共同作为优势种(钱奎梅等，2008)。2007年11月至2008年8月间的调查表明，8门淡水浮游植物在太湖中均有分布(成芳，2010)。近年来，蓝藻在全年中都是优势种，主要为铜绿微囊藻和水华微囊藻；春秋主要为衣藻，夏季主要为球囊藻，另含部分硅藻，主要为小环藻、颗粒直链藻和舟形藻；蓝藻、绿藻、硅藻占浮游植物个体总量的90%以上(成芳，2010)。陈家长等(2009)在2008年1月到12月对太湖西部五里湖的调查中发现了除金藻以外的7门淡水浮游植物，并认为五里湖藻类的季节演替除绿藻外基本符合PEG(plankton ecology group)模式，即从冬春季的隐藻和硅藻转变为夏季的绿藻，到夏末秋初则以蓝藻为优势，而硅藻的重要性则随着秋季的到来再次上升。另外，南太湖原来水质相对较好，优势种为硅藻(原居林等，2009；赵汉取等，2009)，但近年来逐渐演变为蓝藻(梁兴飞，2010)。

1984年在巢湖检测到8门藻类(刘贞秋和蒙仁宪，1988)，其中蓝藻种类少但数量占绝对优势，除冬季(硅藻为优势种)外，优势种都是蓝藻。蓝藻、硅藻和绿藻全年都有分布，占浮游植物年平均数量的99.91%，其他藻类呈季节性分布；即使在蓝藻生物量较小的冬季，这三门藻类的数量仍占浮游植物总体的97.71%。水华优势种为铜绿微囊藻、水华微囊藻(夏秋)和螺旋鱼腥藻(春)。1999年，四季均检出的有蓝藻、硅藻、绿藻和隐藻四门(赵影和王志强，2002)。2004年到2005年，蓝藻门、绿藻门和硅藻门在种类上占84.03%，数量上则占98.11%(田春，2005)。有些航次的调查中没有检测到全部8门浮游植物，如2004年5月和8月，浮游植物有5门54属，其中蓝藻数量占96.63%，硅藻占0.92%，绿藻占0.92%，裸藻占0.31%，甲藻占1.22%(台建明，2005)。2008年检测发现5门藻，包括蓝藻、绿藻、硅藻、隐藻和裸藻(姜霞等，2010)。

鄱阳湖是一个与长江连通的过水性、吞吐型、季节性的湖泊，近年来富营养化程度不断上升，部分湖区在2007年就出现了明显水华蓝藻集聚，2013～2014年水华分布区域较前几年有大范围增加。硅藻为绝对优势种，生物量占浮游植物总生物量的50%以上，蓝藻为次级优势种，水华蓝藻聚集主要发生在夏秋季部分湖区。调查表明(钱奎梅等，2016)，1987～1993年发现浮游植物8门319种(包括：绿藻门83属169种、硅藻门27属73种、蓝藻门25属43种、裸藻门6属12种、金藻门5属7种、甲藻门3属7种、黄藻门3属6种、隐藻门1属2种)；然而，2009～2014年的调查仅发现了7门67属 132

种(包括：绿藻门 34 属 64 种，占总藻类数的 48.5%；硅藻门 17 属 30 种，占总藻类数的 22.7%；蓝藻门 6 属 22 种，占总藻类数的 16.7%；裸藻门 4 属 7 种、甲藻门 3 属 4 种、隐藻门 2 属 4 种、金藻门 1 属 1 种)。总体上，绿藻门最多，其次是硅藻门，蓝藻门也占有一定的数量(谢钦铭和李长春，2000)。近年来，鄱阳湖水体营养程度逐渐上升(温春云等，2020)；另外，全球气温变暖导致湖泊水温升高(O'Reilly et al., 2015; Gray et al., 2015)，极大地改变了适于黄藻的生长环境；因此，与 1987～1993 年相比，黄藻在 2009～2014 年期间消失了。

上海淀山湖春秋季节绿藻占优势，夏季蓝藻居多，冬季则主要为硅藻和隐藻(赵爱萍等，2005)。在长春新立城水库中，蓝藻、硅藻和绿藻无论在数量还是在种数上都占浮游植物总量的 98%以上，裸藻和黄藻仅占 2%(蔡秋波，2008)。在一些营养化程度不高的湖泊中，浮游植物群落结构则有所不同，如上海滴水湖在 2006 年到 2008 年金藻、硅藻、绿藻、蓝藻四门在数量上占优势，年均值分别占浮游植物总量的 37%、22%、20%和 16%(李晓波，2009)。

总体来说，对于富营养化湖泊，水体中的浮游藻类主要为蓝藻门、绿藻门和硅藻门，通常达 90%以上；夏季基本为蓝藻门。

上述藻类所含色素大致分为 6 种：叶绿素 a(Chla)、叶绿素 b(Chlb)、叶绿素 c(Chlc)、光保护类胡萝卜素(PPC，PhotoProtective Carotenoid，也称为非光合有效色素)和藻蓝素(PC，PhyCocyanin)；不同的色素指示不同的藻类，标志着不同的进化方向，是藻类分门的主要依据(Rowan，1989)。Chla 存在于所有的藻类中，Chlb 存在于绿藻、裸藻和轮藻中，Chlc 存在于甲藻、隐藻、黄藻、金藻、硅藻和褐藻中，叶绿素 d(Chld)是红藻的标志性色素；与 Chla 一样，胡萝卜素(Carotene)也存在于几乎所有的藻类中；绿藻的标志性色素是 Chlb(周百成等，1974；Descy and Métens，1996)，岩藻黄素或 Chlc 是硅藻的标志性色素(Bidigare et al., 1989; Cleveland and Perry, 1994；Descy and Métens，1996)，藻胆素(Phycobilin)普遍存在于蓝藻、红藻和隐藻中；藻蓝素(Phycocyanin)是蓝藻的指示性色素(Dekker，1993；Schalles et al., 1998)。金藻门的光合作用色素主要由叶绿素 a、叶绿素 c、胡萝卜素和叶黄素组成，由于胡萝卜素和岩藻黄素在色素中的比例较大，常呈现出金黄色、黄褐色或黄绿色(冯佳，2008)。黄藻的特征色素是黄藻黄素和无隔藻黄素，但普遍含有 Chla，部分含有 Chlc.；与其他含有 Chlc 的类型相比，黄藻中 Chlc 的含量很低，Chla 与 Chlc 的比值高达 50～100(胡晗华等，2001)。

1.2　藻颗粒粒径

根据粒径大小，藻颗粒可以分为五种类型(Sieburth et al.,1978)：微微型(picoplankton，<2 μm)、微型(nanoplankton，2～20 μm)、小型(microplankton，20～200 μm)、中型(mesoplankton，200～2 000 μm)、大型(macroplankton，0.2～20 cm)和巨型(megaplankton，20～200 cm)。实验室内测量藻颗粒粒径的步骤大致有五个步骤(静置

藻水分离、去湖水、藻颗粒定容、拍照、显微镜测量)(图 1-1)：首先富集样品，即取一定体积的水样，加入到分液漏斗中，静置约 12 小时，分离出悬浮在表面的藻液，定容到一定体积；然后，在显微镜下用浮游植物计数框计数，即取 0.1 mL 富集后的水样加到计数框中，盖好盖玻片，在显微镜下观察并拍照标记不同藻粒径大小；最后利用式(1-1)进行计算：

$$N = \frac{A \times V_s \times n}{A_c \times V_a} \tag{1-1}$$

式中，N 为浮游植物数量；A 为计数框面积；A_c 为视野面积；V_s 为 1 L 原水样沉淀浓缩后的体积；V_a 为计数框的容量；n 为计数所得浮游植物的数目。

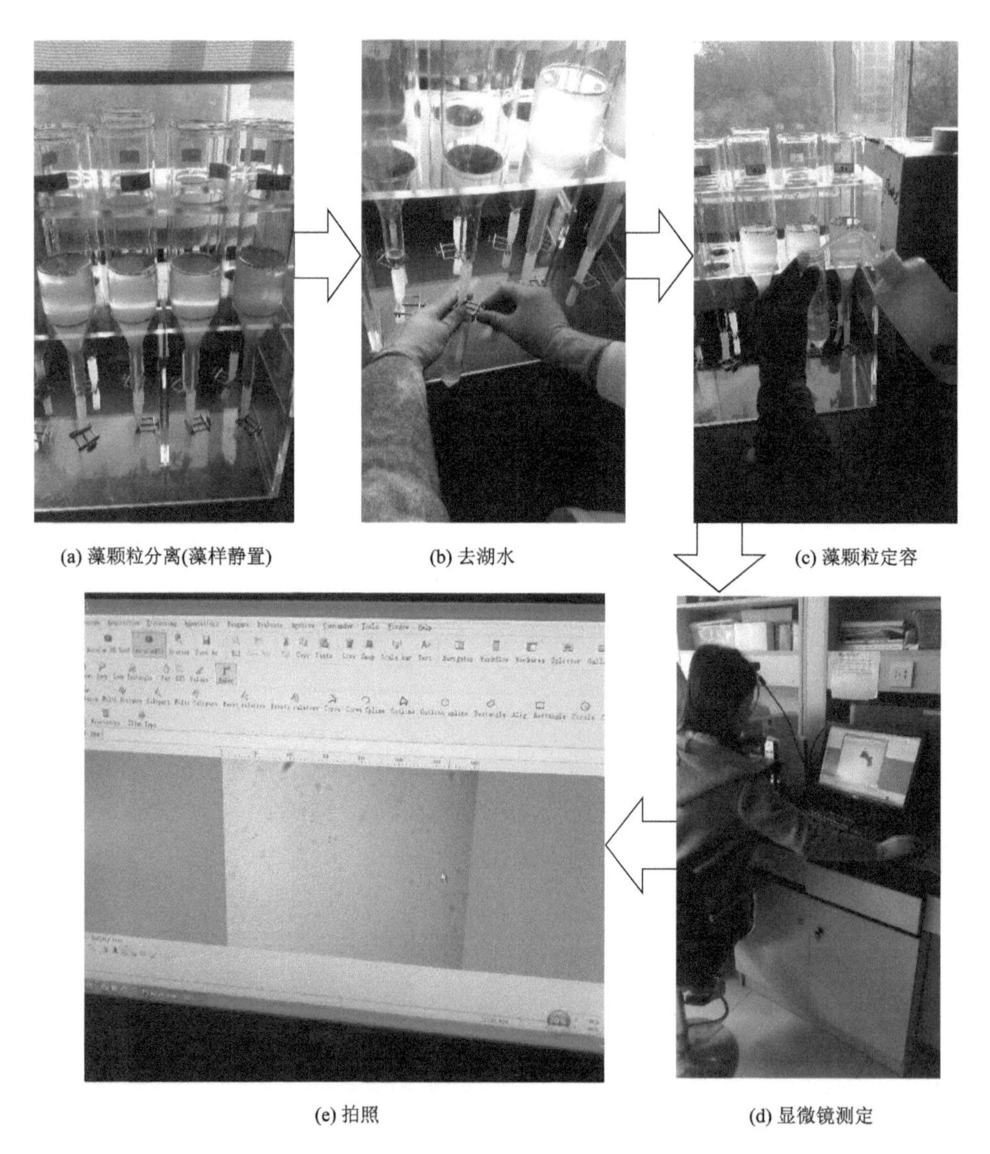

(a) 藻颗粒分离(藻样静置)　(b) 去湖水　(c) 藻颗粒定容

(e) 拍照　(d) 显微镜测定

图 1-1　藻颗粒实验室测量步骤

典型的富营养化湖泊巢湖的大量实测表明[图1-2，图1-3(a)～(j)]，粒径变化范围约为 4.022 6～1 118.085 7 μm，平均约 162.339 4±219.035 6 μm；其中，2 月的藻颗粒粒径最大，12 月和次年 1 月的藻颗粒大小分布基本相同(图 1-4)，呈单峰分布，峰值约 5.392 7 μm；2～4 月，藻颗粒开始变大，但分布状态基本相同，也呈单峰分布，但峰位置逐渐向右移动，峰值逐渐增大到约 4.609 1 μm；5 月，变换为双峰分布状态，两个峰的大小基本一致，峰值达 6.076 4 μm；随着夏季水温的增加，藻颗粒继续生长并呈集聚状态(图 1-5)，7 月，藻颗粒大小的分布状态仍旧呈现双峰分布，但两个峰的大小对比发生了变化，主峰(靠右)比较突出，峰值达 6.365 8 μm。

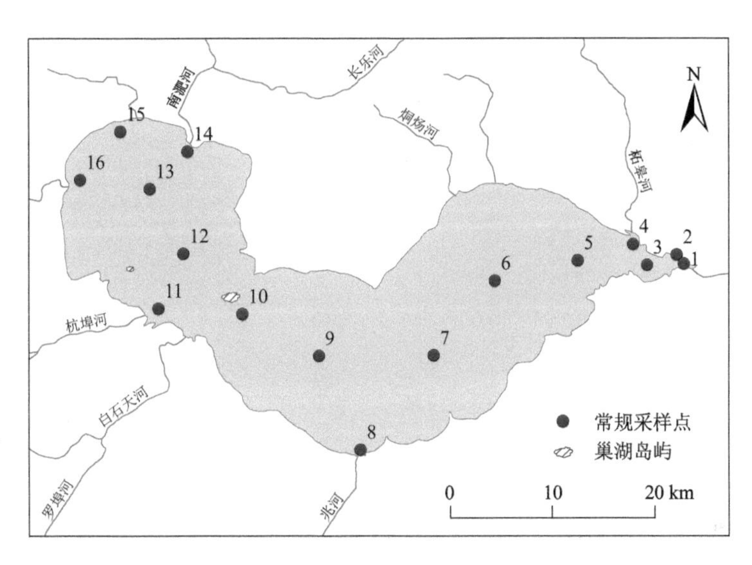

图 1-2　巢湖藻颗粒样点分布

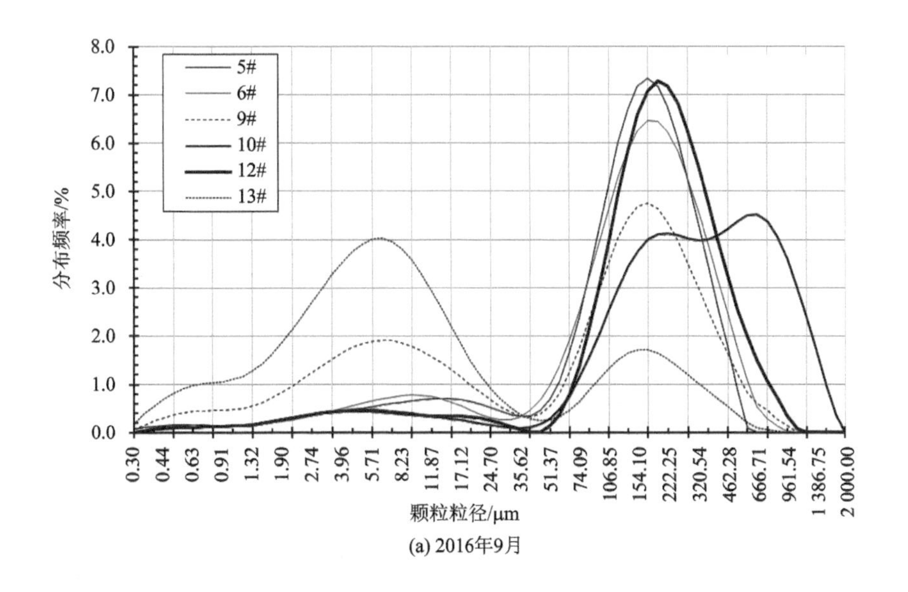

(a) 2016年9月

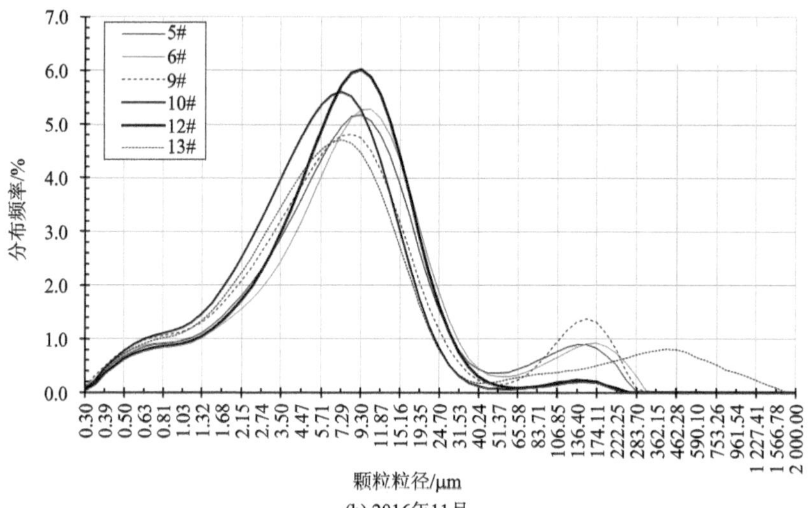

(b) 2016年11月

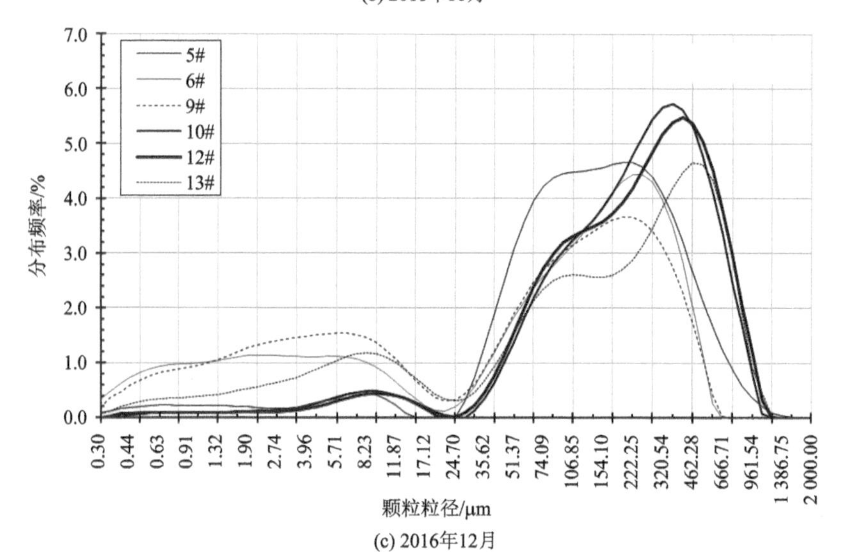

(c) 2016年12月

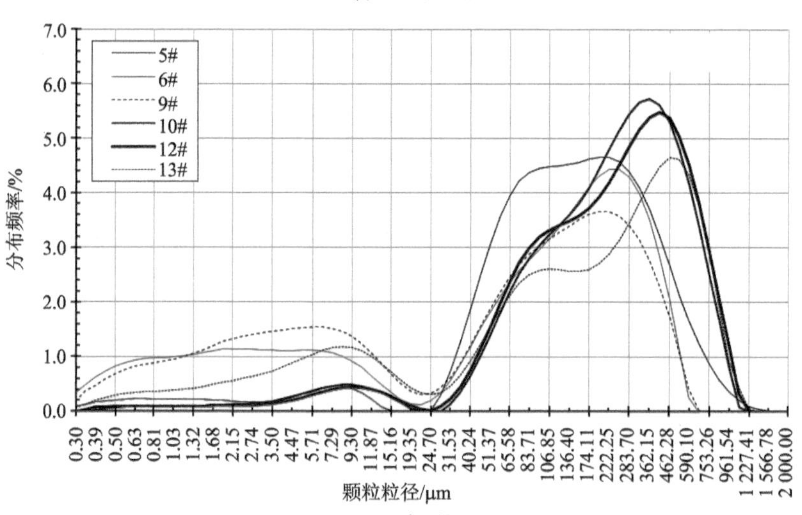

(d) 2017年1月

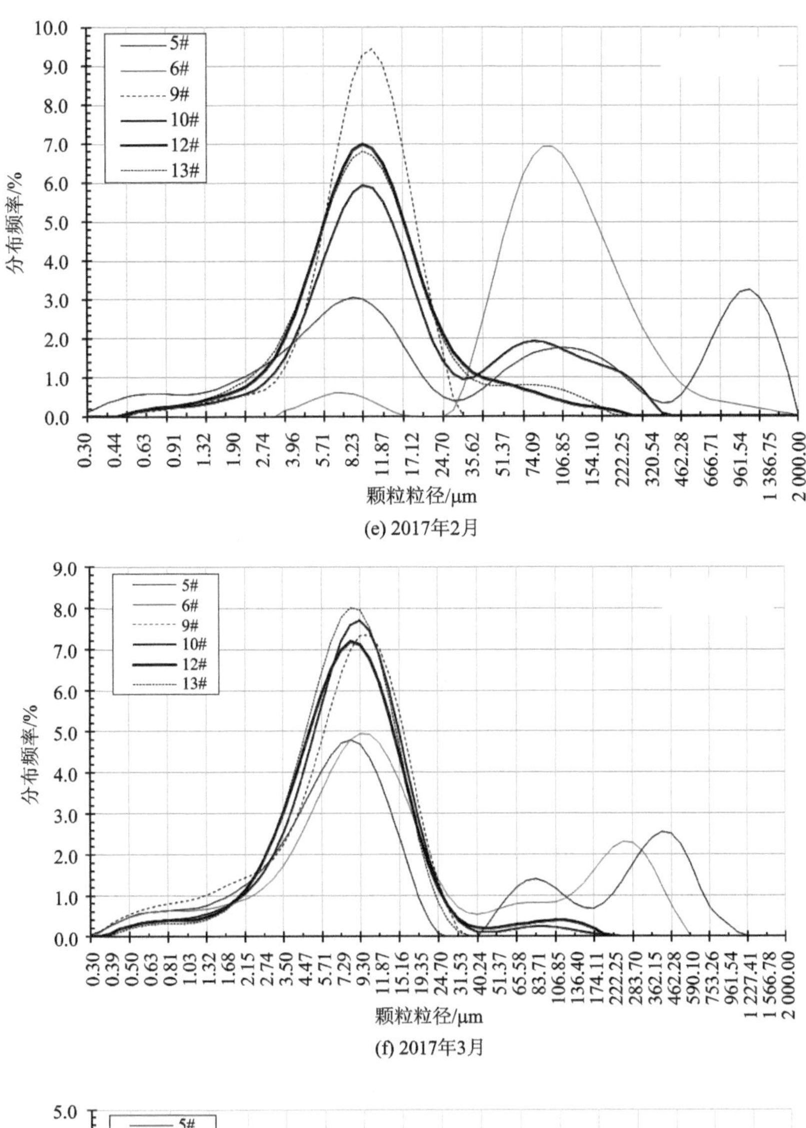

(e) 2017年2月

(f) 2017年3月

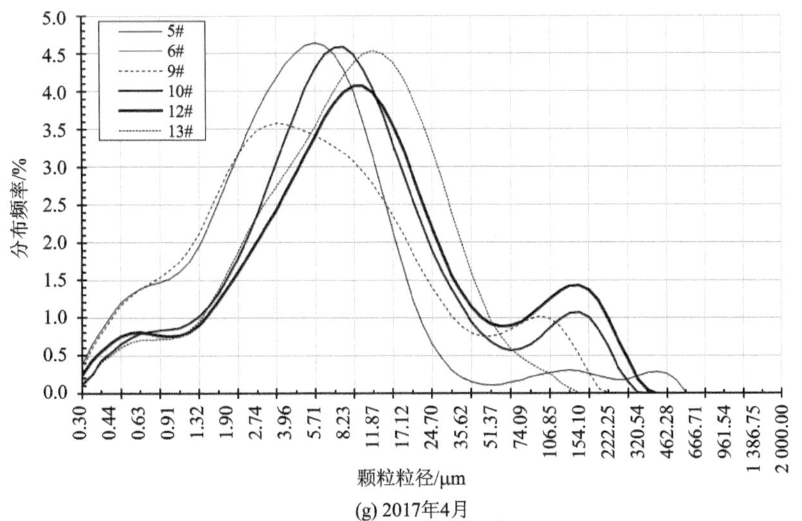

(g) 2017年4月

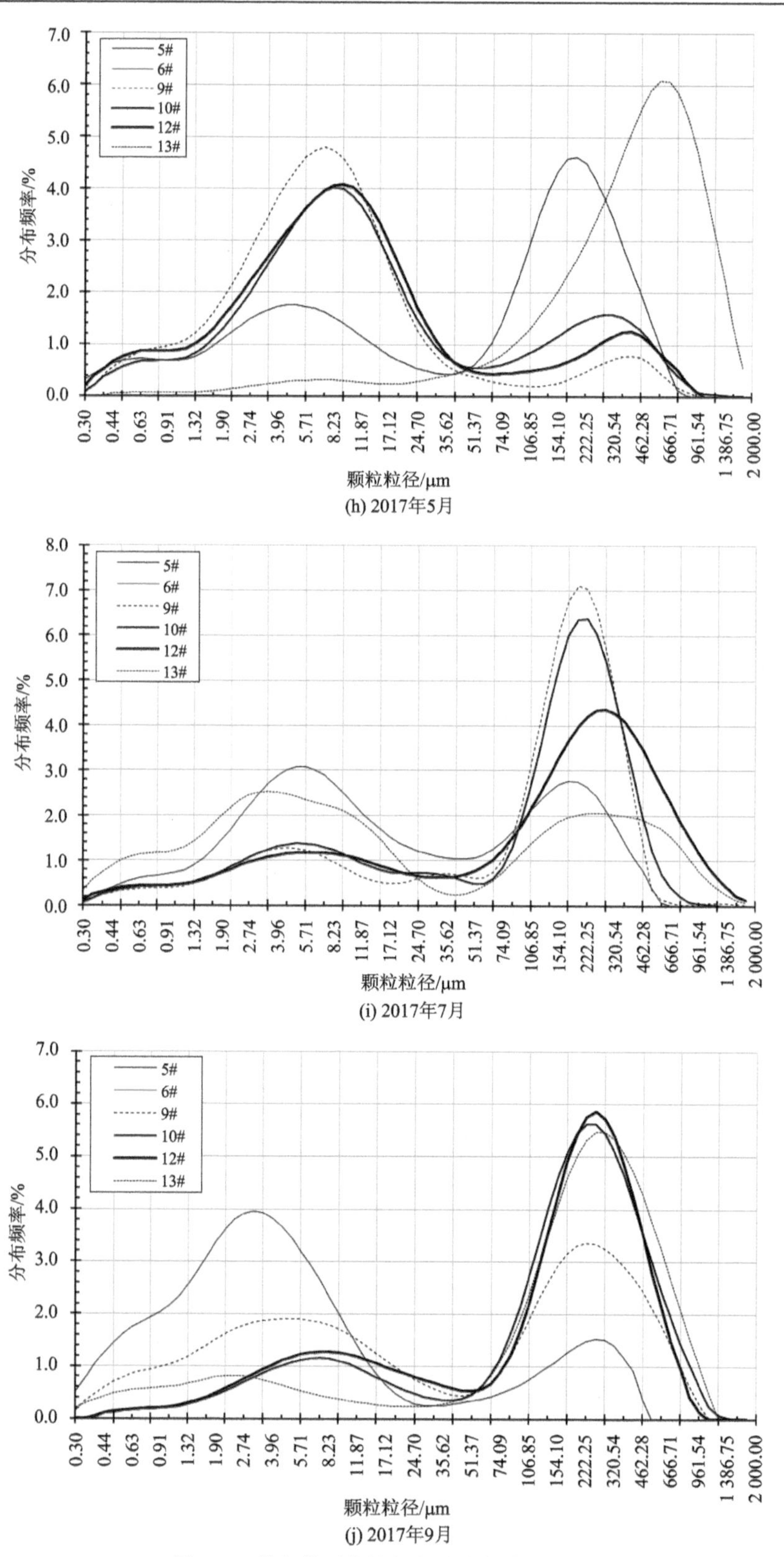

图 1-3　巢湖藻颗粒粒径与分布频率的关系

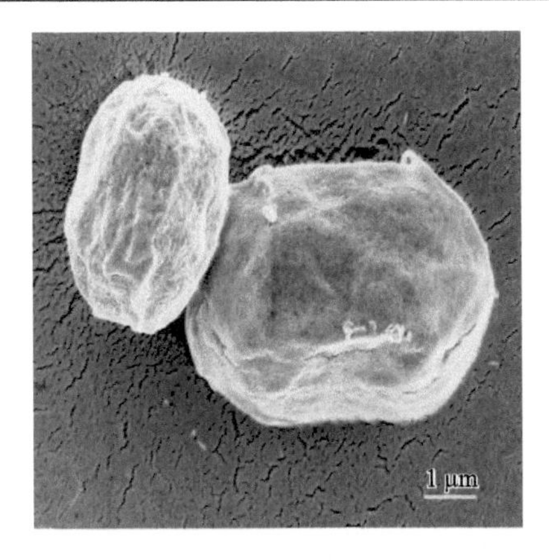

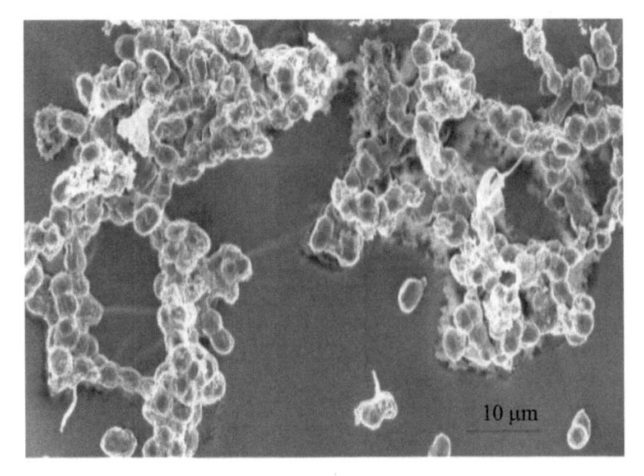

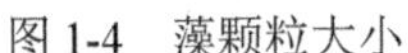
图 1-4　藻颗粒大小

图 1-5　藻颗粒集聚体

另外一个典型的富营养化湖泊——太湖水体的实测表明(图1-6)，含有大量的微型藻颗粒，粒径变化范围约为 2.285 8～3.379 5 μm，平均约 3.011 7±0.353 8 μm，粒径大小与出现频率呈高斯分布状态(图 1-7)，其中粒径为 2.709 1±0.448 6 μm 的微型颗粒出现的频率最高(约10%)。平均粒径和分布频率之间可以用一个如式(1-2)的分段拟合函数来描述(图 1-8)，其中粒径为 2.665 1 μm 的颗粒出现的频率最高，约为 11.59%。藻颗粒粒径呈现出两种月度变化模式(图 1-9)：①每年夏初(5～6 月)达到峰值(如 6#)；②每年春初(1～2 月)或冬末(10～11 月)达到最大值(如 9#和 12#)。

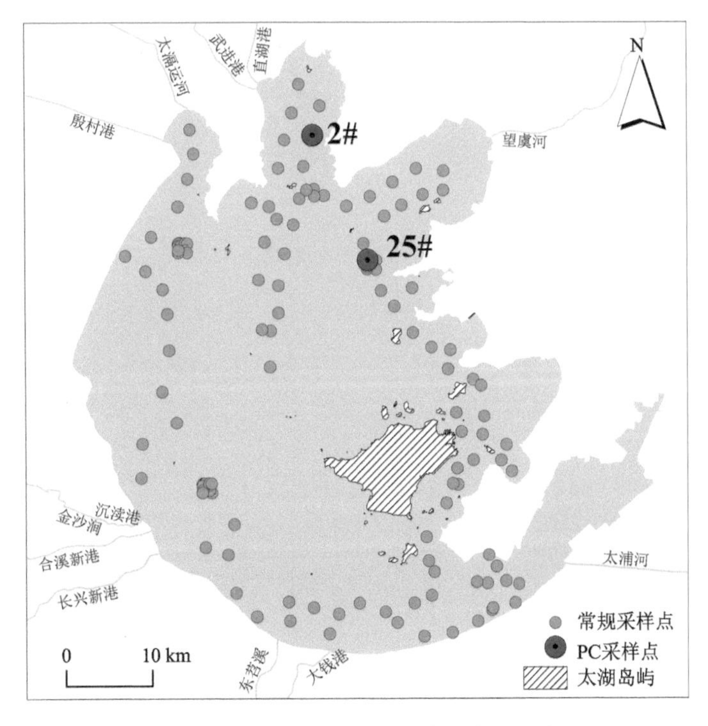

图 1-6　2008 年 10 月太湖实测点位分布

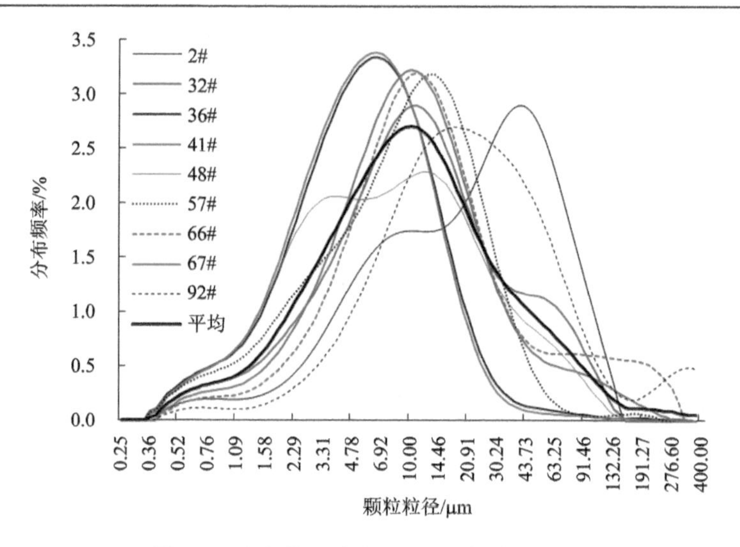

图 1-7　太湖藻颗粒粒径与分布频率的关系

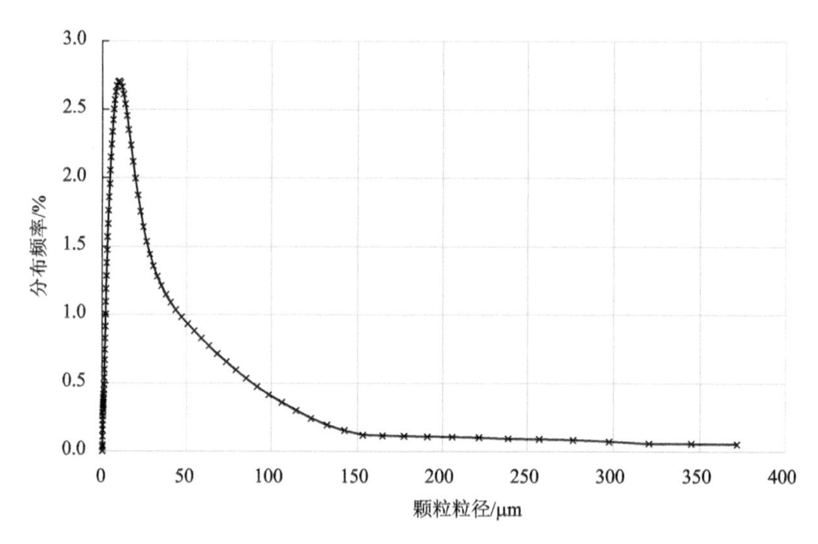

图 1-8　太湖藻颗粒平均粒径与分布频率的拟合曲线

藻颗粒粒径分布呈现双峰状态，即在小粒径和大粒径的时候各有一个峰，利用高斯函数拟合，提取了两个峰的相关参数，结果发现，小粒径峰(峰 1)的位置、宽度和强度与叶绿素存在一定的共变性质(图 1-10)。

$$y=\begin{cases}2.78+3.78\times\left[4.69-\exp\left(-\dfrac{x}{5.47}\right)\right] & x<8.45\\ 0.13+2.65\times\exp(-\dfrac{x-8.45}{33.50}) & x\geqslant 8.45\end{cases}\tag{1-2}$$

式中，x 为颗粒粒径(单位：μm)；y 是分布频率(单位：%)。

藻颗粒粒径既可以通过粒径测量仪(如激光粒度仪 LISST)现场测量，也可以在实验室通过显微镜进行观测(图 1-1)；还可以基于水色遥感理论，利用卫星遥感反演而获得。

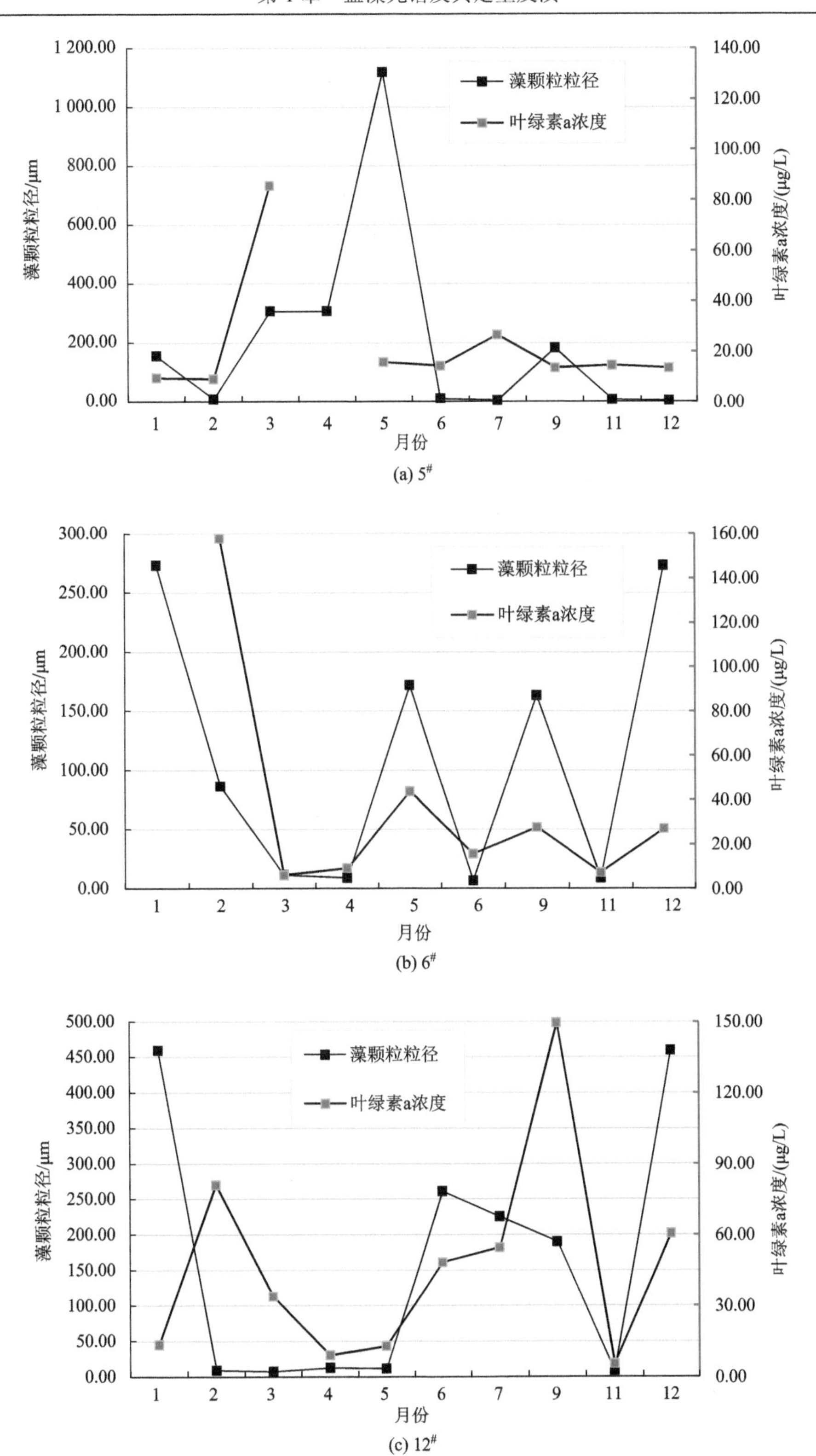
1 200.00
1 000.00
800.00
600.00
400.00
200.00
0.00
藻颗粒粒径/μm
140.00
120.00
100.00
80.00
60.00
40.00
20.00
0.00
叶绿素a浓度/(μg/L)
藻颗粒粒径
叶绿素a浓度
1
2
3
4
5
6
7
9
11
12
月份

(a) 5#

300.00
250.00
200.00
150.00
100.00
50.00
0.00
藻颗粒粒径/μm
160.00
140.00
120.00
100.00
80.00
60.00
40.00
20.00
0.00
叶绿素a浓度/(μg/L)
藻颗粒粒径
叶绿素a浓度
1
2
3
4
5
6
9
11
12
月份

(b) 6#

500.00
450.00
400.00
350.00
300.00
250.00
200.00
150.00
100.00
50.00
0.00
藻颗粒粒径/μm
150.00
120.00
90.00
60.00
30.00
0.00
叶绿素a浓度/(μg/L)
藻颗粒粒径
叶绿素a浓度
1
2
3
4
5
6
7
9
11
12
月份

(c) 12#

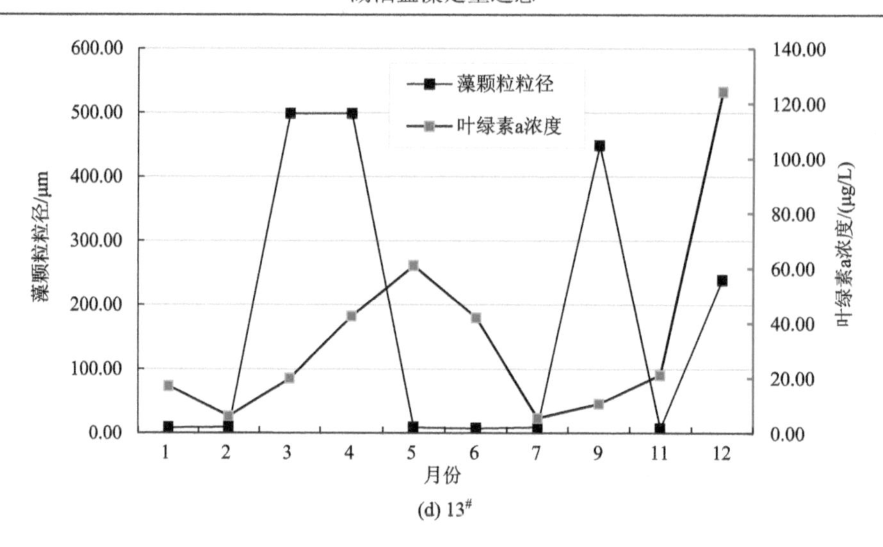

(d) 13#

图 1-9 太湖不同位置的藻颗粒粒径随时间的变化

藻细胞的粒径大小是藻类重要的表征参量之一。不同粒径藻类对初级生产力的贡献、营养盐的摄取能力、沉降速率以及通过摄食而在食物网中能量流动的途径均存在显著的差异。藻类粒径大小可有效地表征浮游植物种群结构，进而与浮游植物功能群也有着密切的联系，因此，了解藻类粒径的大小可有效获取水体中浮游植物优势类群的信息。

根据 Mie 散射理论和奇异衍射近似理论(anomalous diffraction approximation, ADA)可知，颗粒群的光吸收和散射特性由颗粒物的浓度、粒径分布和折射率以及形态结构等共同决定；因此，藻类的粒径是影响浮游植物光学特性的重要参量之一。建立藻类粒径的光学提取模型，有助于快速、连续地监测水体浮游植物粒径的变化，可为藻华的预警和跟踪提供有效的监测手段。

在此，我们基于 Mie 散射理论和 ADA 理论建立了由浮游植物光吸收/散射光谱提取藻类平均粒径的算法，并采用了实验室培养的单一藻类的观测数据对模型进行了严格验证。

模型的理论框架如图 1-11 所示。

第一步 光学等效粒径的设定。在满足光学特性相等的条件下，将对数正态分布的藻类粒径分布等效为单一粒径的颗粒群，以减少粒径参数化的未知参量，并增加算法的反演稳定性。

第二步 基于十余种藻类的室内培养观测数据，建立等效粒径与藻类叶绿素浓度之间的经验关系。

第三步 最优化反演算法。给定等效粒径初始值，由实测吸收光谱推算得到藻类的复折射率，以模拟的浮游植物散射系数与实测散射系数相等作为目标条件，通过非线性最优化算法获取最优的等效粒径估算值。算法的输入量：单位叶绿素浓度的吸收系数和散射系数，输出为藻类的等效粒径大小。

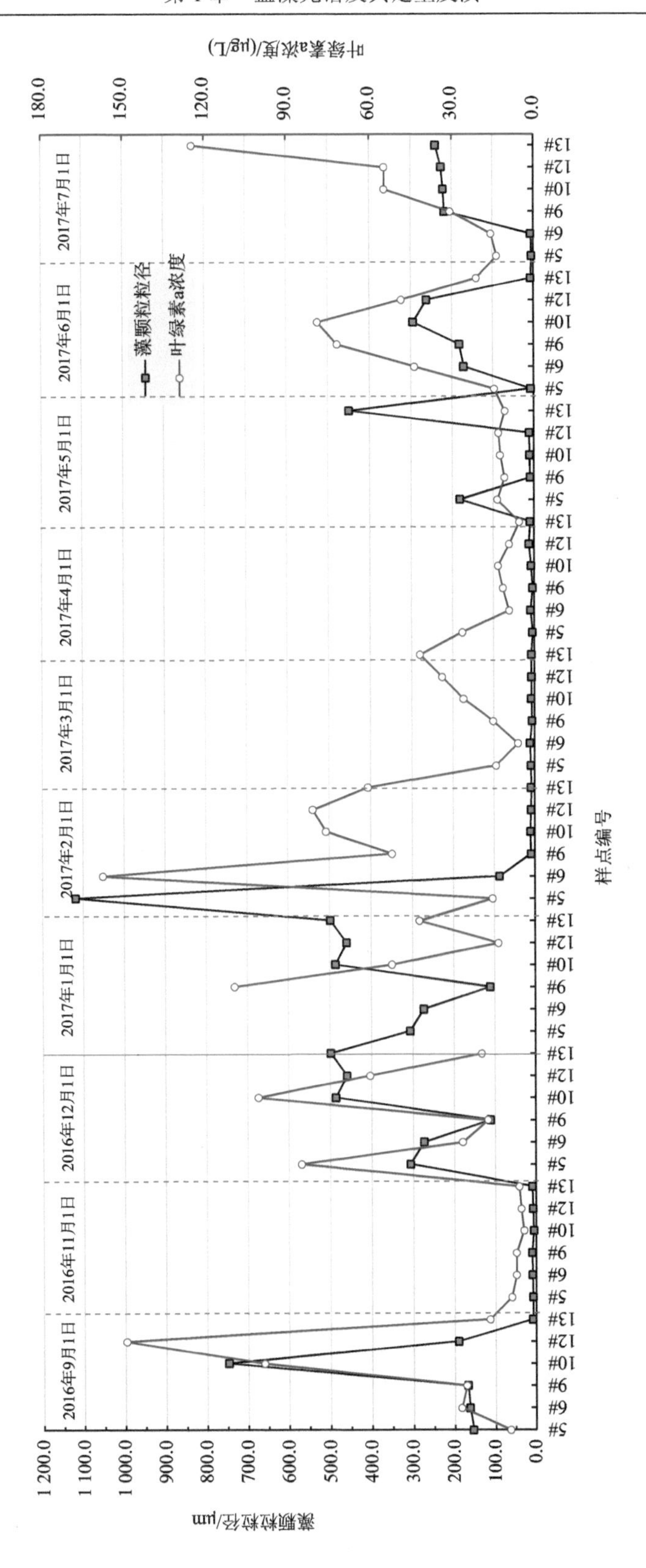

图 1-10　藻颗粒粒径与叶绿素 a 浓度的关系

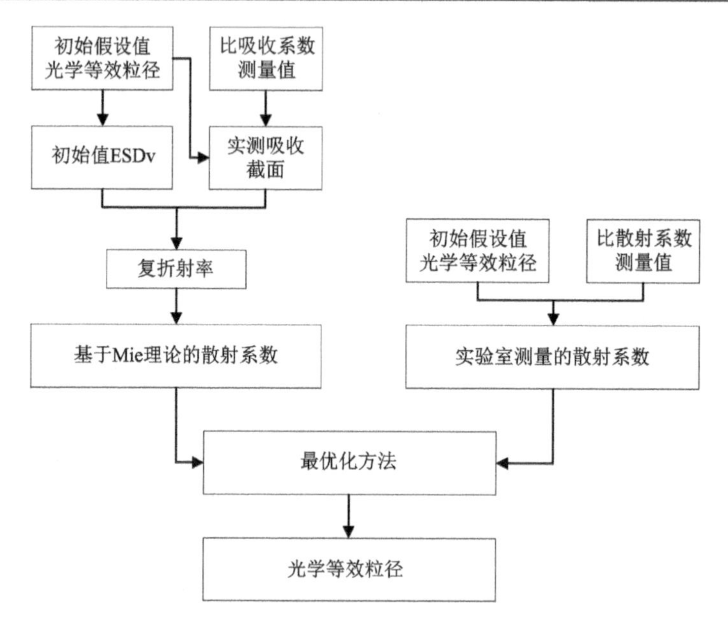

图 1-11 平均粒径的光学反演算法框架

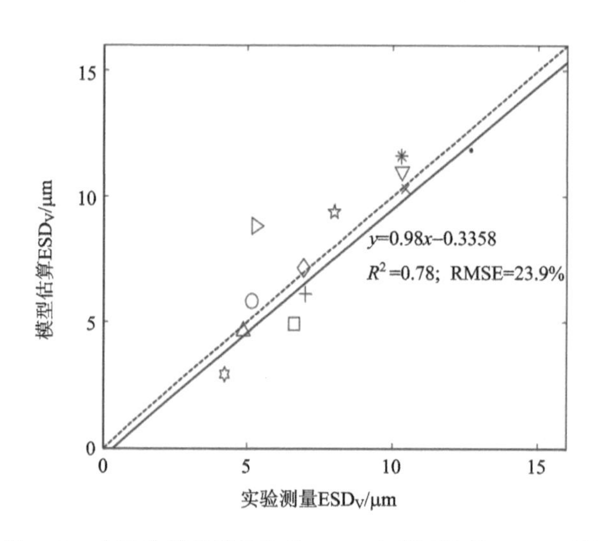

图 1-12 实验估算的等效粒径 ESDv 与模型估算 ESDv 对比

采用 12 种实验室培养藻类对算法进行验证，结果表明(图 1-12)，模型可表征出藻类平均粒径的变化趋势，模拟与实测平均粒径的线性拟合斜率为 0.98，截距为−0.335 8，决定系数 R^2 达到 0.78，相对偏差 RMSE 为 23.9%。

该理论模型有效地证明了由光学特性提取藻类粒径大小变化的可行性。但是结合理论分析也指出，对于较大粒径(>20 μm)的藻类，由于粒径变化对散射光谱特征的影响降低，模型的适应性需进行细致评估。此外，藻类的粒径与色素浓度之间的统计关系，也是模型精度的影响因素之一，有待更深入的探讨。

1.3 藻 蓝 素

藻蓝素(phycocyan，PC)是蓝藻的标志性色素。藻蓝素含量可以使用荧光分析法进行准确测定，该方法灵敏度高、简便迅速，可以用于探索低温、黑暗/弱光条件下(如底泥中)的蓝藻特殊生理状态，以及生物量很低情况下的时空分布规律。

1. 藻蓝素实验室测量方法

具体测试方法按照下列步骤进行(阎荣等，2004；Zhang et al., 2007)：①取一定量样品(滤膜或底泥)，放入研钵中仔细研磨 2～5 min；②把研磨好的样品置于 10 mL 离心管中，加入 0.05 M pH 7.0 Tris 缓冲液(7.02 g/L Tris-HC1 和 0.67 g/L Tris-Base)2～3 mL，于 4 ℃黑暗环境下静置 8～10 h；③将静置后的样品在 1 240 g 条件下离心 10 min，上清液转移于 10 mL 容量瓶中；④向离心管中加入 Tris 缓冲液 2～3 mL，反复萃取 3～4 次；⑤将离心所得的上清液过滤至容量瓶，然后用 Tris 缓冲液定容至 10 mL；⑥测定条件为激发光波长为 620 nm，发射光波长 647 nm，以 Tris 缓冲液为参比液分别测定荧光强度，以荧光强度对藻蓝素浓度做出工作曲线，在与标准系列相同的条件下测定样品的荧光强度。

2. 藻蓝素(PC)吸收光谱及其特征

蓝藻中的优势藻种一般为韦氏微囊藻，其光谱在 550 nm、710 nm 有比较明显的波峰，在 440 nm 和 670 nm 处也有比较明显的吸收峰(刘堂友等，2002)。韦氏微囊藻在 630 nm 有一个吸收峰，这是用光谱来识别和检测蓝藻的基础。藻蓝素的激发峰位于 616 nm，发射峰位于 647 nm(Malcolm et al., 1998)，吸光度峰值位于 610 nm。这些色素的比吸收各有特点(图 1-13)，其中 Chla、Chlb、Chlc、PSC(photosynthecially active carotenoids, 包

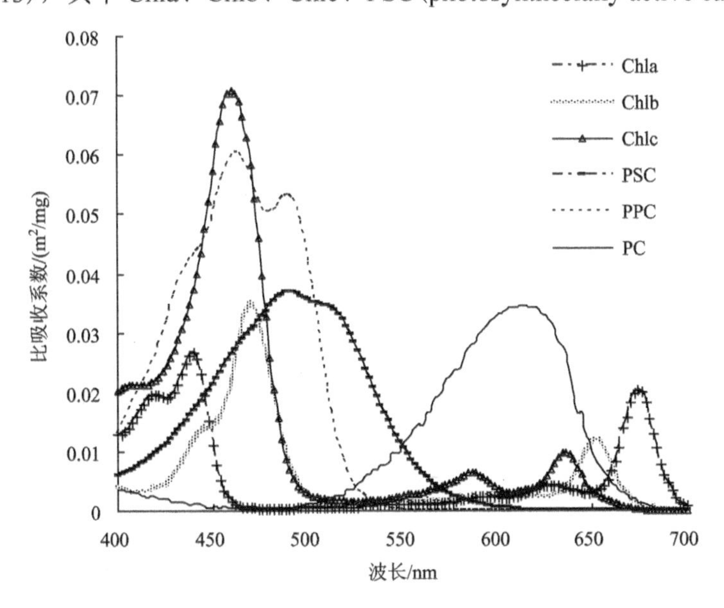

图 1-13　常见浮游植物色素的比吸收系数(Bidigare et al., 1990; William et al., 1995)

括 fucoxanthin、19' but-fucoxanthin、19' hex-fucoxanthin、peridinin 和 prasinoxanthin）和 PPC（photoprotectant carotenoids，包括diadinoxanthin, alloxanthin, zeaxanthin和β、β-catorene）的比吸收系数采用 Bidigare 等（1990）的结果，藻蓝素 PC（phycocyan）的比吸收系数采用 William 和 David（1995）的结果；藻蓝素的吸光度谱和比吸收谱分别表明（图 1-14、图 1-15），藻蓝素的吸收特征峰值在 620 nm 附近。蓝藻的自我集聚引起藻蓝素的行为发生变化，因此藻蓝素的特征峰值会随含量的多少而变化（郝景燕，2010）。

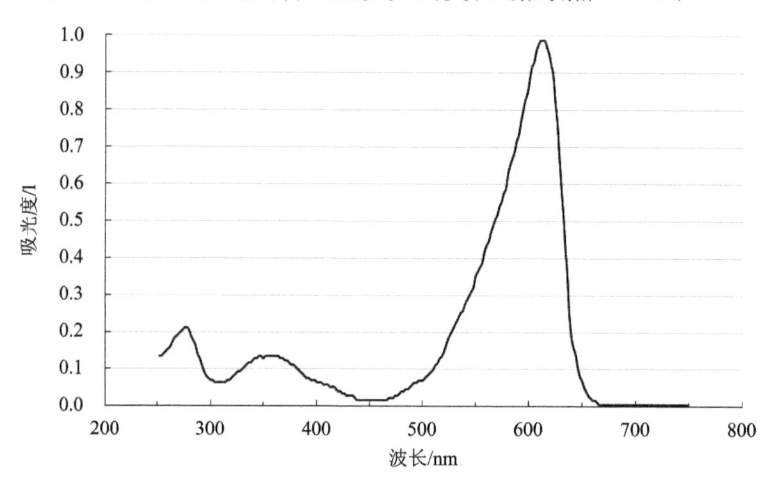

图 1-14　藻蓝素的吸光度（Malcolm et al., 1998）

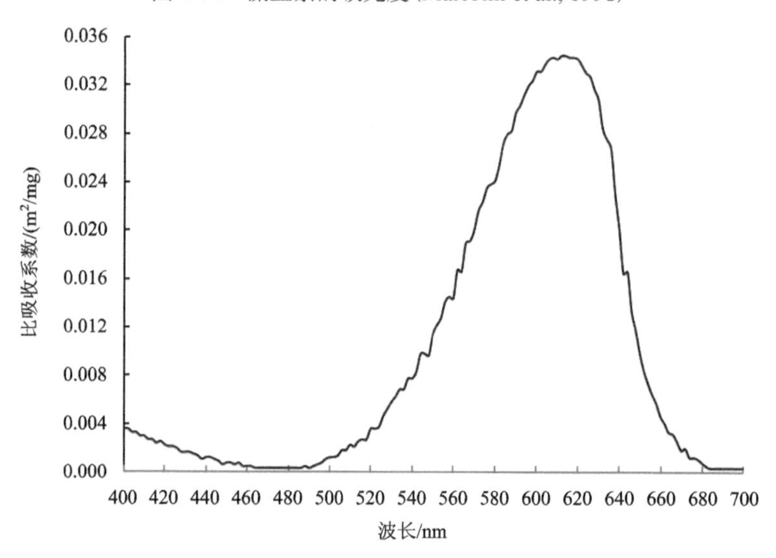

图 1-15　藻蓝素的比吸收系数波谱（William and David, 1995）

3. 藻蓝素估算的单波段模型和光谱比值模型

蓝藻因产生藻毒素和异味物质等次生代谢产物，严重影响水环境，危及饮用水安全。例如，发生在 2007 年的太湖水危机事件，就是由蓝藻集聚引起的（Guo, 2007；Stone, 2011）；以此为界点，蓝藻治理由被动应急转为以监测为基础的主动防御，蓝藻的监测就愈发重要。卫星遥感具有大面积、快速、周期性的特点，是蓝藻监测最适合的手段之一。理论上，信噪比高的、包含 620 nm 的窄传感器最适合反演藻蓝素(PC)。但实际上，符合条件的卫星传感器几乎不多见，ESA(European Space Agency) MERIS(medium resolution imaging spectrometer)是目前比较适合的传感器，但由于 300 m 的空间分辨率以及 2～3 天的重访周期，在内陆湖泊水体的应用受到很大限制。湖库等内陆水体的面积较小，空间异质性强，因此一些陆地卫星传感器，如 Landsat MSS(multi-spectral scanner)/TM (thematic mapper)/ETM+(enhanced thematic mapper plus)/OLI(operational land imager)等，也被用来估算水质参数含量。基于 PC 吸收特征存在于 620 nm 附近的情况，可以建立藻蓝素遥感估算模型(Vincent et al., 2004；Simis et al., 2005；马荣华等，2009)。

内陆湖泊水体空间尺度小、水质异质性强，Landsat 系列传感器具有更高的空间分辨率(30 m)，适合捕捉小尺度的水质参数变化；相较于 Landsat TM 和 ETM+，OLI 具有更高的信噪比、更多的光谱波段(11 个)，大大提高了水质监测的能力(Wulder et al., 2019; Zhou et al., 2020)。Landsat-8 OLI 地表反射率产品(surface reflectance, SR)使用 LaSRC (landsat surface reflectance code)算法进行了大气校正，并基于 CFMASK(C Function of Mask)算法获得像素质量评估波段(Wang et al., 2020)去除了云、冰雪以及云阴影的影响。基于 2017 年 3 月 8 日的太湖 Landsat OLI 红光波段(SR_{Red})与近红外波段(SR_{NIR})地表反射率数据和现场准实时(±1 小时)采样数据，构建了太湖藻蓝素 PC(μg/L)反演经验模型[式(1-3)，R^2=0.69, p<0.01, N=16]。结果表明，太湖的藻蓝素分布呈现出较大的空间差异(图 1-16)，北部湖湾远大于南部湖区。

$$PC = 233.83 \times \left(\frac{SR_{NIR}}{SR_{Red}}\right)^{24.46} \tag{1-3}$$

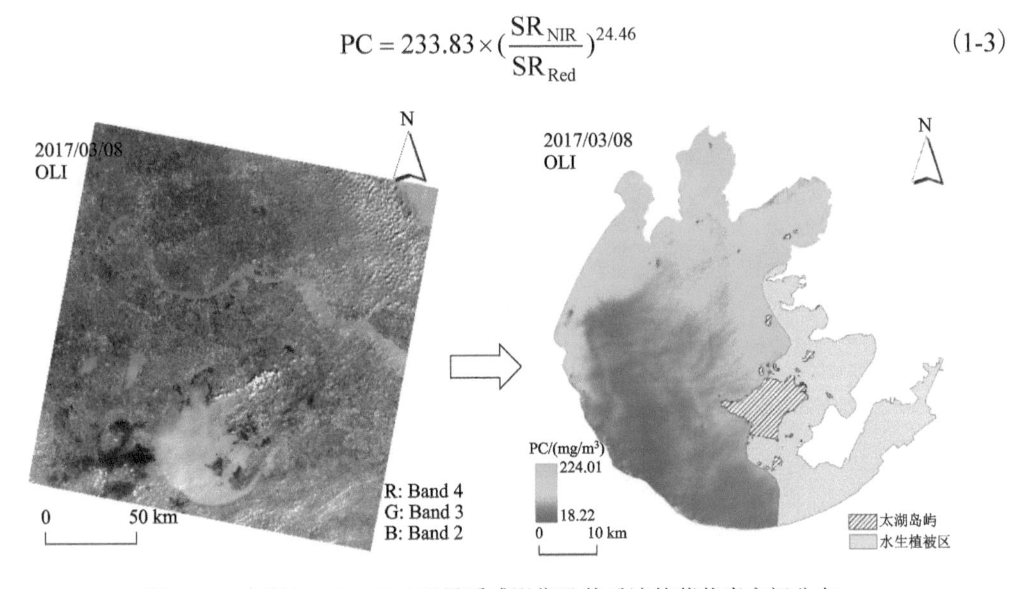

图 1-16　太湖 Landsat OLI 卫星遥感影像及其反演的藻蓝素空间分布

为了减小大气的影响，简单起见，可在湖泊水体内部或附近找一个适合的暗目标，把水体像元值减去暗目标值，得到像元的粗反射率，然后用单波段或波段比值构建 PC 估算模型。基于美国伊利湖的 Landsat-7 ETM+卫星影像(Vincent et al.，2004)，利用第 i 波段(B_i)和第 j 波段的 DN 值，得到式(1-4)；利用减去暗目标后的波段比值，得到了式(1-5)：

$$PC = 0.78 - 0.0539B_1 + 0.176B_3 - 0.216B_5 + 0.117B_7 \tag{1-4}$$

$$PC = 47.7 - 9.21R_{31} + 29.7R_{41} - 118R_{43} - 6.81R_{73} - 14.7R_{74} \tag{1-5}$$

4. 卫星遥感反演 PC 的指数 PCI

基于藻蓝素的吸收特征(图 1-14)，借鉴最大叶绿素指数 MCI (maximum chlorophyll index)(Gower et al., 2005)、荧光基线指数 FLH (fluorescence line height) (Letelier and Abbott, 1996)、浮游藻类指数 FAI (floating algae index)(Hu, 2009)和色素指数 CI (color index)(Hu et al., 2012)，利用 MERIS 第 5(560 nm)和第 7(665 nm)波段之间的基线高度，把藻蓝素指数 PCI(PC index)定义为

$$PCI = R'_{rs}(620) - R_{rs}(620) \tag{1-6}$$

式中

$$R'_{rs}(620) = R_{rs}(560) + \frac{620-560}{665-560} \times \left[R_{rs}(665) - R_{rs}(560)\right] \tag{1-7}$$

利用基于遥感反射比 R_{rs} 或仅经瑞利散射校正后的反射率 R_{rc}“计算”的 PCI，都可得到藻蓝素浓度 PC：

$$PC(R_{rs}) = 3.87e^{1154\,PCI(R_{rs})} \tag{1-8}$$

或

$$PC(R_{rc}) = 4.74e^{460\,PCI(R_{rc})} \tag{1-9}$$

$PC(R_{rs})$ 和 $PC(R_{rc})$ 之间存在着如式(1-10)的显著线性关系(图 1-17)。

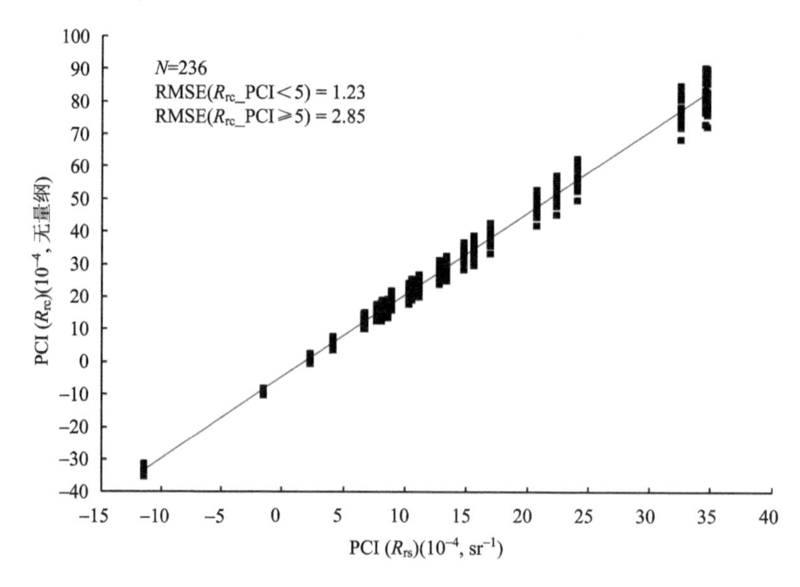

图 1-17　基于 R_{rs} 和基于 R_{rc} 计算的 PCI 之间的显著线性关系(齐琳, 2015)

$$\mathrm{PCI}(R_{\mathrm{rc}})=2.51\times\mathrm{PCI}(R_{\mathrm{rs}})-4.39\quad\left(R^2=0.99\right)\tag{1-10}$$

5. 基于 PCI 的太湖藻蓝素反演

1) 太湖藻蓝素年际变化

基于 MERIS 卫星遥感影像数据(2002～2012 年)，利用式(1-8)～式(1-10)，剔除厚云和无数据两种情况的像元，将年内所有有效值进行累加取平均，获得 2003～2011 年的逐年年均分布(图 1-18)。

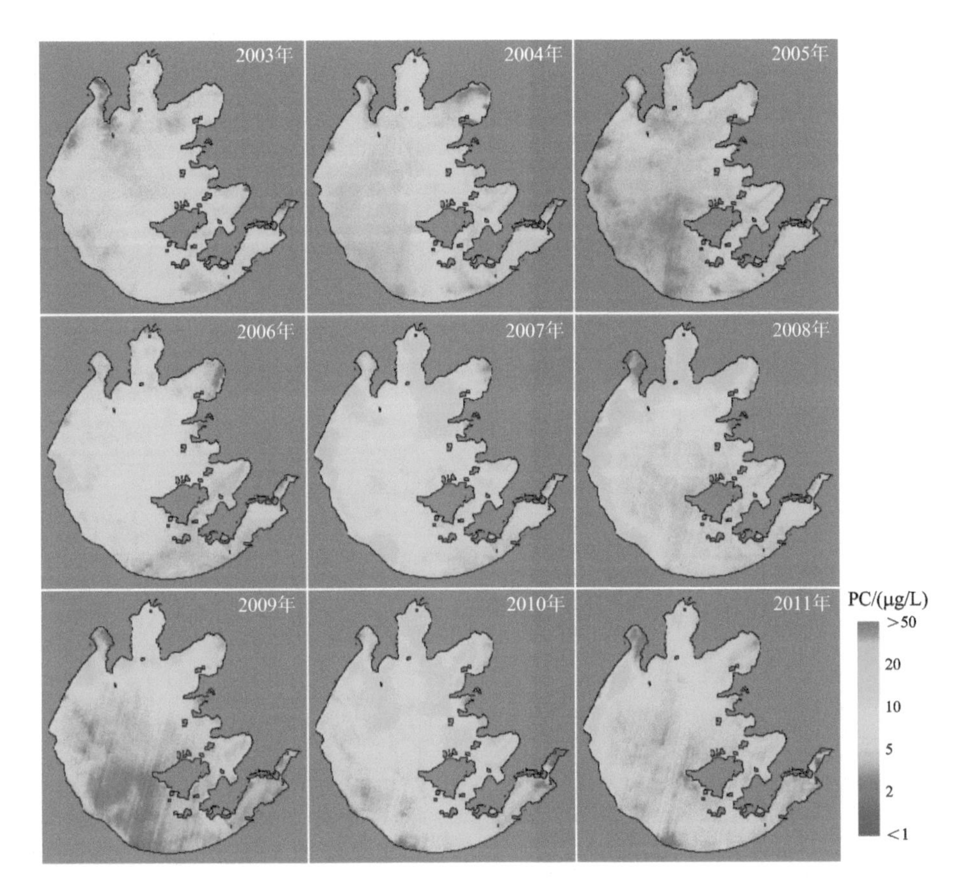

图 1-18　基于 MERIS 的太湖藻蓝素年际空间分布(2003～2011 年)

2005 年之前，太湖整个湖区的藻蓝素值相对较低；2006～2008 年，藻蓝素高值的强度与范围呈现逐年扩大的趋势，最早出现在梅梁湾和西部沿岸湖区；2009 年，藻蓝素高值的范围与强度都明显减弱，范围也明显缩小，只有北部三个湾口有明显的藻蓝素高值；2010 年，太湖的藻蓝素高值范围再度扩大，但是范围与 2006～2008 年有所不同，西部沿岸湖区的藻蓝素没有增加，但开始扩散到大太湖区域。2011 年后，藻蓝素高值开始大幅度缩小，但由于没有 MERIS 后续数据，并不能表明藻蓝素这种变化是否具有规律性。这些基于 MERIS 的藻蓝素的年际变化情况，也和基于 MODIS FAI 分析的太湖藻华变化情况相一致(Hu et al., 2010)。

把太湖划分为 7 个子区：竺山湾、梅梁湾、贡湖湾、东太湖、西南湖区、西北湖区和大太湖。不同子区域年际变化分析表明(表 1-2)，梅梁湾的藻蓝素均值多年来长期处于较高状态，从 2003 年的最低值 5.4 μg/L 上升到 2008 年的最高值 12.78 μg/L。西北沿岸区是另一个蓝藻水华高发区域(Hu et al., 2010)，藻蓝素多年均值为 7.2 μg/L；2005 年最低，仅 3.8 μg/L；但 2008 年最高，达 11.5 μg/L。贡湖湾和大太湖的藻蓝素较低，多年平均值分别为 6.9 μg/L 和 6.2 μg/L，这与该区域水质状况较好的实际情况相符。竺山湾、西南湖区和东太湖的藻蓝素要明显低于其他湖区，多年平均值分别为 5.6 μg/L、5.3 μg/L 和 5.7 μg/L。大部分湖区的藻蓝素年平均最高值大多出现在 2007 年或 2008 年，这与 2007 年梅梁湾所出现的“太湖饮水危机”时间相契合(Duan et al., 2008；Guo, 2007；Wang and Shi, 2008)。值得注意的是，梅梁湾的藻蓝素年平均最高值出现在 2008 年，而不是 2007 年，这表明不能单纯使用藻华来推测水质变化，天气、水温和时间等也是不可或缺的因素(Kong et al., 2007；Kong et al., 2009a；Ren et al., 2008)。

这些区域内的藻蓝素均值(图 1-19)表明，2007 年、2008 年和 2010 年是近十年来蓝藻暴发强度最高的三年，7～9 月是暴发强度最大的三个月份(图 1-19)。

表 1-2　基于 MERIS 反演的太湖不同湖区藻蓝素年均值(2003～2011 年)　　(单位：μg/L)

年份	竺山湾	梅梁湾	贡湖湾	东太湖	西南湖区	西北湖区	大太湖	年均值
2003	4.0	5.4	6.1	6.6	5.6	5.4	5.5	5.5
2004	4.7	6.4	4.5	6.1	4.4	5.4	5.2	5.3
2005	5.2	4.7	5.0	5.3	3.5	3.8	4.0	4.5
2006	5.9	7.0	4.9	5.0	6.1	8.8	7.5	6.5
2007	7.3	10.9	9.3	6.3	8.5	10.0	8.8	8.7
2008	4.7	12.78	9.9	5.6	6.6	11.5	6.2	8.2
2009	6.3	7.9	7.0	4.4	3.3	5.2	4.6	5.5
2010	7.0	12.6	9.2	6.4	5.0	7.3	9.0	8.1
2011	4.8	7.7	5.9	5.2	4.7	7.4	5.2	5.8
平均值	5.6	8.4	6.9	5.7	5.3	7.2	6.2	

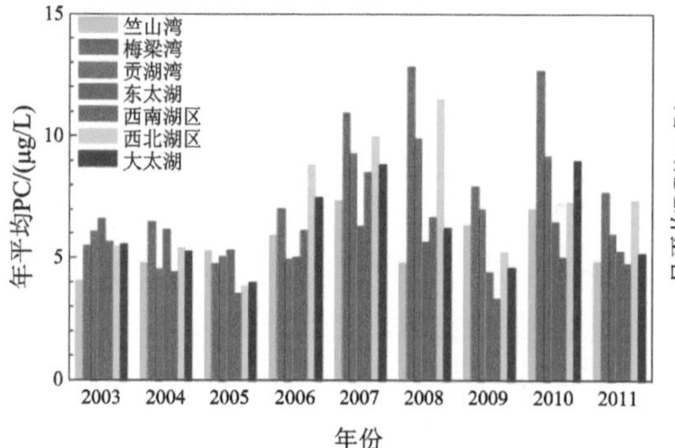

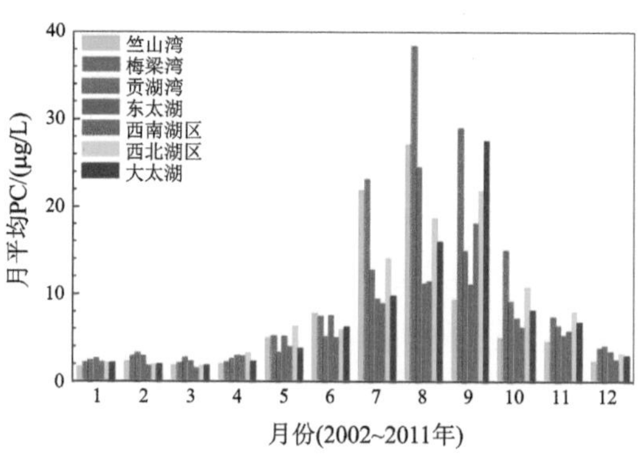

图 1-19　太湖不同湖区的藻蓝素变化

2) 太湖藻蓝素季节变化

基于 2002 年 12 月～2012 年 4 月连续 11 年的太湖 MERIS 影像反演获得的藻蓝素月均值[①](表 1-3)及其空间分布(图 1-20)表明，藻蓝素高值从 4 月份开始最先出现在西部沿岸，此后蓝藻开始进入快速生长阶段，藻蓝素高值的范围与强度呈现逐月增加的趋势，一直到 9 月份达到顶峰，这时大部分湖区不仅藻蓝素强度达到最高，范围也几乎遍及整个太湖。自 10 月份开始，藻蓝素高值强度出现骤降，范围也收缩到北部藻华高发区，受到气温等环境因子的影响，蓝藻的生长速度开始放缓，藻蓝素高值开始逐渐收缩。从 12 月—翌年 1 月开始，藻蓝素高值不再出现，这个阶段蓝藻开始进入越冬休眠期。这恰好吻合了蓝藻生长的四阶段理论(孔繁翔等，2009)：冬季休眠、春季复苏、夏季生长和集聚上浮等四个阶段的特征。

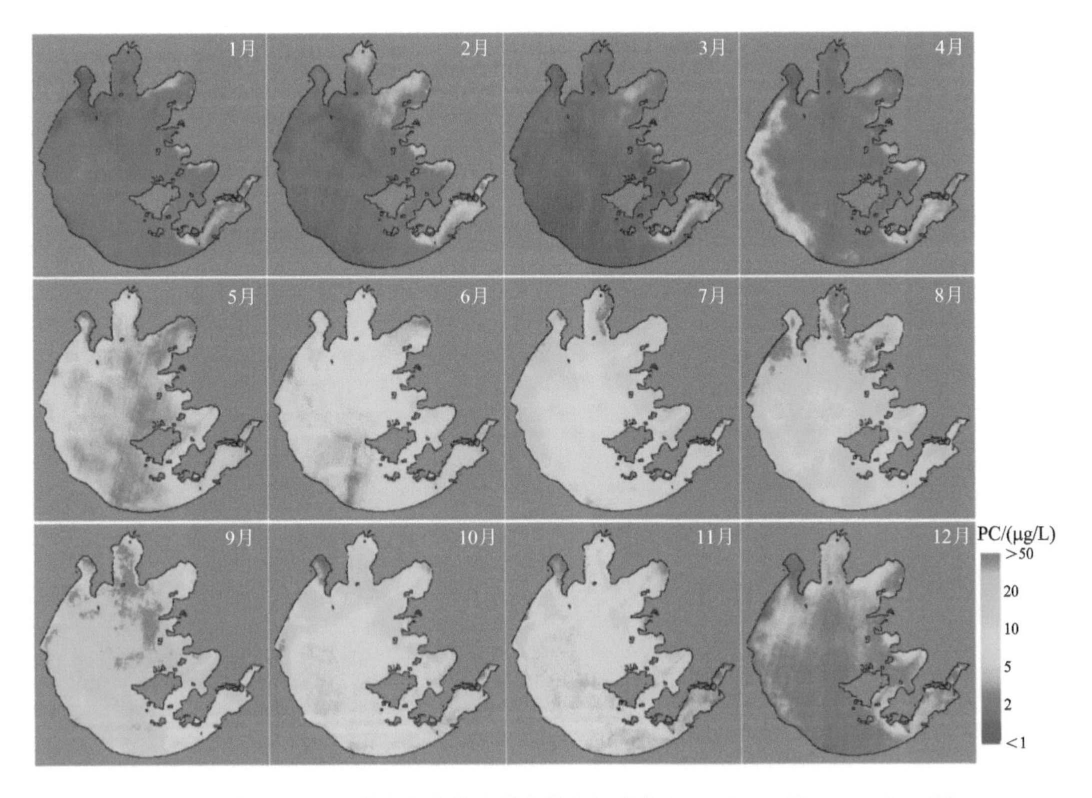

图 1-20　基于 MERIS 的太湖藻蓝素月均值空间分布(2002 年 12 月～2012 年 4 月)

各湖区 11 年的月均数据(表 1-3)表明，梅梁湾的藻蓝素月平均值最高 2.1～38.3 μg/L，平均为 11.5 μg/L；西北湖区次之，最高 1.8～21.8 μg/L，平均 8.1 μg/L；然后依次为贡湖湾 2.4～24.5 μg/L，平均 7.6 μg/L；竺山湾 1.6～27.1 μg/L，平均 7.5 μg/L；大太湖 1.9～27.5 μg/L，平均 7.4 μg/L；东太湖 2.6～11.1 μg/L，平均 5.9 μg/L；最后是西南湖区，最

① 只有当该湖区在这个月份内获取的有效影像数达到 3 幅或以上时，才纳入统计，否则不做统计。

高 1.7～18.0 μg/L，平均 5.8 μg/L。

表 1-3　基于 MERIS 反演的太湖不同湖区藻蓝素 11 年(2002 年 12 月～2012 年 4 月)月均值

月份	竺山湾	梅梁湾	贡湖湾	东太湖	西南湖区	西北湖区	大太湖	月均值
1	1.6	2.1	2.4	2.6	2.1	2.1	2.1	2.1
2	2.2	2.8	3.2	2.8	1.7	1.9	1.9	2.4
3	1.7	2.1	2.7	2.2	1.4	1.8	1.8	2.0
4	1.9	2.1	2.6	2.9	2.8	3.2	2.2	2.6
5	4.9	5.1	3.3	5.1	3.9	6.3	3.7	4.6
6	7.7	7.3	5.1	7.4	4.9	5.9	6.2	6.4
7	21.9	23.1	12.7	9.4	8.9	14.0	9.8	14.2
8	27.1	38.3	24.5	11.1	11.4	18.7	15.9	21.0
9	9.2	28.9	14.9	11.0	18.0	21.8	27.5	18.8
10	4.9	14.8	9.1	7.1	6.1	10.7	8.1	8.7
11	4.5	7.3	6.3	5.2	5.7	7.9	6.7	6.2
12	2.2	3.7	4.1	3.3	2.4	3.1	2.9	3.1
平均值	7.5	11.5	7.6	5.9	5.8	8.1	7.4	

藻蓝素在各个湖区的月均值分布趋势相似(图 1-21)，月均最大值通常出现在夏季。竺山湾年均值虽然较高，但 2010 年之前，夏季并没有出现明显的高值。从 2006 年开始，

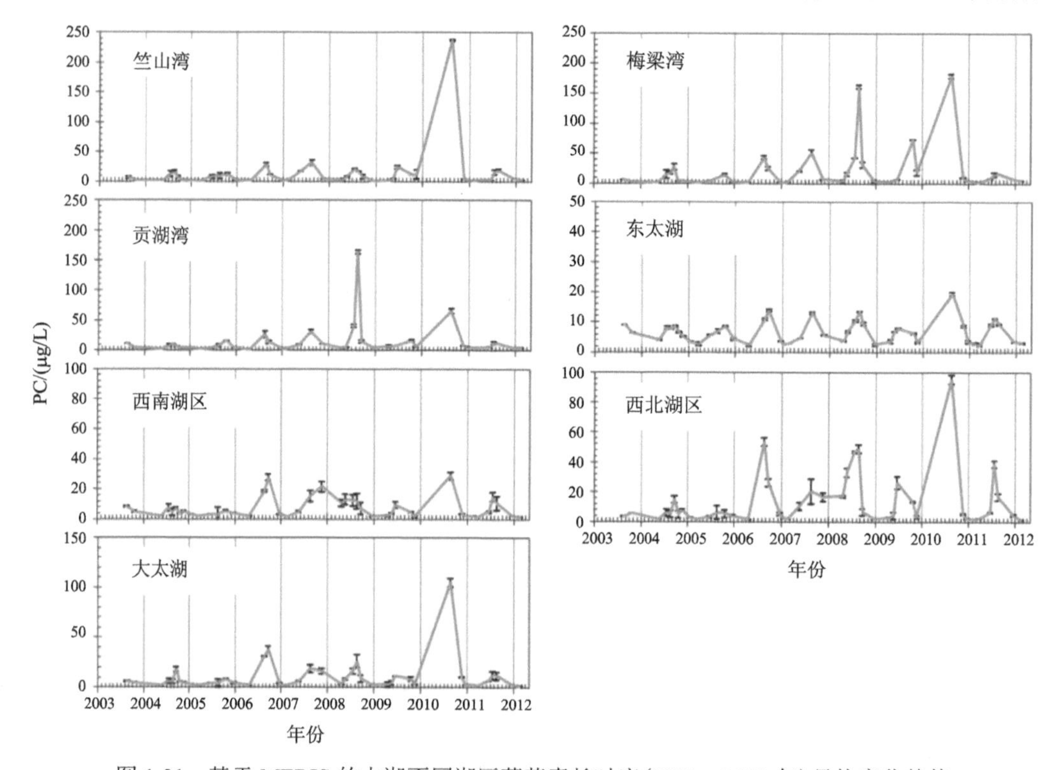

图 1-21　基于 MERIS 的太湖不同湖区藻蓝素长时序(2003～2012 年)月均变化趋势

西北沿岸区的藻蓝素浓度明显较高，由于计算多年平均时的部分信息掩盖问题，这些信息在年均和多年月均图上并没有充分体现出来。这些自然月均值信息既可以为不同湖区的进一步研究提供参考，又可以为藻华的发生、变化机理提供基础信息。

浮游植物的生物量及其群落结构受湖泊水体的营养化水平影响(Kilham and Hecky, 1988)。在不同营养化水平的湖泊，浮游植物种类组成、优势种组成及个体数量变化等都表现出不同的特征。营养化水平较高的水体中，浮游植物种群密度较大，蓝藻通常为优势种，绿藻、硅藻的数量也较多(Gopal and Goel, 1988)；通过藻类及其演替过程，可以评价水体的营养化水平和污染状况(高玉荣，1992；Izaguirre et al.，2003；贺筱蓉和李共国，2009)；另外，也可以以水色遥感模型的反演为基础进行评价，水色遥感模型是以水体光学特性为基础构建的，藻类色素组成的不同会影响水体本身的光学特性，进而影响模型的适用性和反演精度(Carr et al.，2006)。对浮游植物群落组成及其结构的研究，有助于深入理解水色遥感模型背后的水体生物光学特性，从而改进已有水色算法，提高模型反演和营养水平评价的精度(Dierssen，2010)。

参考文献

蔡秋波. 2008. 新立城水库藻类的分类及优势藻的生物学特性. 长春: 吉林农业大学.

陈家长, 孟顺龙, 尤洋, 等. 2009. 太湖五里湖浮游植物群落结构特征分析. 生态环境学报, 18(4): 1358-1367.

成芳. 2010. 太湖水体富营养化与水生生物群落结构的研究. 苏州: 苏州大学.

冯佳. 2008. 中国淡水金藻门植物的分类研究. 太原: 山西大学.

高玉荣. 1992. 北京四海藻类群落结构特征与水体营养水平研究. 生态学报, 12(2): 173-180.

郝景燕. 2010. 湖泊水体水色物质吸收的数值模拟与分解. 中国科学院研究生院.

贺筱蓉, 李共国. 2009. 杭州西溪湿地首期工程区浮游植物群落结构及与水质关系. 湖泊科学, 21(6): 795-800.

胡晗华, 戴玲芬, 戴和平, 等. 2001. 多甲藻素在一种海生黄藻中的存在. 海洋与湖沼, 32(5): 489-493.

孔繁翔, 马荣华, 高俊峰. 2009. 太湖蓝藻水华的预防、预测和预警的理论与实践. 湖泊科学, 21(3): 314-328.

梁兴飞. 2010. 南太湖浮游植物种群季节变化及噬藻体的初步研究. 杭州: 浙江大学.

李晓波. 2009. 滴水湖浮游植物群落结构变化及其水质评价. 上海: 上海师范大学.

刘堂友, 匡定波, 尹球. 2002. 藻类光谱实验及其光谱定量信息提取研究. 红外与毫米波学报, 21(3): 213-217.

刘贞秋, 蒙仁宪. 1988. 巢湖浮游藻类的初步研究. 安徽大学学报(自然科学版), 4: 65-73.

马荣华, 孔维娟, 段洪涛, 等. 2009. 基于MODIS影像估测太湖蓝藻暴发期藻蓝素含量. 中国环境科学, 29(3): 254-260.

钱奎梅, 陈宇炜, 宋晓兰. 2008. 太湖浮游植物优势种长期演化与富营养化进程的关系. 生态科学, 27(2): 65-70.

钱奎梅, 刘霞, 段明, 等. 2016. 鄱阳湖蓝藻分布及其影响因素分析. 中国环境科学, 36(1): 261-267.

台建明. 2005. 巢湖水域浮游生物调查与分析. 河北渔业, (004): 18-21.

田春. 2005. 巢湖东半湖浮游植物分布特征及富营养化评价. 合肥: 安徽农业大学.

温春云, 刘聚涛, 胡芳, 等. 2020. 鄱阳湖水质变化特征及水体富营养化评价. 中国农村水利水电, 11: 83-88.

谢钦铭, 李长春. 2000. 鄱阳湖浮游藻类群落生态的初步研究. 江西科学, 18(3): 162-166.

阎荣, 孔繁翔, 韩小波. 2004. 太湖底泥表层越冬藻类群落动态的荧光分析法初步研究. 湖泊科学, 16(2): 163-168.

原居林, 尹文林, 沈锦玉, 等. 2009. 南太湖浮游植物特征及其富营养化评价. 生态学杂志, 28(11): 2197-2201.

赵爱萍, 刘福影, 吴波, 等. 2005. 上海淀山湖的浮游植物. 上海师范大学学报(自然科学版), 34: 70-76.

赵影, 王志强. 2002. 巢湖浮游藻类定性定量研究分析. 安徽预防医学杂志, 8(1): 3-5.

赵汉取, 韦肖杭, 姚伟忠, 等. 2009. 蓝藻暴发后南太湖水域浮游生物及富营养化. 浙江海洋学院学报(自然科学版), 28(1): 21-24, 35.

周百成, 郑舜琴, 曾呈奎. 1974. 几种绿藻、褐藻和红藻的吸收光谱比较研究. 植物学报, 16(2): 146-155.

André J M. 1992. Ocean color remote-sensing and the subsurface vertical structure of phytoplankton pigments. Deep Sea Research Part A: Oceanographic Research Papers, 39(5): 763-779.

Ballestero D. 1999. Remote sensing of vertically structured phytoplankton pigments. Top. Meteor. Oceanogr, 6(1): 14-23.

Bidigare R, Ondrusek M, Morrow J. 1990. In vivo absorption properties of algal pigments. Proc SPIE, 1(302): 290 -302.

Carr M, Friedrichs M, Schmeltz M, et al. 2006. A comparison of global estimates of marine primary production from ocean color. Deep Sea Research Part B: Topical Studies in Oceanography, 53, 741-77.

Cleveland J, Perry M. 1994. A model for partitioning particulate absorption into phytoplanktonic and detritus components. Deep Sea Research, 41(1): 197-221.

Dierssen H. 2010. Perspectives on empirical approaches for ocean color remote sensing of chlorophyll in a changing climate. Proceedings of the National Academy of Sciences, 107: 17073-17078.

Dekker A. 1993. Detection of optical water quality parameters for eutrophic waters by high resolution remote sensing. Amsterdam, Netherlands: Vrije University: 1-240.

Descy J, Arnaud M. 1996. Biomass-pigment relationships in potamoplankton. Journal of Plankton Research, 18: 1557-1566.

Duan H, Zhang S, Zhang Y. 2008. Cyanobacteria bloom monitoring with remote sensing in Lake Taihu, 20: 145-152.

Gopal B, Trivedy R, Goel P. 1988. Comparative study of species composition, density and species diversity of the phytoplankton in a non-polluted and a sewage receiving freshwater reservoir. Archiv Fuer Hydrobiologie Supplement, 79: 291-323.

Gower J, King S, Borstad G. 2005. Detection of intense plankton blooms using the 709 nm band of the MERIS imaging spectrometer. International Journal of Remote Sensing, 26: 2005-2012.

Gray D, Read J, O'Reilly C. 2015. A global database of lake surface temperatures collected by in situ and satellite methods from 1985-2009. Scientific Data.

Guo L. 2007. Doing battle with the green monster of Taihu Lake. Science, 317: 5842.

Hu C. 2009. A novel ocean color index to detect floating algae in the global oceans. Remote Sensing of Environment, 113: 2118-2129.

Hu C, Lee Z, Ma R, et al. 2010. Moderate resolution imaging spectroradiometer(MODIS) observations of cyanobacteria blooms in Taihu Lake, China. Journal of Geophysical Research: Oceans (1978-2012), 115: C04002.

Hu C, Lee Z, Franz B. 2012. Chlorophyll a algorithms for oligotrophic oceans: A novel approach based on three-band reflectance difference. Journal of Geophysical Research: Oceans (1978-2012), 117: C01011.

Izaguirre I, Allende L, Marinone M C. 2003. Comparative study of the planktonic communities of three lakes of contrasting trophic status at Hope Bay (Antarctic Peninsula). Journal of Plankton Research, 25: 1079-1097.

Kilham P, Hecky R E. 1988. Comparative ecology of marine and freshwater phytoplankton. Limnology and Oceanography, 33: 776-795.

Kong W, Ma R, Duan H. 2009. The neural network model for estimation of chlorophyll-a with water temperature in Lake Taihu. Journal of Lake Sciences, 21: 193-198.

Letelier R, Abbott M. 1996. An analysis of chlorophyll fluorescence algorithms for the Moderate Resolution Imaging Spectrometer (MODIS). Remote Sensing of Environment, 58: 215-223.

Malcolm T D, Julie A H. 1998. A sensitive fluorom etric technique for the measurem ent of phycobilin pigments and its application to the study of marine and fresh water picphyt plankton in oligotrophic environments. Journal of Applied Phy-cology, 10: 357-363.

O'Reilly C, Sharma S, Gray D. 2015. Rapid and highly variable warming of lake surface waters around the globe. Geophysical Research Letter, 42: 10773-10781.

Qi L, Hu C, Duan H, et al. 2014. A novel MERIS algorithm to derive cyanobacterial phycocyanin pigment concentrations in a eutrophic lake: Theoretical basis and practical considerations. Remote Sensing of Environment, 9: 298-317.

Ren J, Shang Z, Jiang M. 2008. Meteorological condition of blue-green algae fast growth of Lake Taihu in 2007. Journal of Anhui Agricultural Sciences. 36: 11874-11875.

Schalles J, Gitelson A, Yacobi Y. 1998. Estimation of chlorophyll a from time series measurements of high spectral resolution reflectance in a eutrophic lake. Journal of Phycology, 34: 383-390.

Sieburth J M, Smetacek V, Lenz J. 1978. Pelagic ecosystem structure: heterotrophic compartments of the plankton and their relationship to planktonsize fractions. Limnol. Oceanogr. 23: 1256-1263.

Simis S, Peters S, Gons H. 2005. Remote sensing of the cyanobacterial pigment phycocyanin in turbid inland water. Limnology and Oceanography, 50: 237-245.

Stone R. 2011. China aims to turn tide against toxic lake pollution. Science, 333: 1210-1211.

Vincent R, Qin X, Mckay R, et al. 2004. Phycocyanin detection from Landsat TM data for mapping cyanobacterial blooms in Lake Erie. Remote Sensing of Environment, 89: 381-392.

Wang M, Shi W. 2008. Satellite-Observed algae blooms in China's Lake Taihu. Eos, Transactions American Geophysical Union, 89: 201-202.

Wang Y, Li Z, Zeng C, et al. 2020. An urban water extraction method combining deep learning and google earth engine. IEEE Journal of Selected Topics in Applied Earth Observations and Remote Sensing, 13: 768-781.

William K P, David S, Gordon H, et al. 1995. Life: The Science of Biology, 4th Edition, by Sinauer Associates.

Wulder M A, Loveland T R, Roy D P, et al. 2019. Current status of Landsat program, science, and applications. Remote Sensing of Environment, 225: 127-147.

Zhang M, Kong F, Tan X, et al. 2007. Biochemical, morphological, and genetic variations in Microcystis aeruginosa due to colony disaggregation. World J Microbiol Biotechnol, 23: 663-670.

Zou W, Zhu G, Cai Y, et al. 2020. Relationships between nutrient, chlorophyll a and Secchi depth in lakes of the Chinese Eastern Plains ecoregion: Implications for eutrophication management. Journal of Environmental Management, 260. 109923.

第 2 章　藻华监测卫星及传感器

2.1　藻华光谱及其特征

迄今为止，水华还没有比较准确的定义。一般地，水华是指浮游藻类的生物量显著高于一般水体的平均值，在水体表面大量聚集，形成肉眼可见的藻颗粒聚集体(Whitton and Potts，2002)。水华强度小时，呈片状、丝状；强度大时，呈油漆状。2016 年 11 月至 2017 年 3 月，太湖典型水体实测表明(图 2-1)，不同蓝藻水华覆盖程度的水体具有不同的光谱特征(图 2-2)。

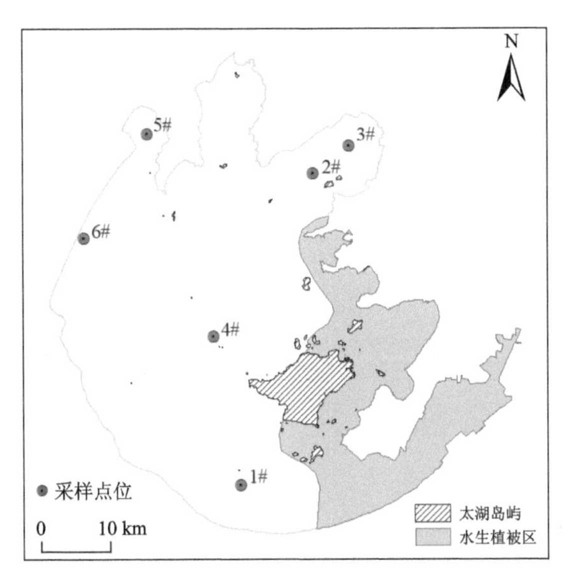

图 2-1　太湖藻华光谱监测点分布

一般地，蓝藻颗粒出现时，水体反射率增加；随着蓝藻生物量的增加，反射率随之升高，直到高于 550 nm 的反射峰；水华强度进一步增大，反射率进一步随之提升，直到在红外波段形成类似于植被的光谱曲线特征，即陡坡效应，710 nm 附近存在反射峰，峰值随水华覆盖度的增加而增大，峰值位置向长波方向移动；这是藻华水体和非藻华水体在光谱上的最大差异，稍不同的是，由于受水体背景的影响，藻华的这种“陡坡效应”有所减缓，是利用遥感识别藻华的主要依据。

可见光(490～665 nm)范围内，波长 560 nm 附近有一个小的反射峰，490 nm、665 nm 处分别有一个吸收带，705～740 nm 附近有一个红边反射陡坡，近红外 780～850 nm 附近有一个小的峰值。

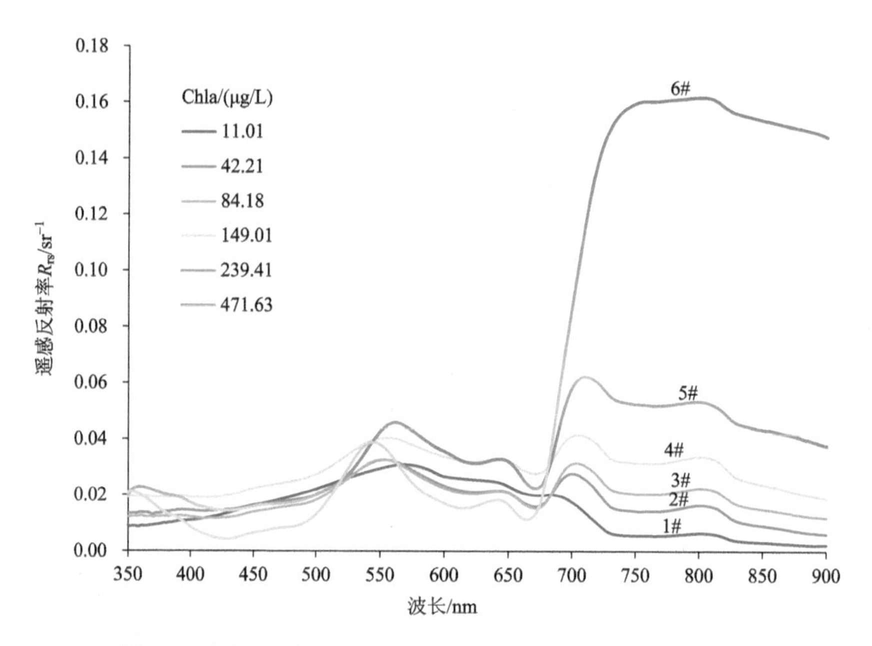

图 2-2　太湖不同藻颗粒含量的水体实测光谱(与图 2-1 相对应)

随着叶绿素 a 浓度的增加，斜率 k 逐渐增加，陡坡逐渐显现，直到出现一定厚度的藻华，形成反射平台。这里把波长 650 nm 附近最低遥感反射率和 750 nm 附近最高反射率对应点之间的连线，称之为藻华基线(以下简称“基线”)(图 2-3)，斜率 k 根据式(2-1)计算，与叶绿素 a 浓度成正比(图 2-4)；在 Chla < 500 μg/L 的范围内，k 约– 0.005～0.0025，可以近似地用式(2-2)来定量描述。

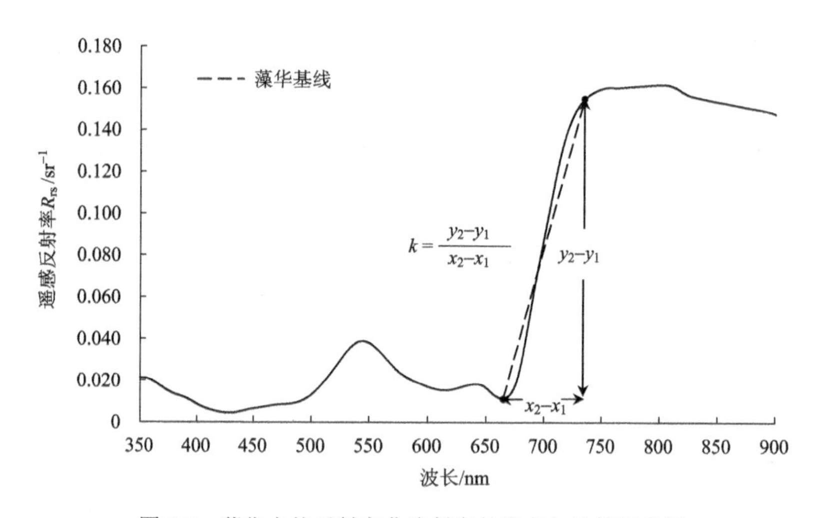

图 2-3　藻华水体反射率曲线斜率的定义与计算示意图

$$k = \frac{y_2 - y_1}{x_2 - x_1} \tag{2-1}$$

式中，x_1 为 650～700 nm 遥感反射比谷值的对应波段；x_2 为 700～750 nm 遥感反射比峰值对应波段；y_1 为 650～700 nm 遥感反射比谷值，y_2 为 700～750 nm 遥感反射比峰值。

$$k=0.000005\times \mathrm{Chla}-0.000080,\quad R^2=0.93 \tag{2-2}$$

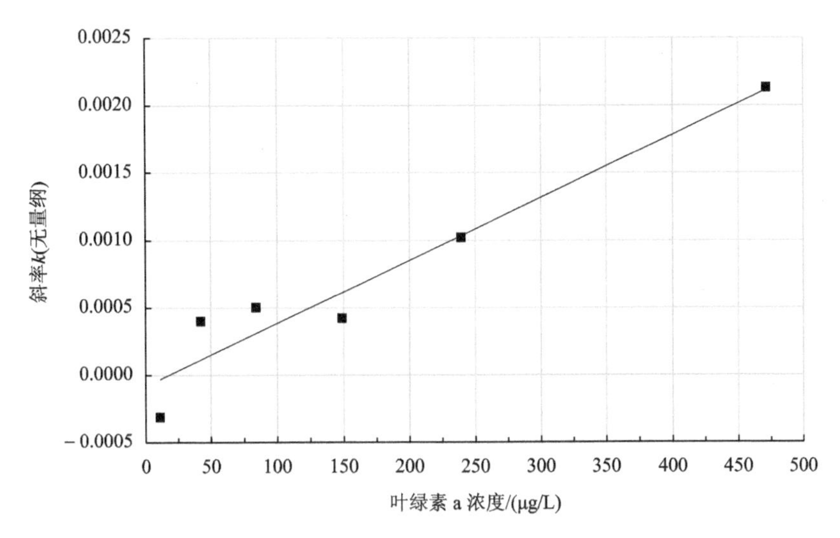

图 2-4　藻华水体反射率曲线斜率与叶绿素 a 浓度的对应关系

2.2　适合藻华监测的卫星及其传感器

目前，常见的光学卫星有：①Landsat 系列(MSS、TM、ETM+、OLI[①])；②SPOT 系列(1/2/4/5/6)；③IRS[②]系列(LISS-1/2/3/4、AWiFS)；④CBERS[③]系列(1/2 CCD)；⑤HJ 系列(A/B　CCD)；⑥BJ[④]系列(1/2/3　CCD)；⑦ZY[⑤]系列(1/2/2B/2C/4)；⑧GF[⑥]系列(1/2/4/6)；⑨ENVISAT 系列(MERIS[⑦])；⑩Sentinel 系列(MSI[⑧], OLCI[⑨])；⑪HY[⑩]系列

① Operational Land Imager.

② India ReSourcesat.

③ China-Brazil Earth Resources Satellite.

④ Bei Jing.

⑤ Zi Yuan.

⑥ Gao Fen.

⑦ Medium Resolution Imaging Spectrometer.

⑧ Multi-Spectral Instrument.

⑨ Ocean Land Colour Instrument.

⑩ Hai Yang.

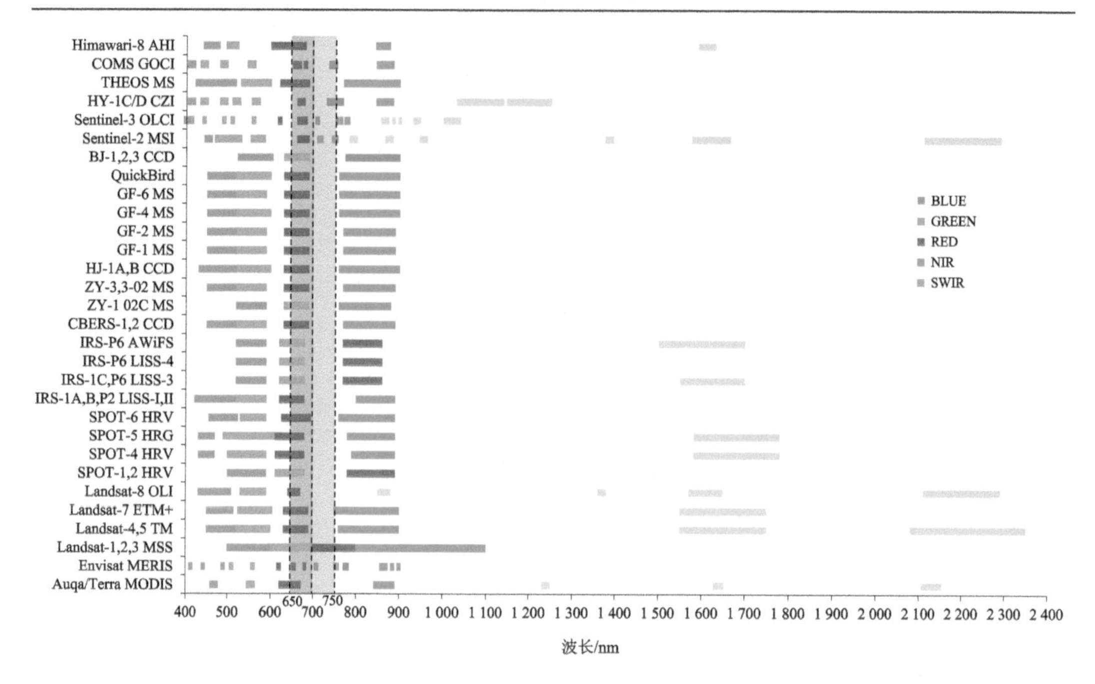

图 2-5　常见的光学卫星传感器及其波谱分布

(1C/D, 2B/C/D)；⑫THEOS①系列(MS CCD)；⑬COMS②系列(GOCI③)；⑭Himawari 系列(AHI④)。如图 2-5 所列。

只要在红外-近红外波谱范围内有波段设置的传感器都可以用来监测藻华，因此，对于藻华监测而言，目前几乎所有的光学传感器都可以使用(图 2-5)；但根据式(2-1)，如果需要定量描述，适合的卫星传感器目前主要有 MODIS、MERIS、MSI、OLCI、CZI 和 GOCI。

2.3　宽窄波段传感器评估

理论上，只要在近红外波谱范围内有波段设置的卫星传感器(图2-5)，都可以用来监测藻华。然而，卫星传感器的波段设置差别很大，对于富营养化湖泊而言，除藻华外，叶绿素和藻蓝素等浮游植物色素也是实施定量监测的重点。目前用于浮游植物色素定量反演的传感器，最适合的是一些窄波段传感器。实际上，我国的湖泊水体面积很小，即使我国最大的湖泊——青海湖，面积也仅约有 4 456 km^2，那些专用的海洋水色传感器虽然在光谱分辨率、时间分辨率以及信噪比等方面具有极大的优势，但空间分辨率普遍不高，如最常用的 MODIS 最高空间分辨率也仅有 250 m，极大地限制了这些传感器在湖泊

① Thailand Earth Observation Satellite.

② Communication、Ocean and Meteorological Satellite.

③ Geostationary Ocean Color Imager.

④ Advanced Himawari Imager.

水色遥感中的实际应用。2021 年 6 月，我国首颗高分辨率多光谱水色小卫星“海丝二号”发射升空(8 个波段，20 m 空间分辨率)，结束了我国没有专门针对湖泊水色遥感的卫星传感器的历史。尽管如此，现在湖泊水色/水质遥感主要还是使用陆地卫星多光谱传感器(如 Landsat TM/ETM+/OLI、BJ-1/ HJ-1 CCD 等)。

传统的陆地卫星传感器在高空间分辨率的情况下，普遍提高了信噪比，加大了刈幅，缩短了重复周期，进而为提高湖泊水色/水质参数遥感反演精度奠定了良好的技术基础，为湖泊水色/水质遥感的发展与应用提供了广阔的舞台(马荣华等，2010)。太湖蓝藻遥感日常监测的实践经验表明，湖泊水体水质变化的空间尺度较小，往往发生在数十米范围内；在选择卫星传感器时，如果不能同时满足高时间分辨率、高空间分辨率和高光谱分辨率的要求，首先考虑空间分辨率和时间分辨率，其次才考虑光谱分辨率，因此需要重新重视那些长期用于陆地监测的卫星传感器，如 Landsat TM/ETM+/OLI 等(马荣华等，2009)，以充分挖掘它们的潜力，发挥它们的效益。

2.3.1　宽波段卫星传感器的水体光学辐射性能评估

选择典型的富营养化湖泊太湖、巢湖和洪泽湖为试验区，使用现场观测的 156 个数据集(太湖 56 个，洪泽湖 78 个，巢湖 26 个)；基于 HydroLight 5.0 软件(Mobley, 1994)，以 Chla、无机悬浮物(suspended particulate inorganic matter)和有色可溶解性有机物(colored dissolved organic matter)垂直均一分布为假设条件，以太阳天顶角为 30° 和风速为 3.0 m/s 为条件，设定 Chla 的范围为 0.1～100 μg/L、SPIM 的范围为 0.1～100 mg/L 和 $a_g(443)$ 的范围为 0.001～6 m^{-1}，使用实测数据的平均浮游植物的比吸收系数 a_{ph}^* 和非色素颗粒物的比吸收 a_d^* 和比后向散射系数 b_{bp}^* 代替 Hydrolight 的默认系数(Xue et al., 2017)，模拟得到 12 000 条 R_{rs} 光谱，波长范围为 402.5～897.5 nm，间隔为 5 nm。

Hydrolight 能够模拟获得水体的表观和固有光学特性，但缺少大气顶层辐亮度参数，于是采用 AccuRT(accurate radiative transfer mode)生成水-气耦合的辐射传输数据集。AccuRT 是当前公开的较高精度的水-气耦合辐射传输模型，将大气和水体界面所有要素的辐射传输过程进行耦合求解，给定水体物质浓度和大气相关模型参数，就能够得到传感器的离水辐亮度、气溶胶辐亮度、大气顶层辐亮度等参数(Hamre et al., 2017)。目前用于湖泊水色遥感的主要卫星传感器包括 OLCI、VIIRS、MSI、OLI、ETM+和 WFV(wide field of view)，既有宽波段，又有窄波段(图 2-5)，但这些传感器的信噪比差别较大(图 2-6)；信噪比最大是 VIIRS 的 486 nm 波段，达 1 243.39；其次是 OLCI 的 400 nm 波段，达 684.1；最差的是 Landsat ETM+的 483 nm 波段，仅 77.9。

使用相应传感器的波谱响应函数 RSR(relative spectral response)，将实测和模拟的光谱 R_{rs} 和吸收系数 a 归一到对应传感器的波段上，用来评价带宽效应和辐射敏感度。对于 R_{rs}，基于 RSR，根据式(2-3)进行计算；根据生物光学模型可知，吸收系数(a_{ph}、a_d、a_g 和 a_w)与 R_{rs} 成反比，先将吸收系数作倒数后再做卷积计算；对于吸收系数，采用式(2-4)和式(2-5)计算(Lee et al., 2016)。

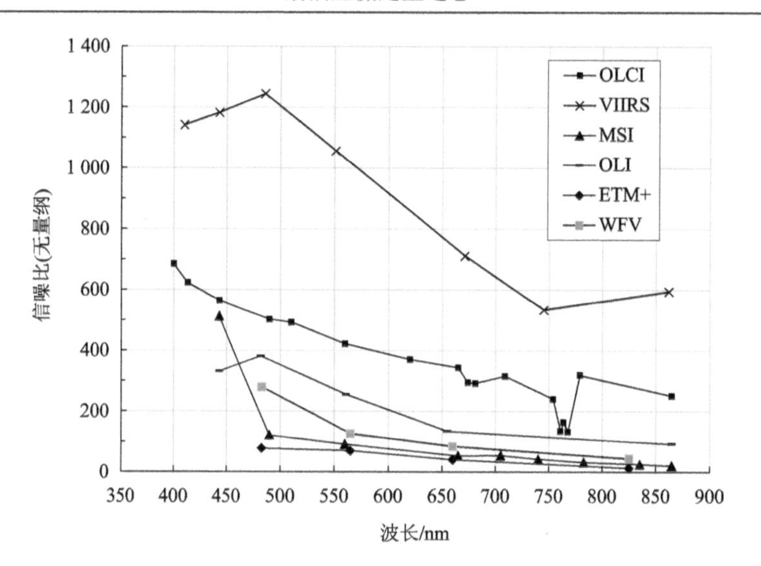

图 2-6　常见的光学卫星传感器的信噪比

$$R_{\mathrm{rs}}\left(B_i\right)=\frac{\int_{400}^{900} R_{\mathrm{rs}}(\lambda)\mathrm{RSR}_i(\lambda)\mathrm{d}\lambda}{\int_{400}^{900}\mathrm{RSR}_i(\lambda)\mathrm{d}\lambda} \tag{2-3}$$

$$a'\left(B_i\right)=\frac{\int_{400}^{900}\left(\frac{1}{a(\lambda)}\right)\mathrm{RSR}_i(\lambda)\mathrm{d}\lambda}{\int_{400}^{900}\mathrm{RSR}_i(\lambda)\mathrm{d}\lambda} \tag{2-4}$$

$$a\left(B_i\right)=\frac{1}{a'(B_i)} \tag{2-5}$$

2.3.2　波段带宽对光学参数反演的影响

1. 带宽增加对内陆水体光学特性的影响

实测光谱 R_{rs} 和代表性的六种传感器(OLI、ETM+、OLCI、MSI、WFV 和 VIIRS)的波谱对比表明(图 2-7)：①部分常用水色传感器波段(如 OLCI 和 VIIRS)的 R_{rs} 平均和实测值基本一致；②部分陆地宽波段传感器(如 OLI、MSI、ETM+和 WFV)部分波段的 R_{rs} 与实测值偏离明显，这些偏离波段的带宽基本都在 50 nm 以上；③除了 ETM+的第三波段(B_3)，其他波段的 R_{rs} 平均值都低于其中心波长，这可能是由 B_3(中心波长 660 nm)位于一个大吸收峰引起。

OLCI 传感器的可见光-近红外范围内 16 个波段具有不同的带宽，假设光谱范围内光谱响应为 1，计算不同带宽下波段平均的 R_{rs} 和 a，与它们对应波段中心波长处的 R_{rs} 和 a 的差异记为 δR_{rs} 和 $\delta a(\lambda)$，结果表明：①带宽的增加会引起 δR_{rs} 的增加，R_{rs} 的误差变化在 2.0%以内，具有波段依赖性；②δR_{rs} 在 665 nm 和 709 nm 明显比其他波长处高(图

2-8(a)，$\delta R_{rs}(665)$和$\delta R_{rs}(709)$都在带宽超过10 nm时迅速增加；在带宽达80 nm时，$\delta R_{rs}(665)$约为0.5%，而$\delta R_{rs}(709)$超过了1%；③δR_{rs}在443 nm、560 nm和620 nm时相对较低[图2-8(a)]，带宽增加到150 nm时，$\delta R_{rs}(443;560;620)$仍旧在0.25%以内。总之，$R_{rs}$在红光和近红外波段受带宽影响大，在蓝绿光波段对带宽的增加不敏感。

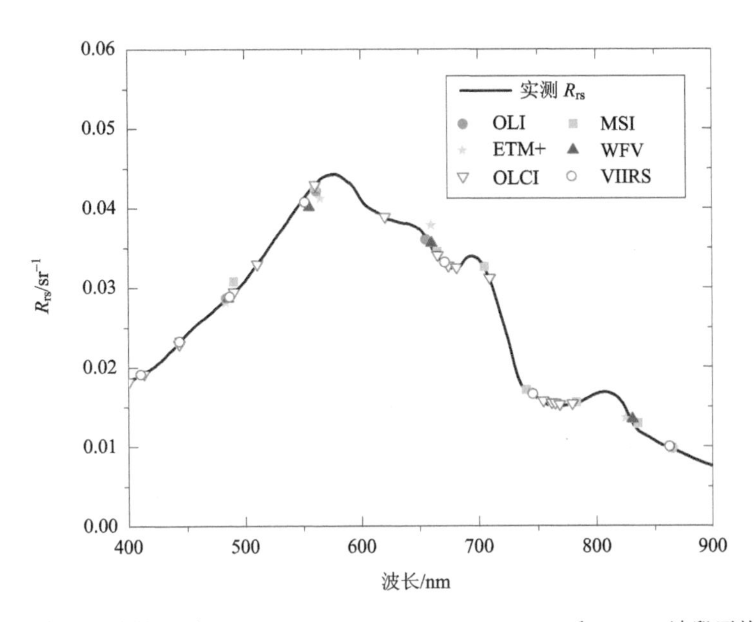

图2-7　实测平均的R_{rs}与OLI、ETM+、OLCI、MSI、WFV和VIIRS波段平均结果

对于吸收系数而言，带宽的变化对浮游植物色素吸收a_{ph}的影响最大，δa_{ph}最高超过6%[图2-8(b)]。$\delta a_{ph}(\lambda)$在带宽为20 nm时大于0.5%，高于50 nm时，四个波段的δa_{ph}急剧增加，超过1%。相对于其他波段，$\delta a_{ph}(665)$受带宽影响最大，50 nm的带宽时差异超过1%。相对于a_{ph}、a_d和a_g受波段带宽的影响较小，差异在3%以内。其中，$\delta a_d(\lambda)$随波长增加而降低，$\delta a_d(443)$受带宽影响大，差异呈现指数上升；带宽为50 nm时达到0.5%，超过90 nm时差异超过了1%[图2-8(c)]。$\delta a_g(\lambda)$变化趋势与$\delta a_d(\lambda)$相反；波长越长，δa_g越大。带宽超过20 nm时，$\delta a_g(\lambda)$呈现对数趋势增加。$\delta a_g(443)$在带宽为20 nm和50 nm时，都低于0.5%，120 nm时达到1%[图2-8(d)]。因此，内陆水体中带宽主要影响浮游植物色素的特征波段，而CDOM和悬浮物的光学特性对于带宽变化的敏感较低。

卫星传感器探头接收到的数据在每个波段通道实际上只是一个亮度值(digital number，DN)，DN值是一定波长范围内信号的积分平均值。由于水体信号较低，基于卫星传感器所构建的算法，能否捕捉到水体的变化至关重要。使用卫星波段平均信号取代算法中对应的中心波长在数值上存在差异，但这种差异有强有弱。在数学的角度上，带宽对信号的效应，实际是微积分的结果和简单几何计算之间的差异。根据形状，光谱曲线可以分为3类(Bowker et al., 1985)：固定的反射率直线、平滑的曲线和带有峰特征的抛物线。

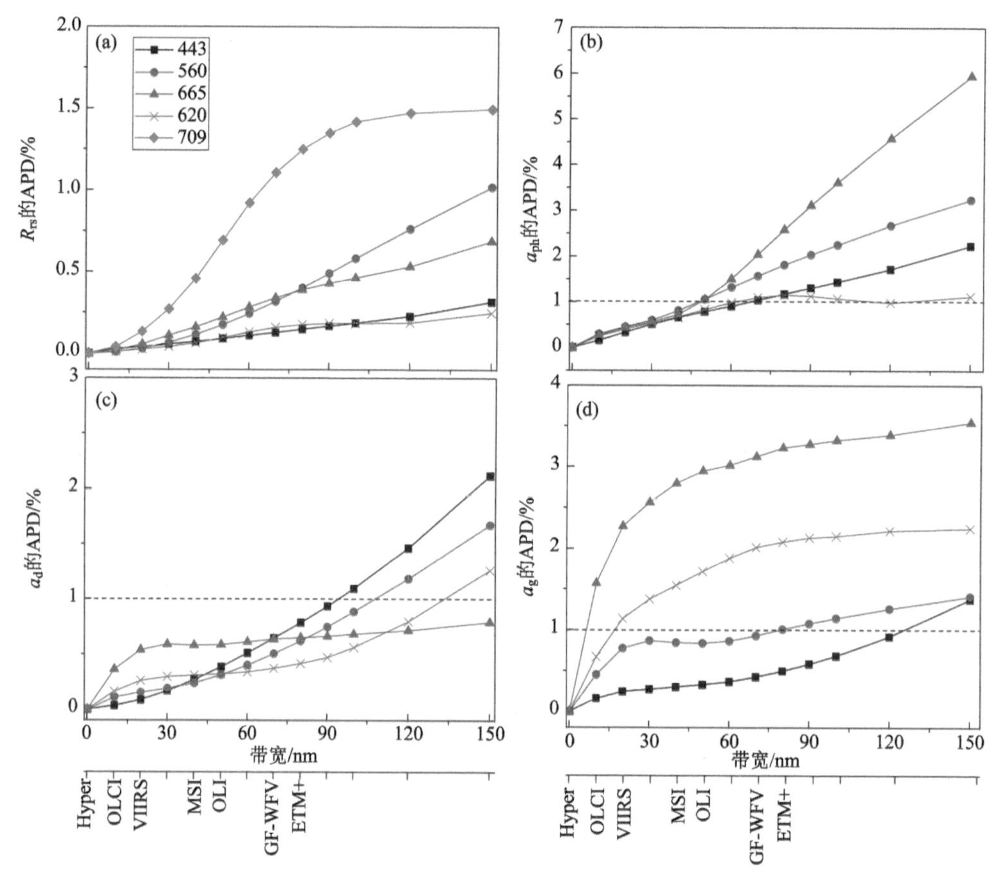

图 2-8　(a) R_{rs}(443;560;620;665;709)和不同带宽波段平均 R_{rs} 之间的差异；(b)～(d) a_{ph}、a_d、a_g 在 443 nm、560 nm、620 nm 和 665 nm 处与不同带宽平均结果的差异

(1)对于理想的带有固定反射率的物体(朗伯体曲线)，其光谱是一条反射率为 ρ_p 的直线，假设有一波段 B_x，其范围是 λ_{min}～λ_{max} [图 2-9(a)]。此时，波段 B_x 的积分平均值等于 λ_{min}～λ_{max} 范围内任意一处的波长 λ 的反射率值，因此带宽的变化对于这种理想的曲线是没有影响的。

(2)平滑的曲线，该曲线在波段 B_x 范围内不存在拐点，是单调上升或下降的，计算积分均值面积 $A = A_0 + A_1$；当带宽较小时，该曲线在 B_x 内可近似认为一条直线，此时 $A_1 \approx A_2$，则 $A = A_0 + A_2 = \delta\lambda \times \rho(\lambda_c)$，因此 B_x 的均值近似认为就是中心波长的反射率值[图 2-9(b)]。然而，当带宽增加时，“以直代曲”的假设就会失效，因此波段平均光谱值与中心波长的差异会越来越大。更进一步，在 B_x 范围内，曲线曲率越大时，带宽增加引起的差异就会越大。

(3)具有峰或者谷的曲线，如 $R_{rs}(560)$、$R_{rs}(665)$、$R_{rs}(709)$ 和 $a_{ph}(665)$，在 B_x 范围波段内不是单调分布，具有至少一个拐点[图 2-9(c)]，曲线在 λ_{min}～λ_{max} 内的积分面积为 A_0，$\delta\lambda * \rho(\lambda_c)$ 的矩形面积为 $A_0 + A_1 + A_2$，其中 A_1 和 A_2 是曲线两侧和 $\rho(\lambda_c)$ 围成的面积。对于窄波段而言，A_1 和 A_2 面积非常小，用 $\rho(\lambda_c)$ 近似代替 $A_0 / \delta\lambda$ 时，差异较小；

而随着带宽的增大，A_1 和 A_2 的面积越来越大，中心波长处反射率与波段平均反射率之间的差异越来越大。当曲线的峰高宽度越窄，对于带宽的变化越敏感。对于谷而言，道理类似。因此，曲线的形状和曲率是影响带宽效应的主要因素，从数学的角度解析了光谱带宽的效应(Dekker et al., 1992)。

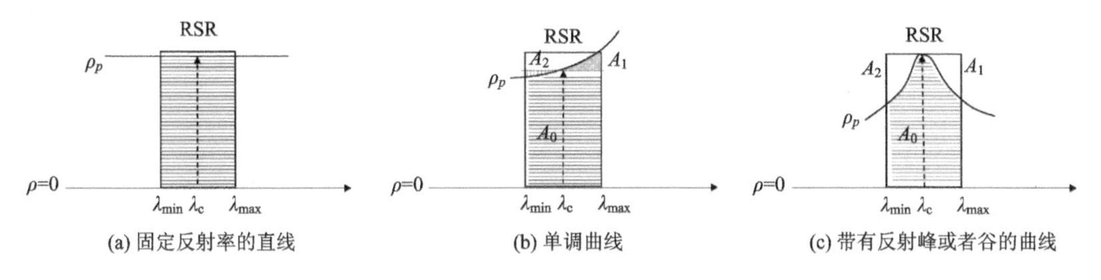

图 2-9　不同类型光谱曲线

叶绿素的特征吸收或反射波段位于 560 nm、665 nm 和 709 nm，或者处于光谱的峰部，或者位于谷部(图 2-7)，受带宽的影响明显。实际上，这些波段是浑水水体的浮游植物色素反演的重要波段(Dall'Olmo et al., 2003；Gitelson, 1992)；尤其是 709 nm，其峰的覆盖范围很小，且易受到水体物质的改变而发生峰值的移动(Gitelson, 1992)，带宽的影响就更加明显。a_{ph}(665)与水体中 Chla 的浓度变化密切联系，δa_{ph}(665)随带宽增加的变化也较大。然而，对于 δa_{ph}(620)，由于 620 nm 的藻蓝素吸收峰的半高全宽通常是 75 nm (Simis et al., 2005; Simis et al., 2007)，对带宽的敏感性相对较弱，藻蓝素在 620 nm 的吸收峰受带宽的影响不如 709 nm 明显。另外，a_d 和 a_g 都是较为平滑的单调曲线形状。其中，443 nm 是 a_d 变化较为敏感的波段，是曲线的拐点位置，坡度较大，光谱变化较快，以直代曲的假设不能成立，所以 δa_d(443)对于带宽增加较为敏感；而随着波长的增加，a_d 变化较为平缓，带宽的影响也越来越小。对于 a_g 变化，因为长波的值较低，更容易产生不确定性，导致差异较之 a_d 的分布不同。

2. 带宽增加对总吸收系数反演算法的影响

进一步分析了 QAA-750E(Xue et al., 2019)、光谱匹配技术(spectral matching technique，SMT)和深度神经网络(deep neural network, DNN)算法估算的总吸收系数精度随带宽增加的变化，为宽波段传感器遥感内陆水体光学特性提供参考。明显地，QAA-750E 估算的 $a(\lambda)$ 随带宽的变化比 SMT 和 DNN 的估算结果更敏感[图 2-10(a)；表 2-1]。QAA-750E 获取的 a(443)随着带宽的增加存在系统的高估，带宽超过 50 nm 后，QAA-750E 的估算结果开始偏离 1∶1 线，在 100 nm 和 150 nm 带宽时，δa(443)达到了 2.36%和 4.45%。对于 SMT 算法[图 2-10(b)；表 2-1]，其估算的 $a(\lambda)$ 虽然存在低估，但偏移不如 QAA-750E 明显；在 100 nm 和 150 nm 时，SMT 对应的 δa(443)仍旧在 2%以内。另外，100 nm 的估算的结果中 $a(443) < 6\ m^{-1}$ 的点基本分布在 1∶1 线附近。相对于前两者而言，DNN 估算的结果对带宽的变化最不明显[图 2-10(c)；表 2-1]，不同带宽估算的 a(443)基本与中心波长估算的结果一致，均匀分布在 1∶1 线附近，对于 150 nm

带宽时，δa(443)差异只有～1%左右。但是，应该指出的是，DNN 估算的结果比实测的 a(443)低估了 20%左右，这可能是因为 DNN 训练库缺少高吸收下样本所致。

表 2-1 QAA-750E、SMT 和 DNN 算法反演 a(443)的差异统计

方法	带宽 20 nm			带宽 50 nm		
	QAA-750E	SMT	DNN	QAA-750E	SMT	DNN
R^2	0.99	0.96	0.94	0.99	0.92	0.87
斜率	1.02	0.99	1.14	1.03	0.95	1.07
APD	0.19	0.62	0.82	0.43	0.95	1.11

方法	带宽 100 nm			带宽 150 nm		
	QAA-750E	SMT	DNN	QAA-750E	SMT	DNN
R^2	0.97	0.88	0.88	0.90	0.87	0.84
斜率	0.96	0.80	0.96	0.83	0.69	1.05
APD	2.36	1.70	1.40	4.45	2.12	1.19

我们对比了三种算法获取的 $a(\lambda)$在不同波长处随着带宽的变化[图 2-10(d)～(f)]，结果显示，三种算法获取的 δ$a(\lambda)$在所有波长下都随着带宽的增加而增加。其中，QAA-750E 估算的 $a(\lambda)$受带宽变化最明显，DNN 的 $a(\lambda)$变化相对稳定。具体而言，带宽在 20 nm 时，QAA-750E 获取的δ$a(\lambda)$在所有波长误差都相近，约为 0.5%；当带宽高于 50 nm 以后，δ$a(\lambda)$开始上升，δa(560)和 δa(665)增加的幅度高于其他波段[图 2-10(d)]。

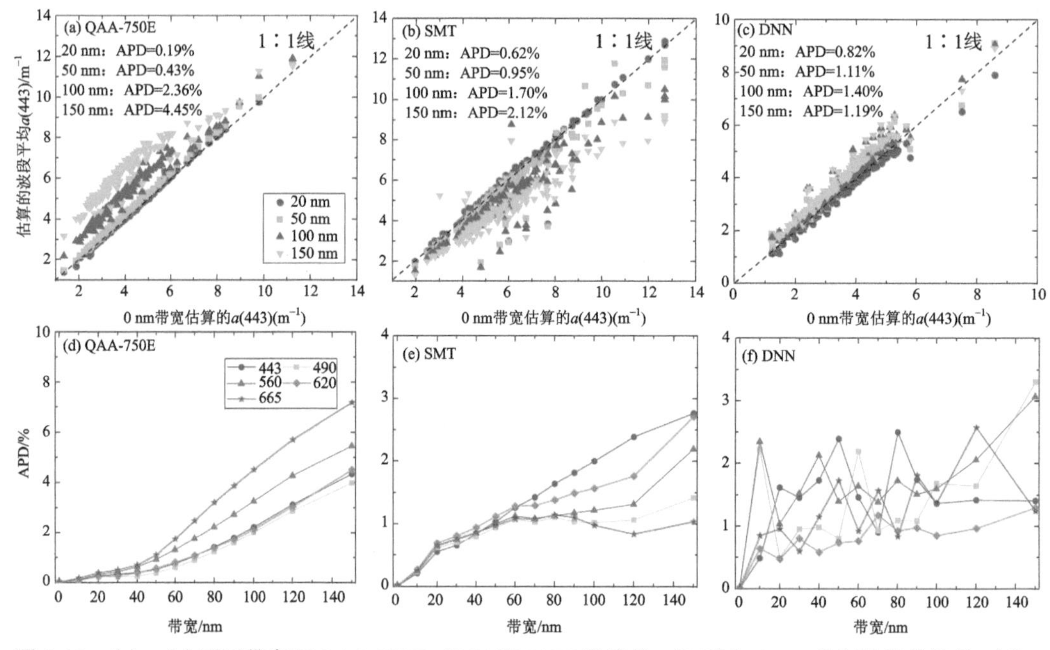

图 2-10 (a)～(c)不同带宽下 QAA-750E、SMT 和 DNN 反演的 a(443)与 0 nm 带宽结果的差异；(d)～(f) 443 nm、490 nm、560 nm、620 nm 和 665 nm 处实测总吸收系数与不同带宽下 QAA-750E、SMT 和 DNN 反演的总吸收系数的差异

对于 SMT，虽然 δa(λ)也随着带宽的增加而增加，但是在 50 nm 带宽以内，所有的波长差异都一样，而且在 1%以内，当带宽超过 100 nm 时，δa(λ)才会超过 2%[图 2-10(e)]。DNN 估算结果的差异没有随带宽的增加呈现明显的增加，在 20 nm、50 nm 和 150 nm，DNN 估算的 δa(λ)都在 2%以内，这表明 DNN 算法估算 a(λ)对传感器的带宽变化不敏感[图 2-10(f)]。总的来说，SMT 和 DNN 比 QAA-750E 在吸收系数的估算受带宽增加的影响不明显，尤其是 DNN 算法更是显示了使用 Landsat-7 ETM+和 Landsat-4/5 TM 等宽波段传感器观测湖泊内陆水体光学特性的优势。

3. 带宽增加对水体物质浓度反演算法的影响

Chla、PC 和 SPM 浓度是评价内陆水体环境水质的常见参数。基于已有的研究，我们选择了几个常用浓度估算的光学遥感模型，以测试模型估算精度随带宽的敏感性。考虑到 PC 和 Chla 的估算要求特有的波长，所以这里我们基于实测光谱数据重采样的 OLCI 的波段平均 R_{rs} 用于算法反演。对于 Chla，选择 $R_{rs}(709)/R_{rs}(665)$ (Ruddick et al., 2001) 和三波段算法 TBA (Dall'Olmo et al., 2003)；对于 PC，选择了基于 PCI 指数模型(Qi et al., 2014b)；对于 SPM，选择了 $R_{rs}(674)$ 和 $R_{rs}(754)$ 的单波段经验模型(图 2-11)。对于悬浮物，$R_{rs}(674)$ 和 $R_{rs}(754)$ 与悬浮物浓度之间的相关系数没有随带宽增加而明显变化，在 0.85 以上，表明内陆水体利用宽波段传感器反演 SPM 仍具备较高性能。对于 PC，其与 PCI 的关系在高光谱的时候为 0.87，在 50 nm 以内基本不变，带宽超过 50 nm 时能够观察到相关性下降，超过 80 nm 时相关性低于 0.80 (R^2<0.60)，表明 PC 的经验算法受带宽的影响存在但相对较弱。Chla 的估算模型精度受带宽增加影响明显，20 nm 以内的带宽时两个光谱指数与 Chla 之间的相关性都达到了 0.90，然而，超过 20 nm 的带宽时，估算精度开始下降，在 50 nm 带宽时 r 变成 0.80 以下，超过 50 nm 带宽时，Chla 的估算模型误差急剧下降，在 80 nm 以后降低到 0.50 以下，对应的模型 R^2 小于 0.25。带宽增加不仅影响生物光学模型 (Lee, 2009)，对于经验模型也会产生影响，根本原因是宽的带宽对水体光谱特征的削弱。

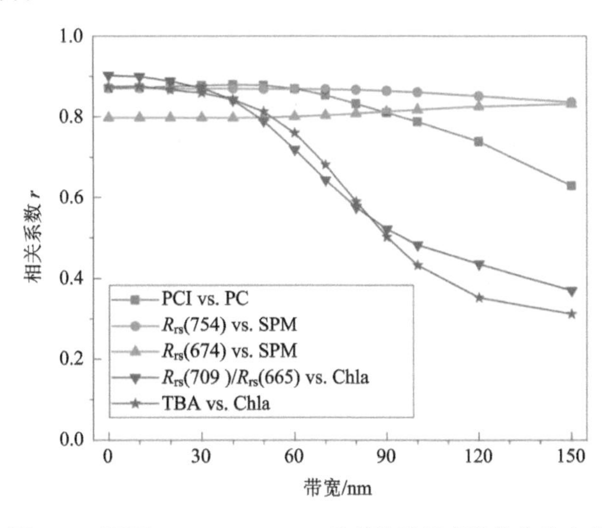

图 2-11　不同 Chla、PC、SPM 估算算法精度随带宽的变化

进一步对比了 OLCI 和 MSI 在 Ijsselmeer 湖泊的 Chla 和 SPM 反演结果，因为该湖泊已经有了一个精度较高的 SPM 和 Chla 反演算法(Gons, 1999; Nechad et al., 2010)。OLCI 和 MSI 使用 SNAP 6.0 的 C2RCC 算法进行大气校正获取 R_{rs}，随后应用于 Chla 和 SPM 的估算。2018 年 4 月 21 日，MSI 和 OLCI 获取的悬浮物浓度展示了一致的空间分布和变化范围[图 2-12(a)～(b)]，且两者之间的差异在整个湖泊在 20%以内，在清澈水体区域甚至达到了 10%[图 2-12(c)]。这是因为 SPM 的估算模型受带宽的影响较小。但是，MSI 和 OLCI 获取的 Chla 一致性则相对较差，OLCI 的结果相对于 MSI 高估了 20%左右，甚至在某些区域超过了 50%[图 2-12(c)(d)]。虽然两者得到的 Chla 在空间上分布一致，MSI 的结果总体较低，特别是在内部区域和南部岛屿周围的水体，低估更加明显[图 2-12(h)]，可能是因为 OLCI 低空间分辨率引起的水陆边界效应所致。虽然其他因素也有可能影响 OLCI 和 MSI 估算的 Chla 之间的差异，如信噪比和大气校正的精度，但是宽波段和窄波段传感器获取的结果之间的差异确实存在，后期的算法构建和产品的一致性评价上必须进行考虑。

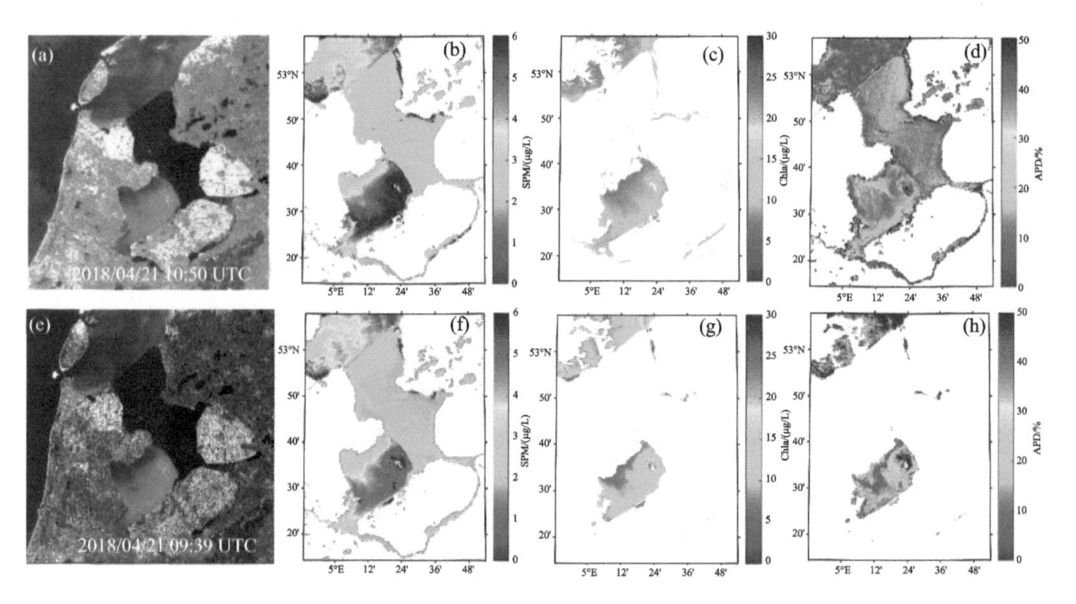

图 2-12 (a)～(c) MSI 传感器在 Ijsselmeer 湖(荷兰)的 RGB 图和估算的 SPM 和 Chla 的空间分布；(e)～(g)对应的 OLCI 的结果；(d)和(h)分别是 OLCI 和 MSI 估算的 SPM 和 Chla 之间差异(APD)的空间分布

高空间分辨率传感器为陆地观测设计，波段设置不是面向内陆水体物质，除了 MSI 以外，现有的高空间分辨率传感器都缺少 700～710 nm 的波段，大大限制了内陆水体的 Chla 估算精度(Gitelson, 1992)。另外，对于具备这些波长的波段，如 Landsat-8 的 B4 覆盖到了 665 nm，MSI 覆盖了 665 nm 和 710 nm，它们带宽的设计相对较宽，削弱了光谱的特征性，会降低经验模型的估算精度。另外，已有的研究表明，PC 是内陆水体蓝藻水华的指示性色素，620 nm 附近的吸收峰是构建算法的关键性参数(Simis et al., 2007)。但是，当前只有 OLCI 具有 620 nm 波段，针对那些没有 620 nm 波段的传感器的 PC 估算算法仍需要进一步开发(Tao et al., 2017)。考虑到 DNN 算法在获取算法光学特性时对传感器的带宽不敏感，因此可以考虑在未来用于湖泊 Chla 和 PC 的高空间分辨率制图。

2.3.3　传感器波段带宽最小要求

已有研究建议水色传感器的带宽设置为 10～15 nm(350～750 nm)、20～40 nm (750～865 nm)以及 20～50 nm(865～2 130 nm)(IOCCG, 1998；IOCCG, 2012)；也有研究提出，可见光波段为 10～20 nm、675～705 nm 范围内的带宽设置为 10～15 nm，以满足内陆水体 Chla 的遥感估算(Ritchie et al., 1994)。这些已有的研究标准一方面多基于海洋和近岸水体，没有系统考虑内陆水体的光学特征；另一方面，针对内陆水体的标准没有进行系统分析，所涉及的研究区域代表性也较小。所以，针对传感器观测内陆水体时的带宽推荐阈值仍需进一步研究。

这里，我们采用两个方法来确定内陆水体带宽阈值：①波段平均的 R_{rs} 和高光谱的 R_{rs} 之间的差异在 0.25%以内，因为我们没有寻找到相关评估误差的领域标准作为参考，所以参考定标精度在 0.5%以内给出更加严格的参考标准；②波段平均的 R_{rs} 和高光谱之间的差异开始产生明显上升时对应的波段带宽。最后，选择较小的带宽作为该波段的带宽阈值。需要注意的是，这里的带宽阈值要求并未考虑传感器的其他诸如空间分辨率、辐射分辨率和信噪比 SNR 的影响。

根据前文分析，我们知道传感器的带宽变化主要影响的是具有光谱特性峰/谷的波段，因此，此处详细展示 620 nm、665 nm 和 709 nm 附近设置的带宽的分析结果。$\delta R_{rs}(709)$ 在 30 nm 带宽的时候会超过 0.25%，但是，考虑到 20 nm 带宽以上 $\delta R_{rs}(709)$ 开始显著上升[图 2-10(a)]，因此，其带宽必须保持在 20 nm 以内。这与之前的几个研究结果相似(Dekker et al., 1992；Ritchie et al., 1994)。$\delta R_{rs}(560)$ 和 $\delta R_{rs}(655)$ 在 50 nm 带宽的时候超过 0.25%，但是在 30 nm 带宽的时候差异会迅速抬升，所以 560 nm 和 655 nm 波段的带宽的阈值推荐为 30 nm。$\delta R_{rs}(443)$ 和 $\delta R_{rs}(620)$ 在 100 nm 时才会超过 0.25%[图 2-10(a)]，但是在更短带宽的时候差异就开始急剧增加，所以带宽的阈值分别为 80 nm 和 60 nm。内陆水体光学遥感不同物质浓度估算时常用波长的带宽要求如表 2-2 所示。

表 2-2　内陆水体光学遥感典型波段的带宽阈值要求

λ /nm	应用	Δλ /nm	OLI	MSI	ETM+	WFV
443	Chla 吸收峰	80(15)	443(20)	443(27)	—	—
490	清水 Chla 估算	80(15)	482(65)	490(98)	483(70)	485(70)
560	清水 Chla 估算	30(15)	561(75)	560(65)	565(80)	555(70)
620	PC 估算	60(15)	—	—	—	—
665	浑水 Chla 和 SPM 估算	30(10)	655(50)	665(38)	660(70)	660(60)
710	浑水 Chla 估算	20(15)	—	705(19)		

注：Δλ 是推荐的带宽阈值，括号内的是 IOCCG(2012)推荐的结果。

对于窄波段的海洋水色传感器而言，其可见光近红外的带宽通常都在 20 nm 以内，对应的 $\delta R_{rs}(560)$ 和 $\delta R_{rs}(665)$ 分别是～0.03%和～0.06%。当这两个波段采用我们推荐的 30 nm 阈值时，$\delta R_{rs}(560)$ 和 $\delta R_{rs}(665)$ 分别是～0.17%和～0.22%，总体上，波段平均后的 R_{rs} 增加了～0.15%。除此以外，$\delta R_{rs}(443)$ 和 $\delta R_{rs}(620)$ 在我们推荐的 70 nm 带宽相对于海洋水色传感器只增加了～0.09%。所以，对于光学遥感内陆水体来说不是所有波段都需要设置为窄波段。700～710 nm 范围的波长必须要设置为窄波段。这是因为，这个波长范围是内陆水体 Chla 估算的关键波长且特征峰的半高全宽较小。然而，560 nm 和 655 nm 特征峰的半高全宽相对较宽，所以带宽的要求也适当下降到 30 nm。对于 620 nm 的波长来说，为了精确地 PC 估算带宽应该低于 60 nm；而 443 nm 和 490 nm 在内陆水体则可以适当放到 80 nm。需要指出，这里推荐的带宽阈值正好与图 2-10 不同算法性能随带宽增加表现的性能结果相一致。当前 MSI 和 OLI 的 443 nm 和 490 nm 基本达到了带宽要求，但是四种评估的宽波段传感器的 560 nm 波段都不符合；另外，MSI 的 B4 和 B5 以及 OLI 的 B4 略低于本节推荐的要求（表 2-2）。因此，在使用这些宽波段传感器遥感内陆水体光学特性的时候必须考虑带宽的效应，并进行校正。

进一步评估结果的适用性和代表性。首先，我们使用了 Hydrolight 的模拟数据集来分析带宽效应要求的适用性。这是因为模拟数据集能够覆盖更大的水体范围，且不受实测操作的误差影响。模拟数据集的 δR_{rs} 同样与实测 R_{rs} 一样，随着带宽的增加而增加[图 2-13（a）]。而且，$\delta R_{rs}(709)$ 在 30 nm、$\delta R_{rs}(665)$ 在 60 nm 带宽时大于 0.05%。而且 $\delta R_{rs}(709)$ 和 $\delta R_{rs}(665)$ 明显比其他波长的差异大，而且当 709 nm 和 665 nm 的带宽分别大于 10 nm 和 30 nm 时，它们也呈现急剧上升的趋势。除此之外，基于模拟 R_{rs} 数据库使用推荐的带宽阈值得到的波段平均 R_{rs} 和对应中心波长处的 R_{rs} 具有极好的一致性（R^2>0.99）[图 2-13（b）]。另外，模拟 R_{rs} 的平均值和实测 R_{rs} 结果之间存在相似的形状，且具有较好的一致性[r^2=0.81，APD = 8.34%，图 2-13（c）]，表明实测结果得到的带宽阈值，适用于模拟的具有较大光学覆盖范围的高光谱数据集。

另外，我们使用来自世界 250 个湖泊和水库的 4 035 组 R_{rs}、a_{ph}、a_d 和 a_g 数据，验证了本研究的结果[图 2-14（a）]。这些光谱数据被按照光学特性分为 13 类（Spyrakos et al., 2017），Chla、SPM 和 $a_g(443)$ 的平均值±标准差（范围）分别是 57.9±97.6 μg/L（0.1～337.0 μg/L）、22.7±23.7 mg/L（0.6～84.2 mg/L）和 1.8±2.3 m^{-1}（0.2～8.6 m^{-1}）。虽然我们的实测数据集并没有覆盖这么大的范围，但是其中的 10 类水体的 3 956 条光谱与我们的数据之间存在较好的一致性。它们在 550～560 nm、650 nm 和 700～710 nm 存在反射峰，在 665 nm 处存在吸收峰，而且这些峰的形状和宽度本质上也基本相同[图 2-14（b）]。除此之外，全球内陆水体的光谱和我们的光谱存在很好的一致性，除了 Type 1、Type 8、Type 10 和 Type 11。这 9 类光学水体与我们的光谱的平均值存在较好的相关性（r^2>0.50, APD < 30%）[图 2-14（c）]。另外，全球水体的平均 a_{ph} 和我们的数据相似，都在 665 nm 存在一个吸收峰。但是，也有 7 类水体在 443 nm 处存在了吸收峰[图 2-14（c）]，这可能导致 443 nm 带宽设置为 80 nm 时在这些水体会产生一定的不确定性。至于 a_d 和 a_g，所有的光谱也都呈现出对数的分布曲线[图 2-14（d）（e）]。基于表 2-2 推荐的带宽，我们把这全球 13 类水体的光谱进行了波段重采样，并与对应的中心波长值进行对比。结果显示，

除了 443 nm 和 490 nm，其他波长的结果都均匀分布在 1∶1 线两侧(R^2>0.99)。确实，我们的光谱曲线没有覆盖全球的水体，但是，其形状和值的分布与世界上大部分水体基本相似。所以，本节得到的带宽阈值推荐的结果能够在其他水体也具有适应性。

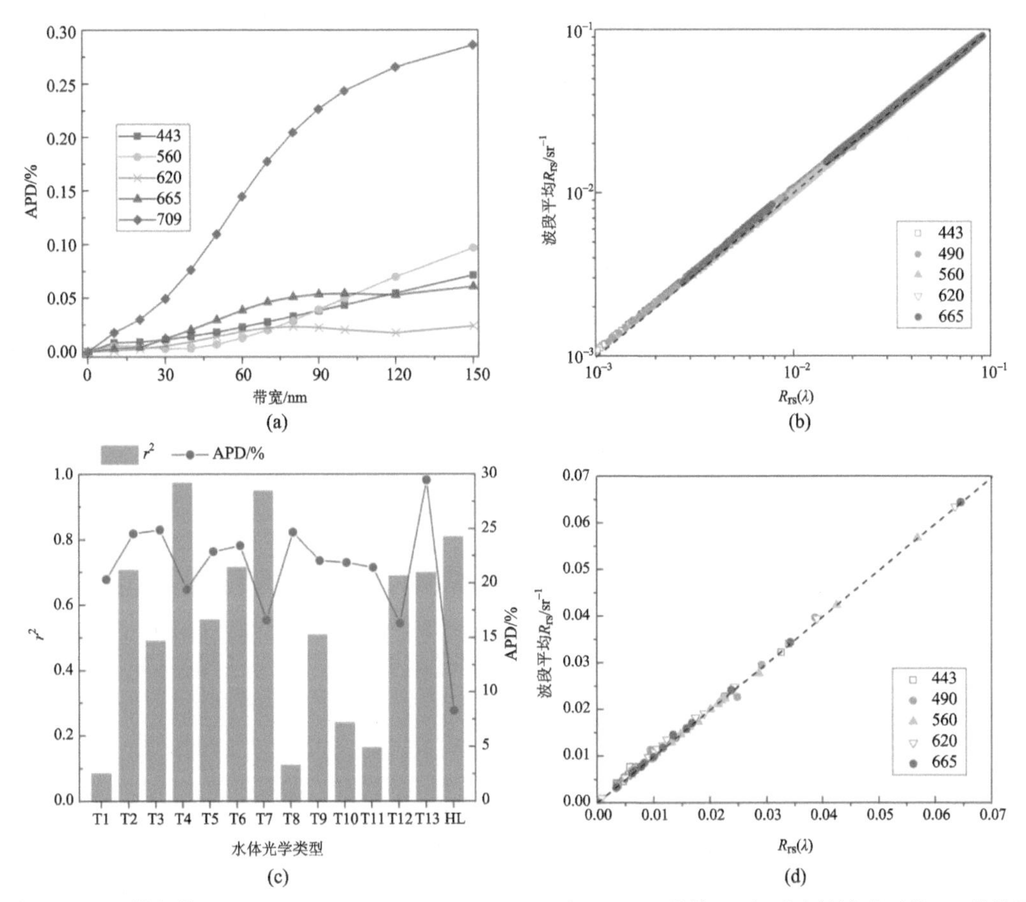

图 2-13　(a)模拟的 443 nm、560 nm、620 nm、665 nm 和 709 nm 处的 R_{rs} 与对应的波段平均 R_{rs} 的差异随带宽的变化；(b)模拟的 R_{rs} 在中心波长和对应的波段平均结果的差异(带宽如表 2-2 推荐)；(c)实测 R_{rs} 和模拟的 R_{rs} 以及全球 13 类水体的平均 R_{rs} 之间的相似性；(d)13 类水体在中心波长和使用推荐带宽波段的平均 R_{rs} 的一致性对比

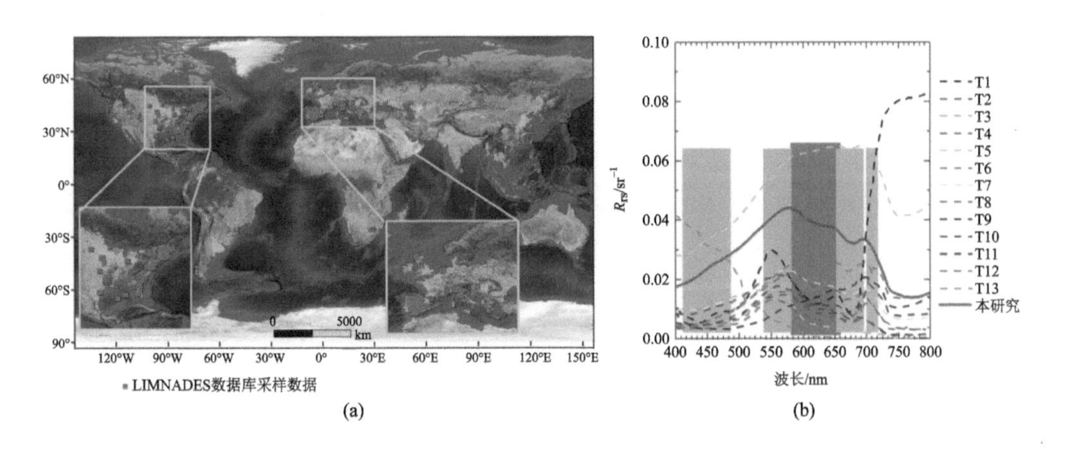

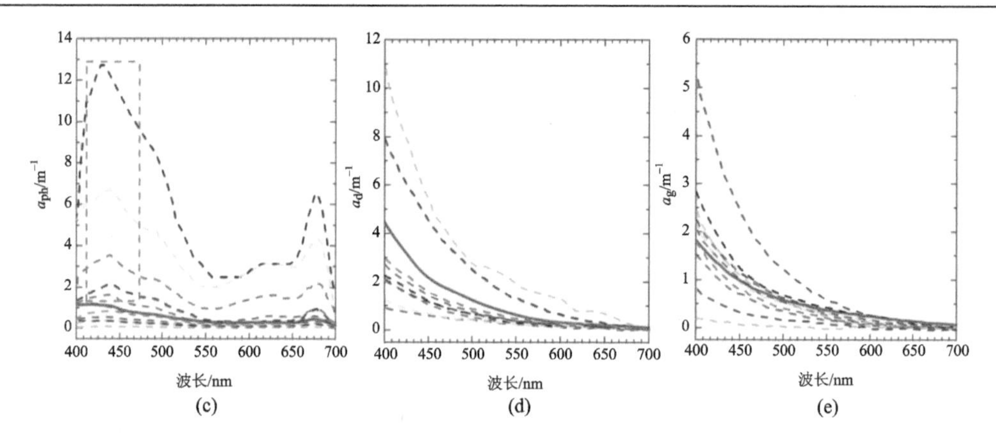

图 2-14　(a) 世界 13 类水体实测样点分布；(b)～(e) 13 类水体的平均 R_{rs}、a_{ph}、a_d 和 a_g

图(b)中的灰色方框是不同波长处本文的推荐带宽

2.3.4　典型宽波段传感器的辐射敏感性能

基于 AccuRT 辐射传输模型，采用中纬度大气模型、陆地粗糙性模型和典型的观测几何($\theta_s = 30°, \theta_v = 10°, \Delta\varphi = 135°$)，模拟得到了 0～200 mg/L 的 SPM 和 0～100 μg/L 的 Chla 对应的 400～1 000 nm(间隔为 1 nm)下的高光谱辐亮度。利用 RSR 进行波宽平均后，我们计算得到了 MSI、OLI、ETM+和 GF-WFV 可见光和近红外波段对于 SPM 和 Chla 变化的敏感性。对于 SPM 而言，宽波段传感器有着较好的辐射性能，即使是带宽超过 80 nm 且信噪比低于 100∶1 的 ETM+，其红光波段对于 SPM 都有着超过 100 的辐射敏感度。四种传感器中 OLI 对于悬浮物的敏感性能最好，其 B4 波段(655 nm)对于悬浮物的上升最为敏感，随着 SPM 的增加迅速抬升，超过 100 mg/L 时，辐射敏感度超过了 500；即使对于 200 mg/L 而言，辐射敏感性依旧在上升，未曾饱和。相对而言，B3 波段(561 nm)在中低浑浊的水体情况下，对于 SPM 的估算性能与红光相当，但在 SPM > 50 mg/L 时，在 350 nm 附近，辐射敏感性逐渐变高。与 OLI 类似，其他三个传感器，红光波段都是对悬浮物最为敏感的波段，尤其是对于高浑浊的情况下(SPM>100 mg/L)，绿光波段的敏感性逐渐饱和。值得指出的是，MSI 的结果显示，705 nm、740 nm、783 nm 等对于 SPM 超过 100 mg/L 时辐射敏感性也较高，其中 705 nm 和 665 nm 性能相近，且在 SPM>100 mg/L 时，有着更好的悬浮物估算能力。这一方面是因为 705 nm 具有较窄的带宽；另一方面也表明了近红外对于高度浑浊水体下悬浮物反演具有较好的性能。

与悬浮物不同，四种宽波段传感器对 Chla 的辐射敏感性都较低，整体在 50 以下。总体上，MSI 和 OLI 对于 Chla 仍旧有一定的辐射敏感性，如 MSI 的 705 nm 和 OLI 的 655 nm，随着 Chla 的增加，敏感性也逐步增加，且都超过了 10，表明对于 Chla 估算仍具有有效波段。即使 MSI 设置了 665 nm 和 705 nm 附近的有利于 Chla 估算的波段，但是因为波段的信噪比较低(～50∶1)，所以其辐射敏感性较低，甚至 705 nm 处的 Chla 敏感性不如 OLI 的 655 nm 高。这表明卫星传感器对于水体要素的信号捕捉，不仅依赖于特征波段的设置，还要考虑传感器波段的信噪比。

总体上，对于宽波段的传感器而言，无论是带宽的效应，还是信噪比与波段设置的影响，对于 Chla 的遥感估算影响最大。在波段设置不合适、信噪比低所引起的辐射敏感性低的情况下，又叠加上带宽较宽的影响，传统的经验算法和半分析模型在应用时存在极大的挑战。考虑到 DNN 等机器学习方法在反演总吸收系数的优势，利用机器学习技术开发针对宽波段传感器的内陆水体 Chla 估算模型是一个较好的选择。

参考文献

姜霞, 王书航, 钟立香, 等. 2010. 巢湖藻类生物量季节性变化特征. 环境科学, 31(9): 2056-2062.

马荣华, 段洪涛, 唐军武, 等. 2010. 湖泊水环境遥感. 北京: 科学出版社.

马荣华, 孔维娟, 段洪涛. 2009. 基于 MODIS 影像估测太湖蓝藻暴发期藻蓝素含量. 中国环境科学, 29(3): 254-260.

马荣华, 唐军武, 段洪涛, 等. 2009. 湖泊水色遥感研究进展. 湖泊科学, 21(1): 143-158.

齐琳. 2015. 太湖主要藻类色素卫星遥感反演模型的构建与应用. 中国科学院大学.

谢国清, 李蒙, 鲁韦坤. 2010. 滇池蓝藻水华光谱特征、遥感识别及暴发气象条件. 湖泊科学, 22(3): 327.

Bowker D E, Davis R E, Myrick D L, et al. 1985. Spectral reflectances of natural targets for use in remote sensing studies. NASA Langley Research Center; Hampton, VA, United States, 185.

Dall'olmo G, Gitelson A A, Rundquist D C. 2003. Towards a unified approach for remote estimation of chlorophyll-a in both terrestrial vegetation and turbid productive waters. Geophysical Research Letters, 30(18): 1938.

Dekker A G, Malthus T J, Wijnen M M, et al. 1992. The effect of spectral bandwidth and positioning on the spectral signature analysis of inland waters. Remote Sensing of Environment, 41(2): 211-225.

Descy J, Métens A. 1996. Biomass-pigment relationships in potamoplankton. Journal of Plankton Research, 18: 1557-1566.

Gitelson A. 1992. The peak near 700 nm on radiance spectra of algae and water: relationships of its magnitude and position with chlorophyll concentration. International Journal of Remote Sensing, 13(17): 3367-3373.

Gons H J. 1999. Optical teledetection of chlorophyll-a in turbid inland waters. Environmental Science and Technology, 33(7): 1127-1132.

Hamre B, Stamnes S, Stamnes K, et al. 2017. AccuRT: A versatile tool for radiative transfer simulations in the coupled atmosphere-ocean system. Radiation Processes in the Atmosphere and Ocean. AIP Publishing LLC.

IOCCG. 1998. Minimum requirements for an operational, ocean-colour sensor for the open ocean //MOREL A, Reports of the International Ocean-Colour Coordinating Group. IOCCG; Dartmouth, Canada.

IOCCG. 2012. Mission requirements for future ocean-colour sensor//Mcclain C R, Meister G, Reports of the International Ocean-Colour Coordinating Group. IOCCG; Dartmouth, Canada.

Lee Z. 2009. Applying narrowband remote-sensing reflectance models to wideband data. Applied Optics, 48(17): 3177-3183.

Lee Z, Shang S, Qi L. 2016. A semi-analytical scheme to estimate Secchi-disk depth from Landsat-8 measurements. Remote Sensing of Environment, 177: 101-106.

Mobley C. 1994. Light and Water: Radiative Transfer in Natural Waters. Academic Press.

Qi L, Hu C, Duan H. 2014a. An EOF-based algorithm to estimate chlorophyll-a concentrations in Taihu Lake from MODIS Land-Band measurements: implications for near real-time applications and forecasting models. Remote Sensing, 6(11): 10694-10715.

Qi L, Hu C, Duan H. et al. 2014b. A novel MERIS algorithm to derive cyanobacterial phycocyanin pigment concentrations in a eutrophic lake: Theoretical basis and practical considerations. Remote Sensing of Environment, 154(0): 298-317.

Rowan K. 1989. Photosynthetic Pigments of Algae. Cambridge Univ Press. Cambridge, UK.

Ritchie J C, Schiebe F R, Cooper C M. 1994. Chlorophyll measurements in the presence of suspended sediment using broad band spectral sensors aboard satellites. Journal of Freshwater Ecology, 9(3): 197-206.

Ruddick K G, Gons H J, Rijkeboer M. 2001. Optical remote sensing of chlorophyll-a in case 2 waters by use of an adaptive two-band algorithm with optimal error properties. Applied Optics, 40(21): 3575-3585.

Simis S G H, Ruiz-verdú A, Domínguez-Gómez J A. 2007. Influence of phytoplankton pigment composition on remote sensing of cyanobacterial biomass. Remote Sensing of Environment, 106(4): 414-427.

Simis S G H, Tijdens M, Hoogveld H L. 2005. Optical changes associated with cyanobacterial bloom termination by virallysis. Journal of Plankton Research, 27(9): 937-949.

Spyrakos E, O'donnell R, Hunter P D. 2017. Optical types of inland and coastal waters. Limnology and Oceanography, 63(2): 846-870.

Whitton B, Potts M. 2002. The Ecology of Cyanobacteria. Kluwer Academic Publishers.

Xue K, Zhang Y C, Duan H T, et al. 2017. Variability of light absorption properties in optically complex inland waters of Lake Chaohu, China. Journal of Great Lakes Research. 43: 17-31.

Xue K, Ma R H, Duan H T et al. 2019. Inversion of inherent optical properties in optically complex waters using sentinel-3A/OLCI images: A case study using China's three largest freshwater lakes. Remote Sensing of Environment, 225: 328-346.

第3章　湖泊藻华面积估算

3.1　藻华识别方法

常见的卫星遥感识别藻华算法，包括单波段、波段比值、波段差值、光谱基线法、决策树、机器学习等方法。蓝藻水华与植被类似，具有在近红外波段有明显抬升的光谱特征；叶绿素 a 对红光的吸收作用，导致红光波段附近出现反射波谷；叶绿素 a 及黄色物质在蓝紫光波段的吸收导致水体蓝光反射率低，叶绿素 a 和胡萝卜素弱吸收及细胞的散射作用形成水体光谱的绿光反射峰；波段比值法和波段差值法就是基于蓝藻水华与水体的反射率差异，通过波段组合的形式提取蓝藻水华水体。

基于叶绿素 a 和蓝藻水华的光谱特征，波段比值以近红外比红光波段居多，波段差值以近红外与红光波段的差值为主，用于简单地识别水体藻华(表3-1)。在单波段、波段比值、波段差值的基础上，基于红光波段和近红外波段的归一化植被指数 NDVI (normalized difference vegetation index) (Rouse et al., 1973)，能容易识别蓝藻水华，但是受气溶胶类型与厚度以及观测角度等条件的影响较大(Hu, 2009)。

$$\mathrm{NDVI}=\frac{\rho_{\mathrm{NIR}}-\rho_{\mathrm{RED}}}{\rho_{\mathrm{NIR}}+\rho_{\mathrm{RED}}} \tag{3-1}$$

式中，ρ_{RED}、ρ_{NIR} 分别为红光和近红外波段的水体反射率。

EVI (enhanced vegetation index) 是在 NDVI 基础上发展而来，计算公式为

$$\mathrm{EVI}=G\times(\rho_{\mathrm{NIR}}-\rho_{\mathrm{RED}})/(\rho_{\mathrm{NIR}}+C_1\times\rho_{\mathrm{RED}}-C_2\times\rho_{\mathrm{BLUE}}+C_3) \tag{3-2}$$

式中，G 是增益因子；C_1、C_2、C_3 是系数，分别补偿气溶胶的影响和植被背景的影响。对 MODIS 数据而言，$G = 2.5$，$C_1 = 6$，$C_2 = 7.5$，$C_3=1$，与 NDVI 相比具有较好的对噪声不敏感性，能有效地抑制背景的影响，还具有较好的抗大气干扰能力，其数值可以相对于气溶胶浓度保持稳定(马荣华，2010)。

根据 MERIS 数据 681 nm 附近的叶绿素荧光峰建立的 FLH (fluorescence line height) 基线指数(Gower et al., 1999)，该指数代表的是 681 nm 的峰值与 665 nm、705 nm 的连线之间的垂直距离，可以指示叶绿素 a 浓度(1～30 mg/m^3)的变化：

$$\mathrm{FLH}=L_2-L_1-(L_3-L_1)\times\frac{\lambda_2-\lambda_1}{\lambda_3-\lambda_1} \tag{3-3}$$

式中，L 代表离水辐亮度，λ_1=665 nm，λ_2=685 nm，λ_3=705 nm。不同的传感器可变换三个波段，对 MODIS 数据，λ_1=665.5 nm，λ_2=676.8 nm，λ_3=746.4 nm (Gower et al.，2005)。该指数也用于 Sentinel 3-OLCI 数据的太湖蓝藻水华监测(李旭文等，2018)。

当藻华浓度较高时，681 nm 低于 665 nm 与 709 nm 的基线，有研究基于 MERIS 数

据提出了蓝藻指数 CI（cyanobacteria index）（Wynne et al., 2013），当像元的 CI 值大于 0 时，定义为藻华像元。

$$\mathrm{CI}=-\mathrm{SS}(681)$$
$$\mathrm{SS}(681)=\mathrm{nLw}_2-\mathrm{nLw}_1-(\mathrm{nLw}_3-\mathrm{nLw}_1)\times\frac{\lambda_2-\lambda_1}{\lambda_3-\lambda_1} \tag{3-4}$$

式中，nL_W 代表归一化离水辐亮度，λ_1=665 nm，λ_2=681 nm，λ_3=705 nm（Wynne, 2010）。

对 MODIS 数据，

$$\mathrm{CI}=-\mathrm{SS}(678)\times 1.33$$
$$\mathrm{SS}(678)=\mathrm{Rhos}_2-\mathrm{Rhos}_1-(\mathrm{Rhos}_3-\mathrm{Rhos}_1)\times\frac{\lambda_2-\lambda_1}{\lambda_3-\lambda_1} \tag{3-5}$$

式中，Rhos 为反射率，λ_1=667 nm，λ_2=678 nm，λ_3=748 nm（Wynne, 2021）。

当藻华发生时，以 709 nm 为中心、681 nm 与 753 nm 为基线的 MCI（maximum chlorophyll index）指数可以识别高强度藻华。

$$\mathrm{MCI}=L_2-L_1-(L_3-L_1)\times\frac{\lambda_2-\lambda_1}{\lambda_3-\lambda_1} \tag{3-6}$$

式中，L 代表大气层顶辐亮度，λ_1=681 nm，λ_2=709 nm，λ_3=753 nm（Gower et al., 2005）。

MPH（maximum peak-height）（Matthews et al., 2012; Matthews and Odermatt, 2015）是以 664 nm 和 885 nm 为基线，计算 MERIS 的红光到近红外波段的叶绿素荧光峰和颗粒散射峰进行营养状态、蓝藻水华、漂浮藻华和水生植被的方法，公式如下：

$$\mathrm{MPH}=\rho_{\max}-\rho_{664}-(\rho_{885}-\rho_{664})\times\frac{\lambda_{\max}-664}{885-664} \tag{3-7}$$

式中，ρ 代表水体反射率；$\rho_{\max}$ 为 λ_1=681 nm，λ_2=709 nm，λ_3=753 nm 的 ρ 对应的最大值。

使用红光-近红外-短波红外波段组合的基线法，提出了 FAI（floating algae index）指数，不易受气溶胶类型和厚度、太阳高度角和耀斑等环境和观测条件变化的影响，可以更有效地穿透薄云，提取蓝藻水华的阈值也更为稳定（Hu, 2009a）。

$$\mathrm{FAI}=R_{\mathrm{rc}}(\lambda_{\mathrm{NIR}})-R_{\mathrm{rc}}(\lambda_{\mathrm{RED}})-[R_{\mathrm{rc}}(\lambda_{\mathrm{SWIR}})-R_{\mathrm{rc}}(\lambda_{\mathrm{RED}})]\times\frac{\lambda_{\mathrm{NIR}}-\lambda_{\mathrm{RED}}}{\lambda_{\mathrm{SWIR}}-\lambda_{\mathrm{RED}}} \tag{3-8}$$

对 MODIS 数据，λ_{RED}=645 nm，λ_{NIR}=859 nm，λ_{SWIR}=1 240 nm，FAI 还可应用于 Landsat TM/OLI、Sentinel 2 MSI 等具有短波红外波段的数据（Xing and Hu, 2016）。

对 GOCI 和 OLCI 等缺少短波红外波段的数据，使用近红外波段替代短波红外波段，提出了 AFAI 指数（Qi, et al., 2018）：

$$\mathrm{AFAI}=R_{\mathrm{rc}}(\lambda_2)-R_{\mathrm{rc}}(\lambda_1)-[R_{\mathrm{rc}}(\lambda_3)-R_{\mathrm{rc}}(\lambda_1)]\times\frac{\lambda_2-\lambda_1}{\lambda_3-\lambda_1} \tag{3-9}$$

对于 GOCI 数据，λ_1=660 nm，λ_2=745 nm，λ_3=865 nm；对于 OLCI 数据，λ_1=665 nm，λ_2= 754 nm，λ_3=865 nm。

针对缺少短波红外波段数据的宽波段 HJ-1A CCD 数据，基于虚拟基线的指数

VB-FAH（virtual baseline floating macroalgae height），可以采用绿、红、近红外波段的虚拟基线提取漂浮藻华，利用 Landsat OLI 数据验证发现，该指数与 FAI 具有较好的一致性（Xing and Hu, 2016）。

$$\text{VB-FAH} = R_{rc}(\lambda_4) - R_{rc}(\lambda_2) + [R_{rc}(\lambda_2) - R_{rc}(\lambda_3)] \times \frac{\lambda_4 - \lambda_2}{2\lambda_4 - \lambda_3 - \lambda_2} \tag{3-10}$$

式中，λ_2、λ_3、λ_4 分别为绿光、红光、近红外波段。

此外，针对 GOCI 数据开发的 IGAG（index of floating green algae for GOCI），可以有效地监测中国黄海、东海的大型绿藻（Son et al., 2012）：

$$\text{IGAG} = \frac{R_{rc}(\lambda_1) + R_{rc}(\lambda_2)}{R_{rc}(\lambda_3) - R_{rc}(\lambda_2)} + \frac{R_{rc}(\lambda_3)}{R_{rc}(\lambda_2)} \tag{3-11}$$

式中，λ_1、λ_2、λ_3 分别为 555 nm、660 nm、745 nm；第一项侧重于藻华较少的情况；第二项用于增强较厚的漂浮藻华的情况。

基于 MSI 数据的藻华识别指数 ABDI（algal bloom detection index）（Cao et al., 2021），通过增加一项红光与绿光的差值，可以降低浑浊水体的影响。

$$\text{ABDI} = R_{\text{RE2}} - R_{\text{Red}} - (R_{\text{NIRn}} - R_{\text{Red}}) \times \frac{\lambda_{\text{RE2}} - \lambda_{\text{Red}}}{\lambda_{\text{NIRn}} - \lambda_{\text{Red}}} - (R_{\text{Red}} - 0.5 \times R_{\text{Green}}) \tag{3-12}$$

式中，R_{Green}、R_{Red}、R_{RE2}、R_{NIRn} 分别代表 MSI 数据的 B3、B4、B6、B8A 的反射率。

利用高光谱数据 AVIRIS（airborne visible infrared imaging spectrometer）的三个近红外波段建立了 FVI（floating vegetation index）（Gao and Li, 2018）：

$$\text{FVI} = R_{rc}(\lambda_2) - R_{rc}(\lambda_1) - [R_{rc}(\lambda_3) - R_{rc}(\lambda_1)] \times \frac{\lambda_2 - \lambda_1}{\lambda_3 - \lambda_1} \tag{3-13}$$

$$\lambda_1 = 1\,000\text{ nm},\ \lambda_2 = 1\,070\text{ nm},\ \lambda_3 = 1\,240\text{ nm}$$

对于藻华与水生植被共同存在的水体，由于蓝藻水华与水生植被都具有植被的光谱特征，红光波段的反射谷和近红外波段的反射峰，导致卫星遥感难以区分蓝藻水华与水生植被（Oyama et al., 2015；李俊生等, 2009；朱庆等, 2016）。Oyama 等基于短波红外波段处蓝藻水华水体与水生植被水体的光谱差异，使用 Landsat TM/ETM+数据，结合 NDWI（normalized difference water index）和 FAI 构建决策树判别日本三个湖（Lakes Kasumiguara, Inba-numa and Tega-muma）的蓝藻水华与水生植被（Oyama et al., 2015）。结合了植被信号出现频率指数 VPF（vegetation presence frequency）和 FAI 的决策树，实现了基于 MODIS 数据的太湖蓝藻水华与水生植被的卫星遥感判别（Liu et al., 2015）；Liang 等结合 TWI、CMI 和 FAI，构建了太湖蓝藻水华与水生植被 MODIS 卫星同步监测的决策树（Liang et al., 2017）。此外，GEE（google earth engine）平台和机器学习方法（支持向量机、随机森林等）也用于区域甚至全球尺度湖泊藻华的遥感监测（Lobo et al., 2021; Zong et al., 2019）。

表 3-1　不同遥感数据类型可用的指数汇总

数据类型	代表传感器	差值植被指数	归一化植被指数	基线法					
GREEN+RED+NIR1 只有一个近红外波段	HY1C/1D-CZI	DVI	NDVI	VB-FAH					
	GF1-WFV	DVI	NDVI	VB-FAH					
RED +NIR1+NIR2 有两个近红外波段	COMS-GOCI	DVI	NDVI	AFAI					IGAG
	Sentinel 3-OLCI	DVI	NDVI	AFAI	CI	FLH	MCI	MPH	IGAG
RED+NIR+SWIR 至少一个 NIR、一个 SWIR 波段	JPSS-1 VIIRS	DVI	NDVI	FAI					
	Aqua/Terra-MODIS	DVI	NDVI	FAI	CI	FLH			
	Landsat 8-OLI	DVI	NDVI	FAI					
	Sentinel 2-MSI	DVI	NDVI	FAI					ABDI

3.2　藻华监测的常用指标

藻华面积为藻华像元的总个数与每个像元面积的乘积。

单个像元的藻华覆盖度 D 为混合像元情况下，单个像元被藻华覆盖的百分比。

$$D = \frac{\text{index} - \text{index}_{\min}}{\text{index}_{\max} - \text{index}_{\min}} \times 100\% \tag{3-14}$$

式中，index 指藻华识别指数；$\text{index}_{\min}$ 为像元没有被藻华覆盖的统计值；$\text{index}_{\max}$ 为像元全部被藻华覆盖的统计值，一般通过更高空间分辨率的数据统计得到。

涉及面积为单个像元的藻华覆盖度大于 0 的像元总个数与每个像元的面积的乘积。

绝对面积为每个像元的覆盖度与面积的乘积之和。

藻华发生频率为时间序列(年、月)中像元发生藻华的数量除以像元的总数量。

最早暴发时间指每年监测到的最早暴发日期。

藻华持续天数指每年监测到的最早暴发时间与最晚暴发时间之间的天数。

3.3　基于静止水色卫星的藻华遥感监测

3.3.1　蓝藻面积日间变化规律

对地静止水色卫星 GOCI（geostationary ocean color imager）于 2010 年 6 月由韩国发射，是目前全球唯一的一颗静止轨道海洋水色卫星。GOCI 空间分辨率为 500 m，共有 8 个波段，光谱范围 402～885 nm，轨道高度 35 837 km，覆盖范围 2 500 km×2 500 km，已于 2021 年 3 月停止运行。GOCI 每天从 8 点到 15 点(北京时间)，可以提供 8 个时刻的观测数据，时间间隔为 1 小时。

选择无云覆盖的 GOCI 图像，可以通过一天 8 幅的影像清楚地观察到湖面蓝藻密度的日间变化。如图 3-1 所示，观察到三种典型模式：第一种模式显示在一天中(当地时间

8:16～15:16)近乎连续的增加(类型 I；图 3-1 第一行)；第二种模式显示在最初几个小时内湖面蓝藻密度增加，但在后来的时间内密度下降(类型 II；图 3-1 第二行)；第三种模式显示几乎是连续的下降(类型 III；图 3-1 第三行)。与这三种类型相对应的藻华加权面积变化显示在图 3-1 的底部。

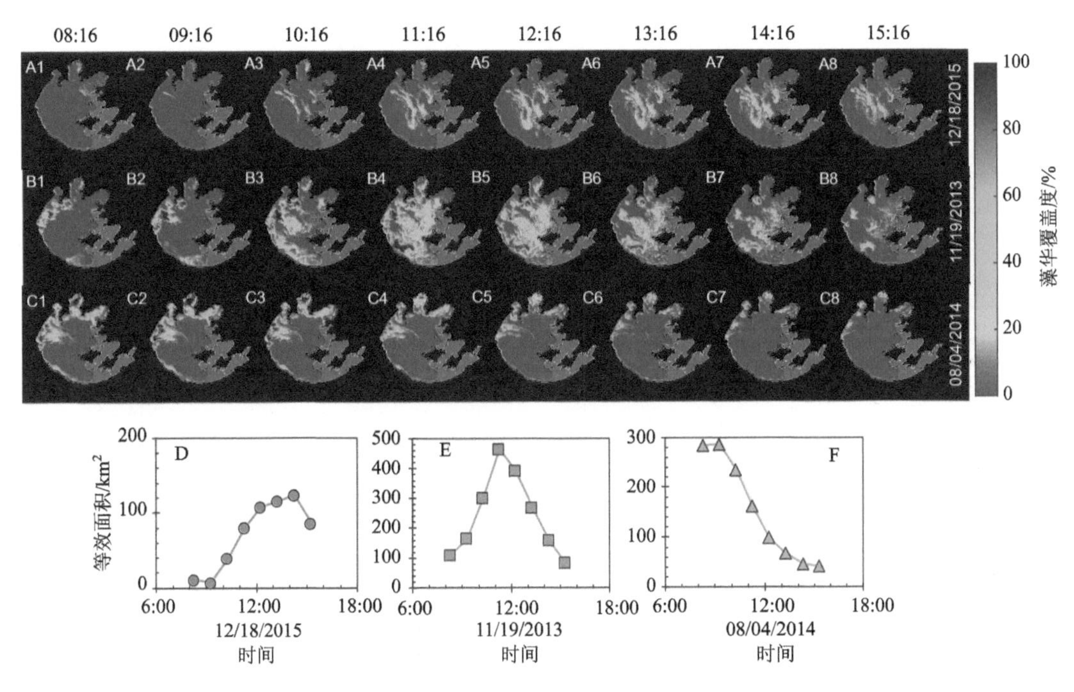

图 3-1　蓝藻水华面积日间变化的三种典型趋势

表 3-2 显示了 2011 年至 2016 年间观察到的三种类型的统计数据。为了保证统计结果的客观性，我们设置了一定的筛选标准：只有当天 8 幅 GOCI 影像中至少有 6 幅无云且当日最大藻华面积(经过加权计算)超过 50 km^2 时，才会将观测值用于计算统计数据。以此为标准，图像中发现明显蓝藻水华的总共 106 个案例。统计结果显示，三种类型的季节性差异明显：藻华日间变化类型 I 发生的平均时间在每年的第 319 天左右，类型 II 发生在第 277 天左右，而类型III发生在第 222 天左右，在标准偏差为 39～61 天。此外，不同变化类型的最大蓝藻覆盖面积发生时间也有明显的差异，类型 I 约为 14:01，类型 II 约为 11:42，而类型III约为 8:48。

表 3-2　表层蓝藻面积的三种典型的日间变化模式的统计

项目	案例数目(2011～2016 年)	比例/%	水华最大面积/km^2	水华最大面积发生时间/h	平均日期
类型 I	12	11	142.7±47.2	14:01±0.45	319±39 (10～12 月)
类型 II	72	68	197.0±111.4	11:42±1.01	277±56 (8～11 月)
类型III	22	21	168.6±94.5	8:48±0.51	222±61 (6～10 月)

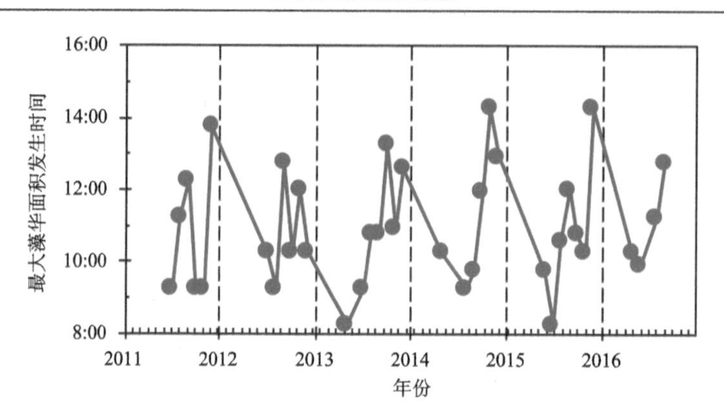

图 3-2　太湖蓝藻水华最大面积发生时间的时序统计

图 3-2 显示了每日最大水华发生时间的季节性。一般来说，在夏季，最大的蓝藻面积在上午 9 点左右；而在秋季和初冬，时间分别移至中午和下午。另一方面，根据植物蓝藻素浓度图像得出的结果，几乎所有这些类型都发生在 7～10 月的最大水华期(Qi et al., 2014)。

细胞内的伪空泡调节和藻细胞团内细胞之间的气泡调节，都是受到光合作用和呼吸作用的影响，这两种机制所产生的浮力调节作用效果相反；这两种机制的共同作用，使得蓝藻水华的时空分布在一天内产生显著变化。

风速、光照、水体透明度等环境因子会对蓝藻的生长和生理特性产生影响，从而影响细胞团浮力和藻华的日间变化。水动力条件也是影响藻华形成的主要因素之一。湖泊中的水动力主要是由风生湍流，因此以往的研究主要着眼于风速与藻华关系。Cao(2006)以及 Wu 和 Kong(2009)的研究结果表明，太湖蓝藻水华的形成条件主要受风速的限制，并给定了太湖藻华发生的临界风速为 3 m/s。然而，风力风速对上述两种蓝藻浮力调节方式的影响尚未见有报道，仍有待于进一步研究。

水体透明度也是蓝藻水华的形成与变化的重要因素之一。在较清澈的水体中，到达水体底部的光照足够，可支持底部藻细胞进行光合作用，当光合作用产生的糖类物质使藻细胞团比重增大到一定程度，即使夜晚藻细胞团呼吸作用能够减小比重，也不足以支持细胞团上浮。相反，在浑浊的湖水中，水体透明度低，到达水体底部的光有限，水体底部的蓝藻细胞无法充分进行光合作用，同时藻细胞持续不断地呼吸作用，使得藻细胞密度下降，浮力增加，导致藻细胞易于上浮至水面，因此在比较浑浊的湖水中容易产生藻华。同理，光照时长也会对蓝藻的运动效率产生一定影响。

3.3.2　日间变化的“热点”区域分析

图 3-3 第一行显示了长时间序列统计的蓝藻覆盖率(equivalent density，单位：%)的空间分布及其季节性，第二行显示了表面蓝藻密度的相应日间变化。高蓝藻密度主要发生在夏季和秋季的湖区西北部，与之前的观察结果一致(Hu et al.，2010；Qi et al.，2014；其他)。这些位置也代表了日间变化的“热点”；在整个季节中，表面蓝藻密度的小时变

化可达百分之几，而在特定的日子里可能会更高(百分之几十)。

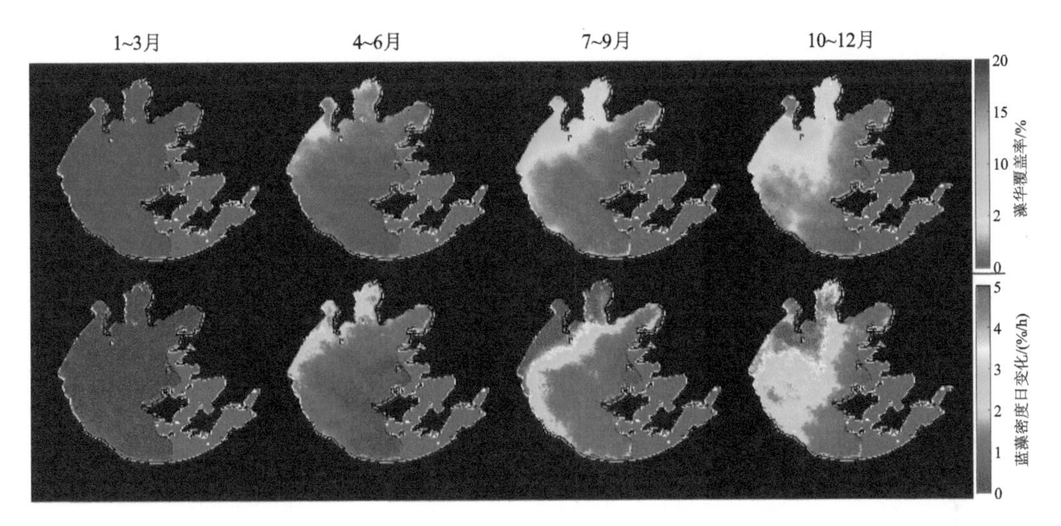

图 3-3　第一行：蓝藻覆盖率分布的季节性变化(单位：%)；　第二行：表面蓝藻密度的平均昼夜变化(单位：%/h)。蓝藻昼夜变化的“热点”区域(黄色和红色)对应于高蓝藻密度位置

3.3.3　蓝藻水华对风的响应

风在影响蓝藻水华面积的日间变动方面起着重要作用。在大风作用下，蓝藻细胞在水体中充分混合，难以形成藻华聚集在表面。通过遥感观测结合实地观测等多种手段，估计太湖造成无藻华形成的风速阈值约为 3 m/s(Hu et al.，2010；Huang et al.，2015)。通过一天多幅的遥感影像显示了两个新的现象：一是只有在大风事件后才会出现大面积水华；二是此后在没有大风出现的几天水华面积会逐渐变小。

图 3-4 和表 3-3 显示了 3 组此类现象的例子。第 1 组(A1 和 A2)显示，大风事件(前一天的平均风速大于 4 m/s)后的一天会出现大量水华；第 2 组(B1 和 B2)显示，尽管平均风速小于 3 m/s，但风向发生剧烈变化后也会出现大量水华；第 3 组(C1 和 C2)显示，当平均风速低(小于 3 m/s)且风向也稳定时，第二天的水华相对小。这些观察结果与基于现场测量的观察结果一致，但基于 GOCI 的研究提供了同步证据。它们也与 Hunter 等(2008)的观察一致，在同一天的大风之后，立即发现了叶绿素浓度升高的现象。此外，主要的水华只发生在大风事件后的第一天。在大风事件后的第二天，即使风力持续较低，水华也要小得多。显然，风不仅可以改变同一天的水华模式(即风引起的混合)，还可以影响随后几天的水华面积变化。

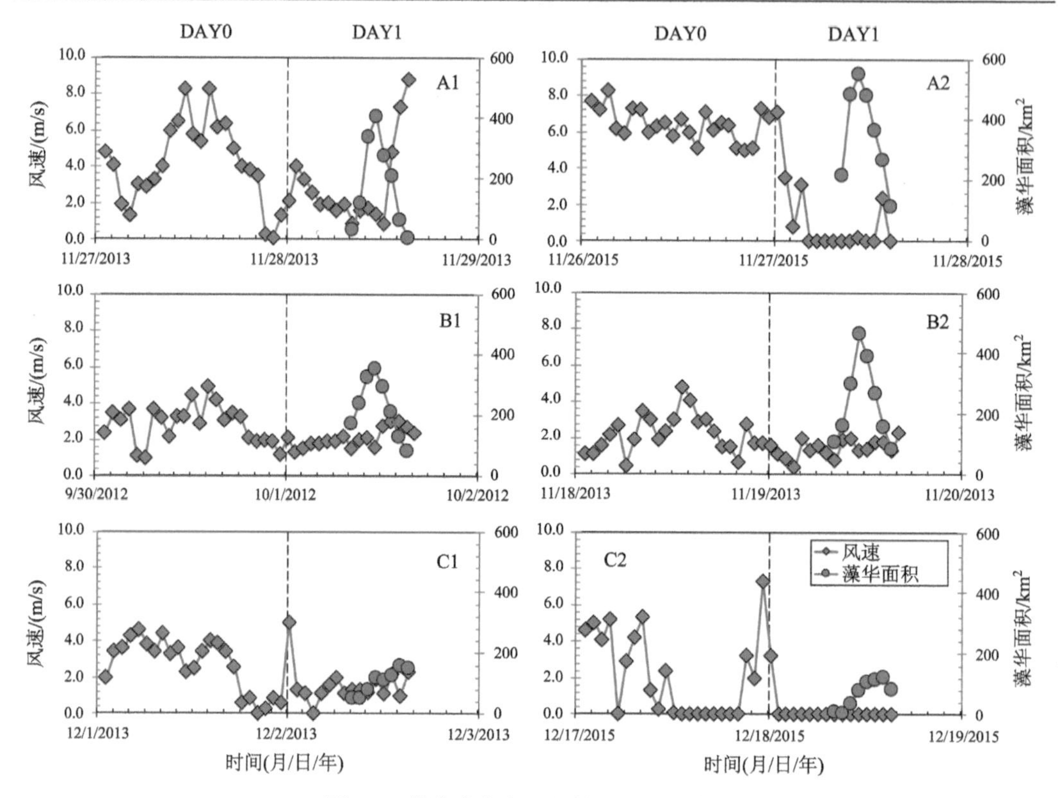

图 3-4 藻华发生当天和前一天风的情况

蓝藻水华出现在大风事件之后，具体数据见表 3-3。

表 3-3 藻华发生期间和之前一天的平均风速(*V*)和风向变异系数(*W*)

编号	平均风速/(m/s)	变异系数	平均风速/(m/s)	变异系数	藻华最大面积/km²
	藻华发生前一天(24 h)		藻华发生当天(8:00～15:00)		
A1	**4.1**	0.28	3.4	0.32	**406.7**
A2	**6.4**	0.02	0.3	0.24	**549.7**
B1	2.8	**0.87**	2.3	0.20	**353.0**
B2	2.2	**0.61**	1.5	0.44	**463.9**
C1	2.8	0.12	1.5	0.16	119.8
C2	2.1	0.29	0	—	123.2

3.3.4 蓝藻水华日间变化对水华动态和水华监测的影响

和蓝藻类似，许多其他种类的浮游植物(如甲藻)在各种海洋和淡水系统中也可以进行自主的垂向移动(Kamykowski et al., 1992; Schofield et al., 2006; Schaeffer et al., 2009)，本研究是试点工作之一，也可以作为未来遥感研究浮游植物动态及其对自然环境变化反应的模板。例如，Lou 和 Hu(2014)使用 GOCI 图像，显示了东海原甲藻(*Prorocentrum donghaiense*)的水华大小变化，这种变化被推测为甲藻类垂直运动的结果。同样，Qi 等(2017)使用 VIIRS 图像显示了短凯伦藻的日内变化，并通过滑翔机测量证实了这是短凯伦藻垂直迁移的结果。然而，以前的这些研究只提供了混合在水体中的藻类的盛行模式。目前的研究集中在藻华或近表面的蓝藻，其不确定性较低，在平静条件下更容易解释。当甲藻也形成藻华或近表面水华时，该方法可能会扩展到甲藻的研究。

GOCI 可以提供一天 8 次的观测，因此可以获得蓝藻水华面积日间变化情况，这是其他卫星传感器所不具备的。目前在轨运行的水色传感器大多数为极轨卫星，由于覆盖范围广，极轨水色卫星数据通常被用来监测准实时的水华变化和长期的水华趋势(例如，Hu et al., 2010)。对于亚热带和热带水域，极轨卫星每天最多只能提供一次观测(通常在正午前后)，在蓝藻水华一天变化如此剧烈的情况下，需要探究极轨卫星数据是否能够对蓝藻水华进行可靠的估计。图 3-5 显示了各种观测方案之间的比较。在图 3-5(a)中，来自 GOCI 在太阳正午前后的快照观测的藻华面积与每日平均藻华面积(6～8 个无云测量)进行了比较。总的来说，它们具有可比性，拟合线接近于 1∶1 的线。然而，在 1∶1 线附近也有很大的数据分布，表明如果无云天数不够多，月平均藻华面积的不确定性可能非常高。同样，在图 3-5(b)中，如果用每天的最大藻华面积来代表每天的平均藻华面积会造成高估。显然，更多来自 GOCI 的观测数据将减少得出“平均”蓝藻水华面积观测的不确定性，从而为优化蓝藻水华预报模型提供更可靠的估计。

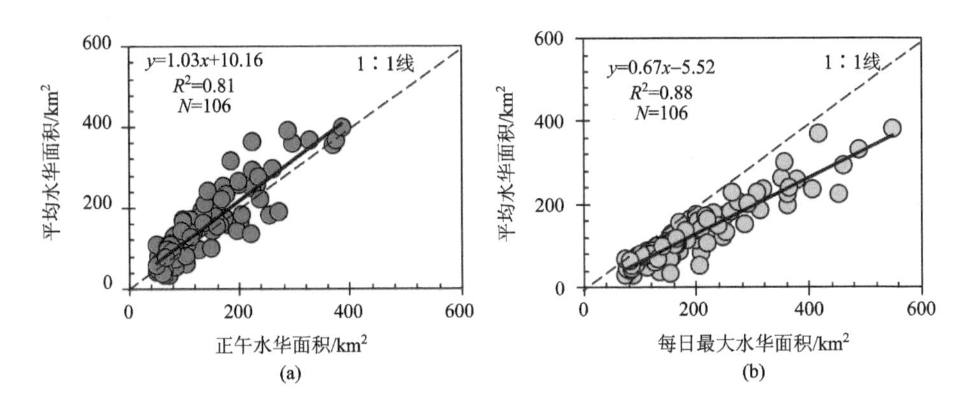

图 3-5　(a) 12:16 时的水华面积(BA)与当天的平均蓝藻水华面积(ABA)对比；(b)每日最大水华面积(MBA)与当天的平均蓝藻水华面积(ABA)对比

3.4　基于 HY-1C/1D CZI 数据的藻华遥感监测

海洋 1 号 C 星和 D 星(HY-1C、HY-1D)采用上午星、下午星组网的方式运行，其搭载的海岸带成像仪 CZI 传感器，幅宽大于 950 km，具有 50 m 的空间分辨率、3 天一次的过境时间，分别为上午和下午过境，具有优于 Landsat 8/9-OLI(8 天)和 Sentinel 2-MSI(5 天)的时间分辨率，可以补充面积较小湖泊(小于 100 km^2)的遥感监测需求。CZI 传感器的波段设置如表 3-4 所示。

表 3-4　CZI 的主要技术指标

波段	光谱范围/μm	测量条件*	信噪比(设计指标)
1	0.42～0.50	8.41	410
2	0.52～0.60	4.57	300
3	0.61～0.69	2.46	248
4	0.76～0.89	1.09	240

* 测量条件为典型输入光谱辐亮度[单位：mW/(cm² · μm · sr)]。

在海洋卫星数据分发系统(https://osdds.nsoas.org.cn/#/)中订购覆盖湖泊的无云的HY-1C/1D 数据；通过 6SV 进行大气校正的瑞利散射校正，获取湖泊经过瑞利校正后的 R_{rc} 数据；根据 VB-FAH(Xing，2016)指数提取漂浮藻华，输出藻华空间分布图。

以滇池、星云湖为例，图 3-6 展示了基于 HY-1C/CZI 数据的 2020 年 10 月 10 日 11:58 的滇池、星云湖的假彩色合成图(RGB 通道分别为红光、近红外、蓝光波段，藻华显示为绿色)、VB-FAH 指数的空间分布、藻华的空间分布。滇池和星云湖北部区域有少量藻华发生，面积分别为 3.8 km²、2.3 km²。类似地，2020 年 11 月 15 日 11:57 的结果(图 3-7)显示，滇池、星云湖的藻华面积分别为 18.5 km²、3.7 km²。

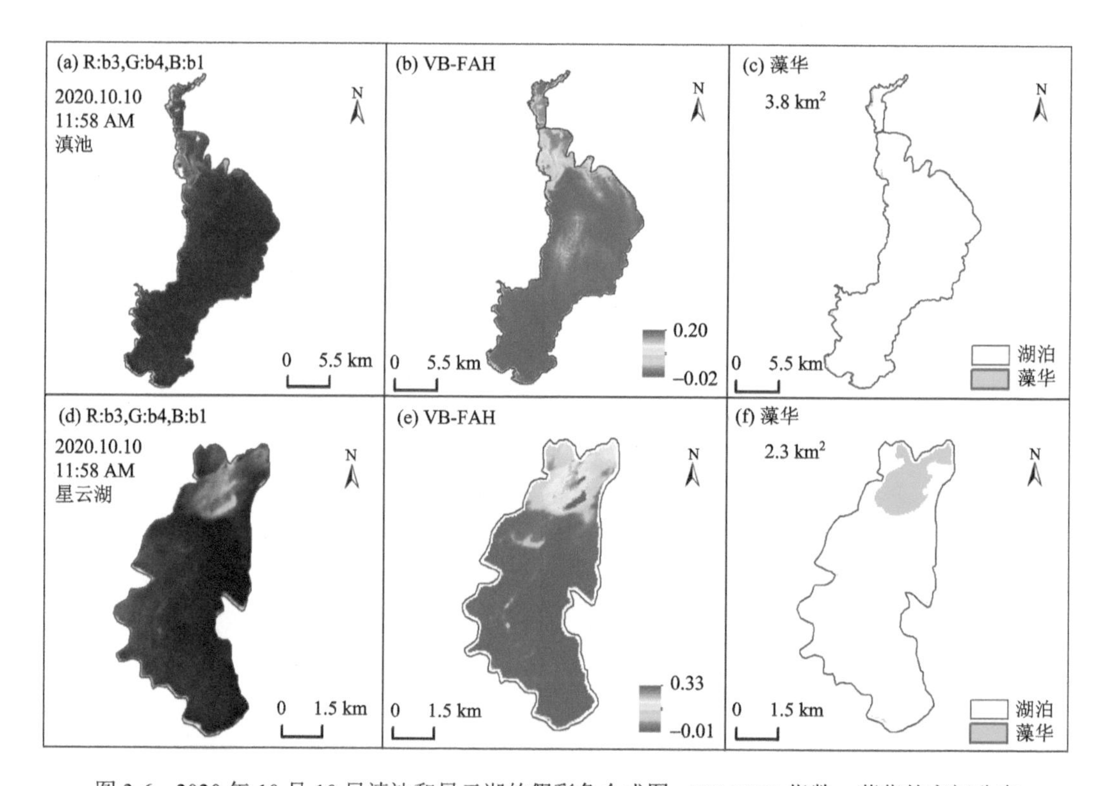

图 3-6　2020 年 10 月 10 日滇池和星云湖的假彩色合成图、VB-FAH 指数、藻华的空间分布

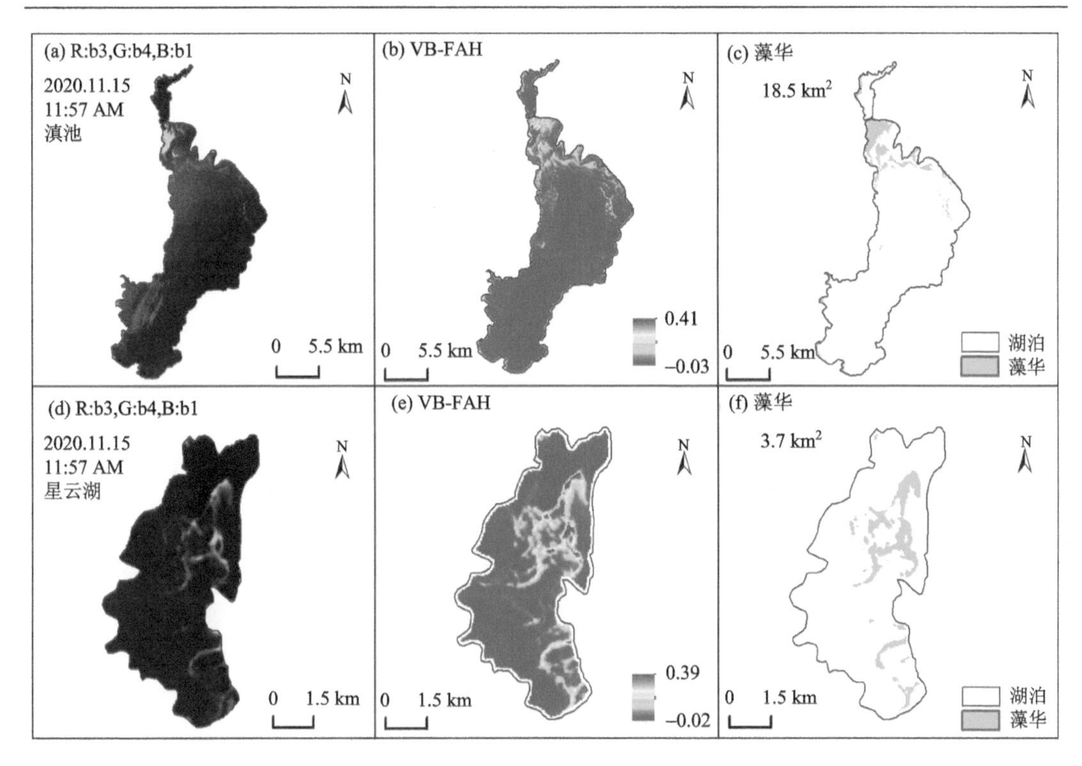

图 3-7　2020 年 11 月 15 日滇池和星云湖的假彩色合成图、VB-FAH 指数、藻华的空间分布

2020 年 5 月 3 日过境时间相差半小时以内的 CZI、OLI、MSI 的藻华提取结果(图 3-8)显示，不同的指数空间趋势分布大致相同，CZI 的 VB-FAH 指数提取的面积为 111.2 km^2，OLI 与 MSI 使用 FAI 指数，藻华面积分别为 80.7 km^2、84.4 km^2。CZI 的提取结果高于 OLI 和 MSI，原因主要有：①20 分钟左右藻华的自身变化，例如从 OLI、MSI、CZI 的指标来看，太湖中心岛西部区域逐渐有藻华的聚集，藻华条带变宽；②与影像的像元空间分辨率有关，CZI 一个像元代表 50 m，OLI 和 MSI 分别为 30 m 和 20 m(不同波段重采样后)，面积分别为 2.7 倍、6.25 倍，相同误差条件下，低空间分辨率的数据影响的面积更大。

由于藻华聚集在水面时，绿光和近红外反射率升高，红光宽波段(610～690 nm)以叶绿素的吸收为主，发展了以 CZI 红光波段到绿光-近红外波段基线垂直高度的藻华识别指数 AFAH(adjusted floating algae height)：

$$\mathrm{AFAH}=R_{\mathrm{rc}}(\lambda_2)+\frac{\lambda_3-\lambda_2}{\lambda_4-\lambda_2}[R_{\mathrm{rc}}(\lambda_4)-R_{\mathrm{rc}}(\lambda_2)]-R_{\mathrm{rc}}(\lambda_3) \tag{3-15}$$

式中，λ_2、λ_3、λ_4 分别为绿光、红光、近红外波段的中心波长 560 nm、650 nm、825 nm。

藻华识别指数阈值的确定，采用了最大梯度法(Hu et al.，2010)，计算藻华识别指数 AFAH 后，利用目标像元周围的 3×3 窗口，计算 AFAH 的梯度 ΔF：

$$\Delta F(i,j)=\sqrt{\mathrm{d}F_x^2+\mathrm{d}F_y^2}=\sqrt{\left(\frac{F(i,j+1)-F(i,j-1)}{2}\right)^2+\left(\frac{F(i+1,j)-F(i-1,j)}{2}\right)^2} \tag{3-16}$$

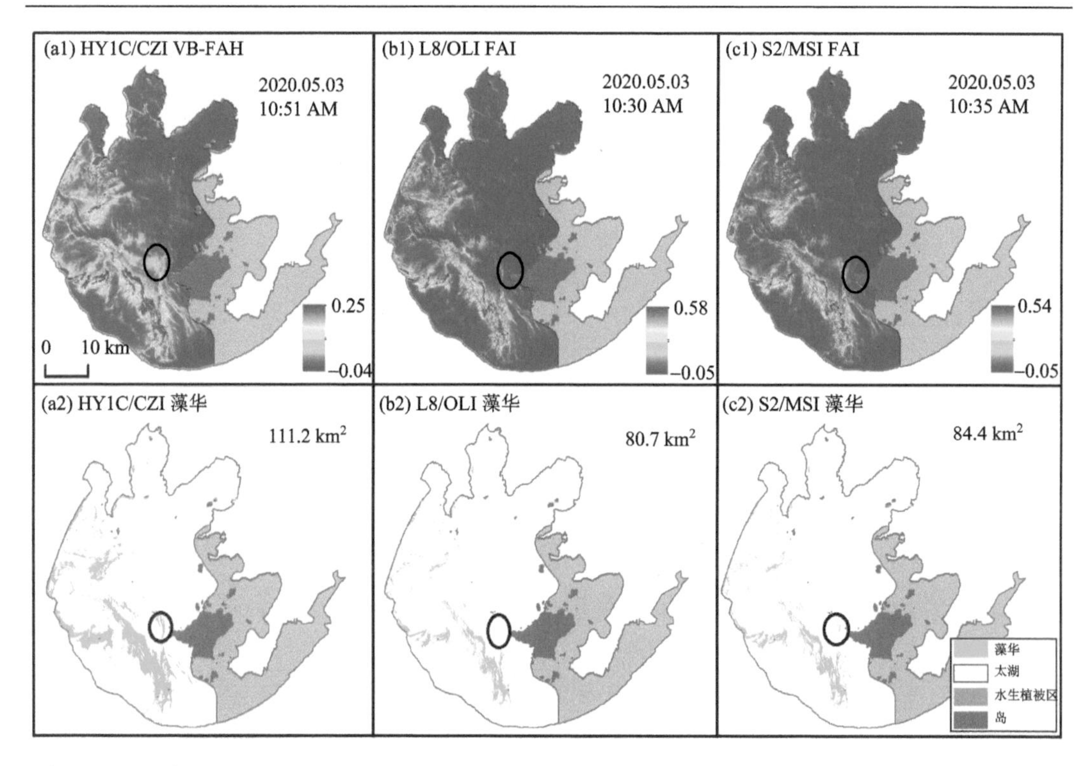

图 3-8　2020 年 5 月 3 日太湖(a) HY1C/CZI、(b) L8/OLI、(c) S2/MSI 的藻华识别指数及藻华提取结果

统计了 22 987 个非藻华水体像元和 20 574 个严重藻华(thick algae scums)像元的样本，确定了 AFAH 藻华阈值的最小值和最大值。当 AFAH 小于 0.0002 的时候，为非藻华水体；当 AFAH 大于 0.06 的时候，全部为藻华像元。其余像元最大梯度(前 1%)对应的 AFAH 均值作为该景影像的藻华识别阈值。

在同时有藻华和太阳耀斑、云的非理想观测条件下，AFAH 在太阳耀斑和薄云区域计算的值较低，具有一定的抑制效果(图 3-9)。2019 年 8 月 11 日滇池东边的太阳耀斑在 AFAH 空间分布上显示低值，可以与滇池西北部的藻华区分，太阳耀斑点位($2^{\#}$)在绿光到近红外波段整体提升，AFAH、VB-FAH、DVI、NDVI 值分别为 0.002 5、0.028、0.025、0.087。2020 年 10 月 13 日星云湖 VB-FAH、DVI、NDVI 的空间分布显示湖区东北、西南的云具有与湖中心藻华区域类似的高值，而这些区域的 AFAH 值较低。从#5 $R_{\rm rc}$ 光谱来看，云覆盖的像元 $R_{\rm rc}$ 光谱整体抬升，4 个指数值分别为 0.013、0.071、0.066、0.144。

图 3-10 为基于 CZI 数据的 2019 年 7 月到 2021 年 7 月太湖(N=117)、巢湖(N=146)、滇池(N=91)、星云湖(N=95)的藻华发生频率，频率高于 5%的面积分别为 803.1 km^2、520.77 km^2、79.0 km^2、27.5 km^2。夏、秋季节的有效影像数量比冬、春季节少 81 景，加上藻华经常在夏、秋季节暴发，因此，使用的影像数量季节差异也会影响藻华发生频率的计算。

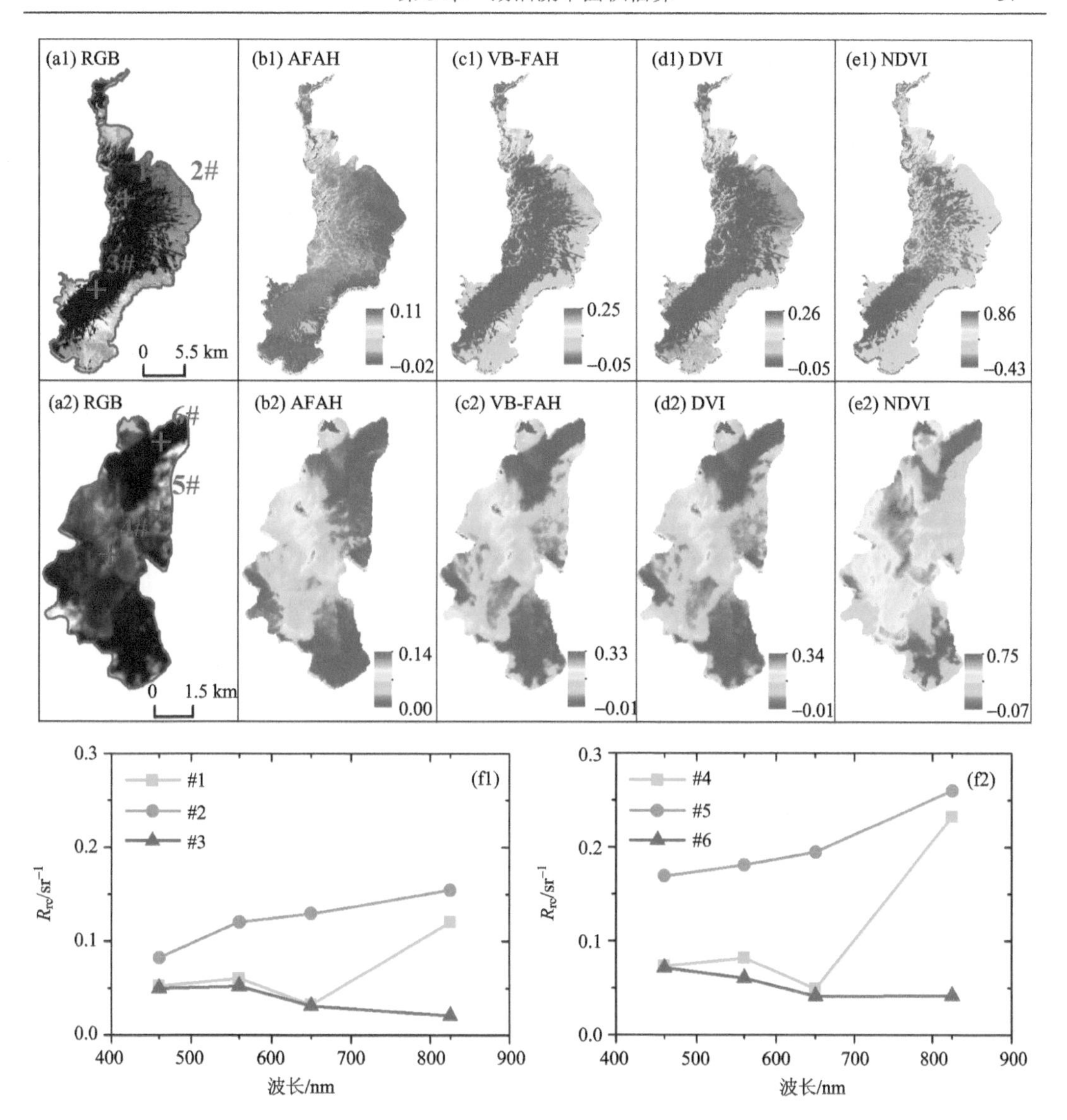

图 3-9　太阳耀斑、云条件下的四种指数对比：(a1～f1)2019 年 8 月 11 日滇池，#1 到#3 点位的 R_{rc} 光谱分别为藻华、耀斑、非藻华水体区域；(a2～f2)2020 年 10 月 13 日星云湖，#4 到#6 点位的 R_{rc} 光谱分别为藻华、云、非藻华水体区域

从藻华的空间分布来看，太湖北部梅梁湾、竺山湾、中心湖区西部藻华发生频率较高，与近年来太湖蓝藻水华空间扩展趋势、叶绿素 a 浓度和营养盐的空间分布趋势一致。巢湖藻华主要集中在西湖区，巢湖东北部也有区域藻华发生频率高于5%。滇池、星云湖藻华发生频率整体较高，没有明显的区域差异，呈分散状全湖分布的特点，星云湖藻华发生频率整体较高。

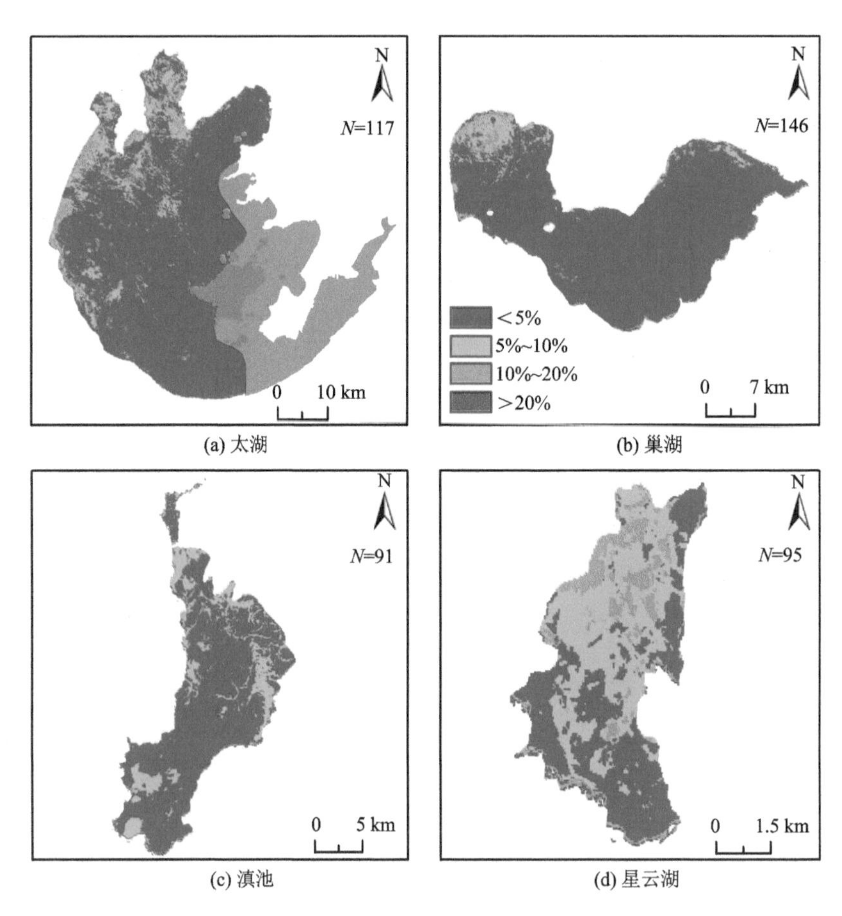

(a) 太湖　(b) 巢湖
(c) 滇池　(d) 星云湖

图 3-10　2019 年 7 月 1 日到 2021 年 7 月 31 日太湖、巢湖、滇池、星云湖的藻华发生频率空间分布图

3.5　基于 MODIS 和 VIIRS 数据的藻华遥感监测

3.5.1　MODIS 和 VIIRS 数据一致性检验

选取了 2011 年到 2020 年太湖的 MODIS 和 VIIRS 同步数据共 224 景，依据已有研究，将太湖划分为 7 个湖区(竺山湾、梅梁湾、贡湖湾、中心湖区、西部湖区、南部湖区、东部湖区)，在未发生水生植被的区域分别选取了 1 个代表性点位(图 3-11)，比较了不同波段的 R_{rc} 和 FAI 值，红光波段和近红外波段相关性较好，MODIS 和 VIIRS 数据计算 FAI 的 R^2 为 0.72，RMSE 为 0.020(图 3-12)。

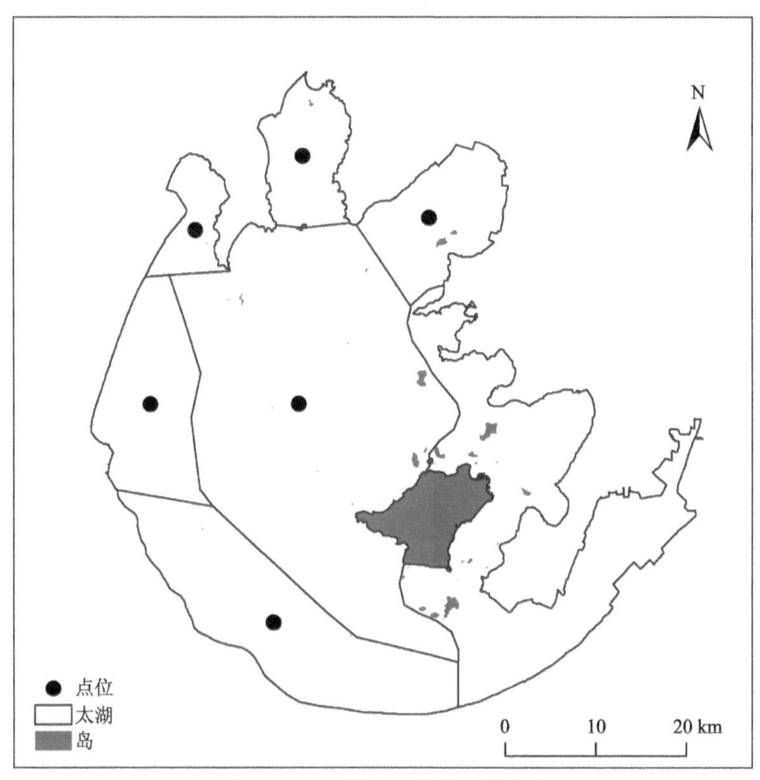

图 3-11　太湖的 6 个代表性点位

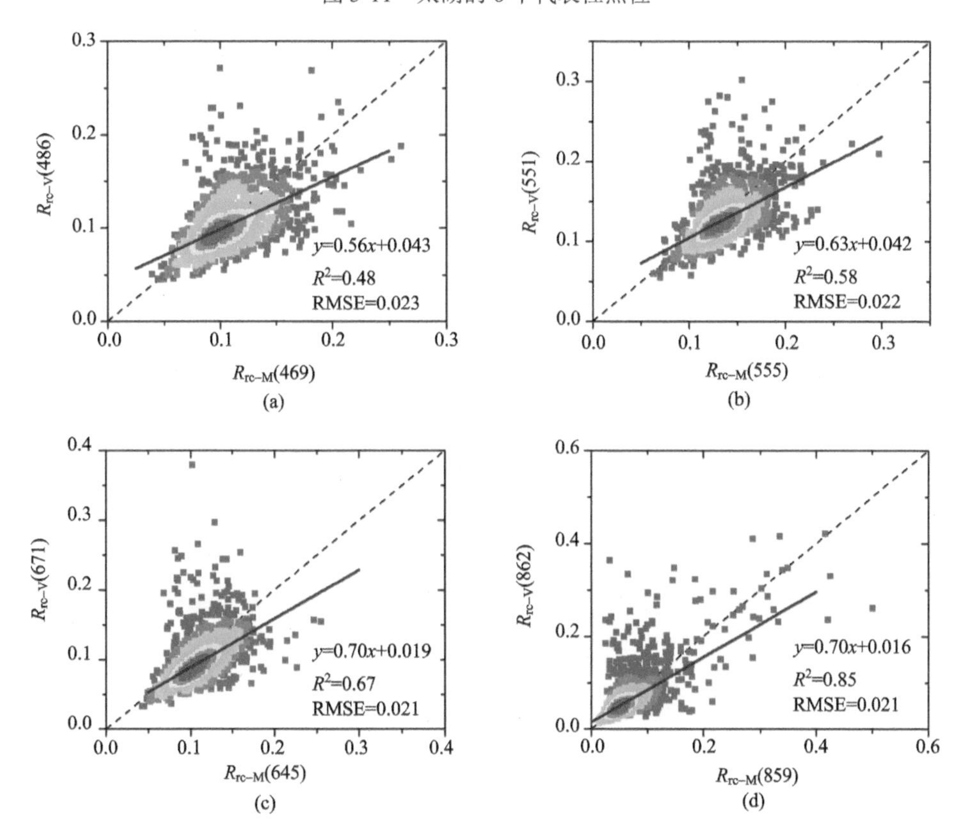

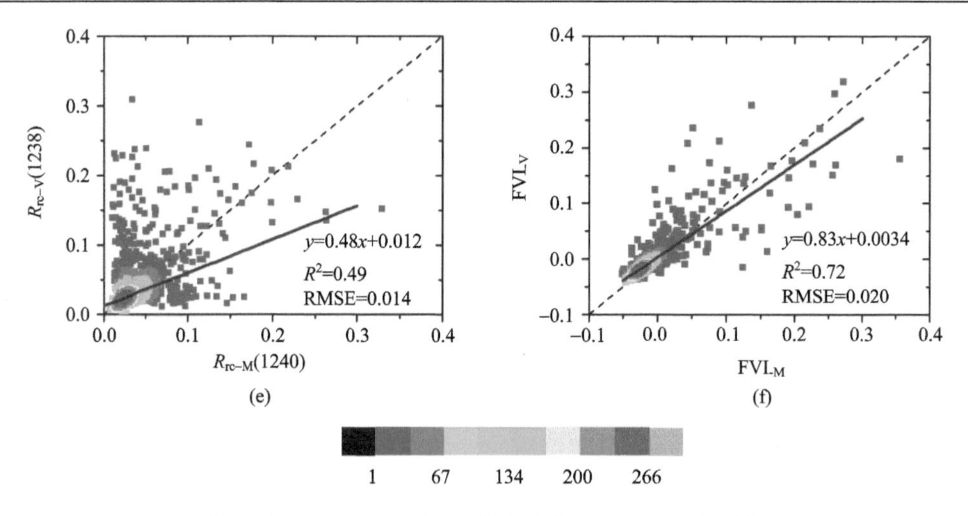

图 3-12　MODIS 和 VIIRS 同步点位的 R_{rc}、FAI 散点图

3.5.2　蓝藻水华提取阈值统计

采用了最大梯度法(Hu，2010)，确定单景影像的 FAI 阈值，MODIS 和 VIIRS 数据分别有 1 498 景和 549 景，MODIS 计算的 FAI 阈值均值 μ 为 0.041 8，标准差 σ 为 0.029 4，VIIRS 数据的 FAI 阈值均值为 0.037 1，标准差为 0.023 7(图 3-13)。基于历史数据的统计结果，MODIS 数据的 FAI 阈值均值±标准差的范围($\mu-\sigma$，$\mu+\sigma$)为 0.012 4 到 0.071 2，VIIRS 数据的 FAI 阈值均值±标准差的范围($\mu-\sigma$，$\mu+\sigma$)为 0.013 4 到 0.060 8。从以上结果可知，难以用统一的阈值对 MODIS 和 VIIRS 数据进行藻华提取，但是每景的阈值范围可以作为参考。

3.5.3　藻华覆盖度计算

单个像元的藻华覆盖度 BD 为混合像元情况下单个像元被藻华覆盖的百分比。

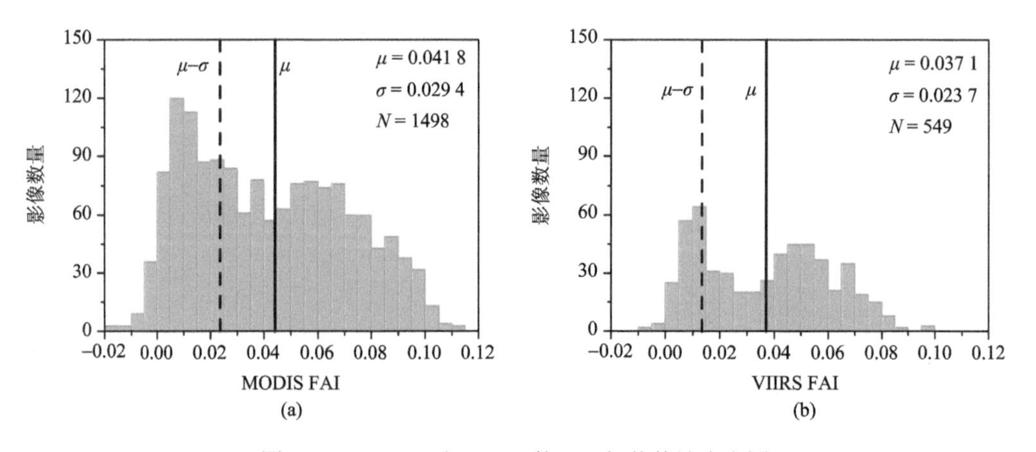

图 3-13　MODIS 和 VIIRS 的 FAI 阈值统计直方图

$$BD = \frac{FAI - FAI_{min}}{FAI_{max} - FAI_{min}} \times 100\% \tag{3-17}$$

式中，FAI_{min}为像元没有被藻华覆盖的统计值；FAI_{max}为像元全部被藻华覆盖的统计值；通过藻华和水体像元的统计结果得到。MODIS 数据的 FAI 最小值和最大值分别为–0.02、0.2，VIIRS 数据的 FAI 最小值和最大值分别为–0.02、0.17。图 3-14 与图 3-15 展示了两景 MODIS 和 VIIRS 数据的 FRGB、FAI 和藻华覆盖度。

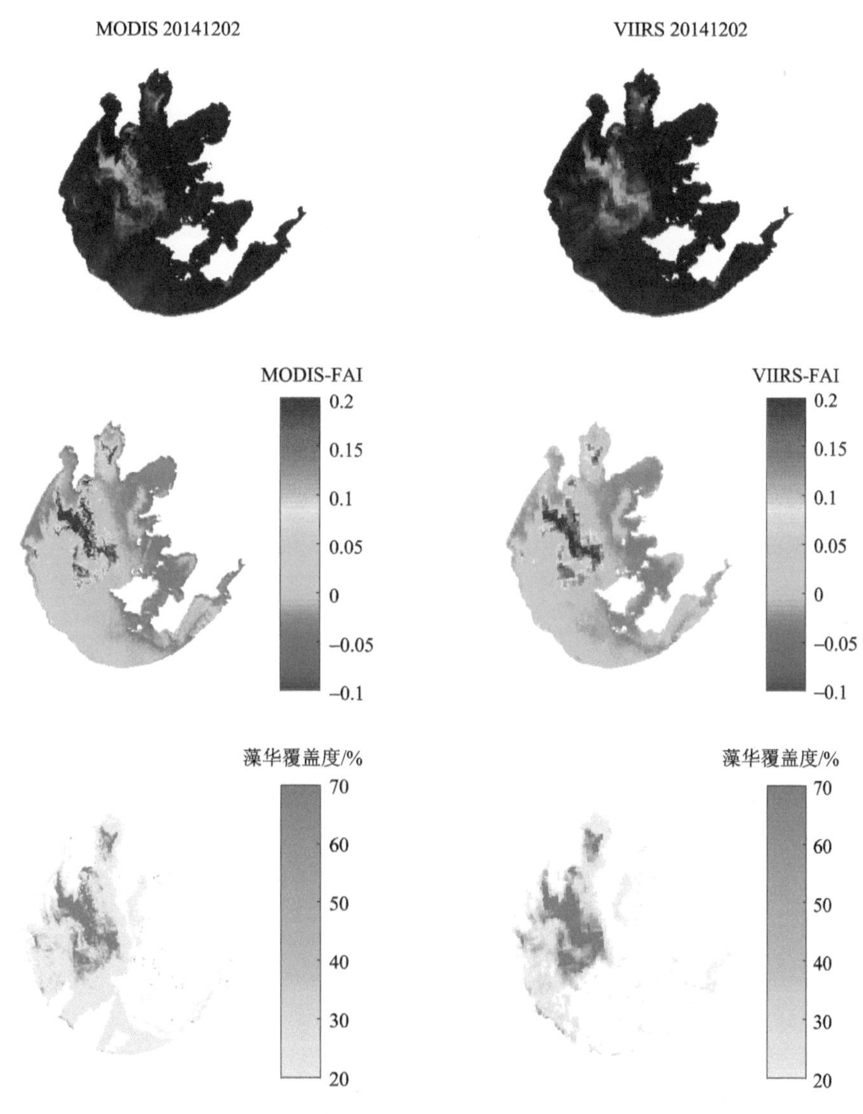

图 3-14　2014 年 12 月 2 日太湖 MODIS 和 VIIRS 的假彩色合成图 FRGB、FAI 和藻华覆盖度

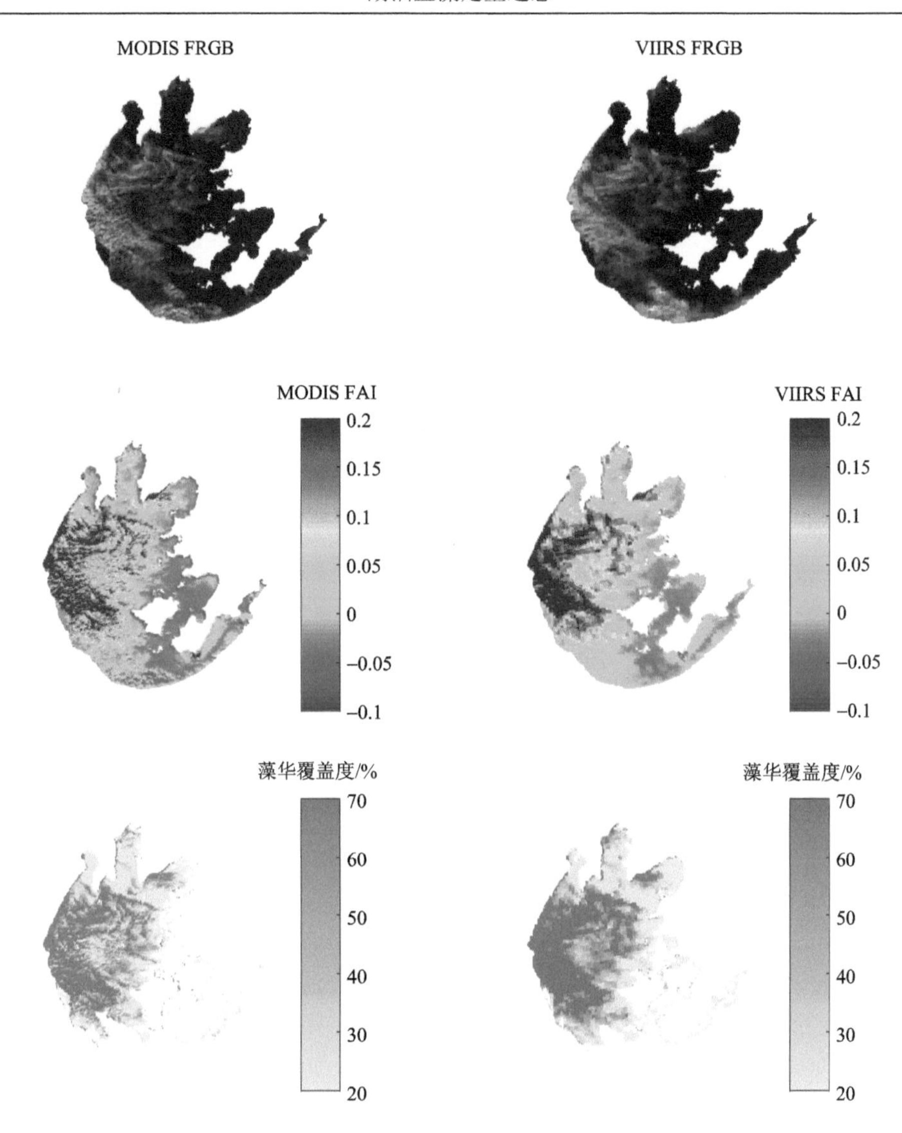

图 3-15 2017 年 5 月 16 日太湖 MODIS 和 VIIRS 的假彩色合成图 FRGB、FAI 和藻华覆盖度

3.5.4 MODIS 和 VIIRS 数据的藻华提取结果对比

对比了 2020 年 5 月 3 日 MODIS(13:10)和 VIIRS(13:06)的假彩色合成图 FRGB、FAI 和藻华覆盖度 BD(图 3-16)，结果显示，在发生藻华的区域，VIIRS 的藻华覆盖度高于对应的 MODIS 数据；与 MODIS 数据相比，对藻华的提取结果偏高。VIIRS 重采样为 250 m 后，与对应像元的 MODIS 计算的 FAI 趋势一致，VIIRS 数据不能有效提取丝状、条带状藻华的细节，使得藻华面积偏大。

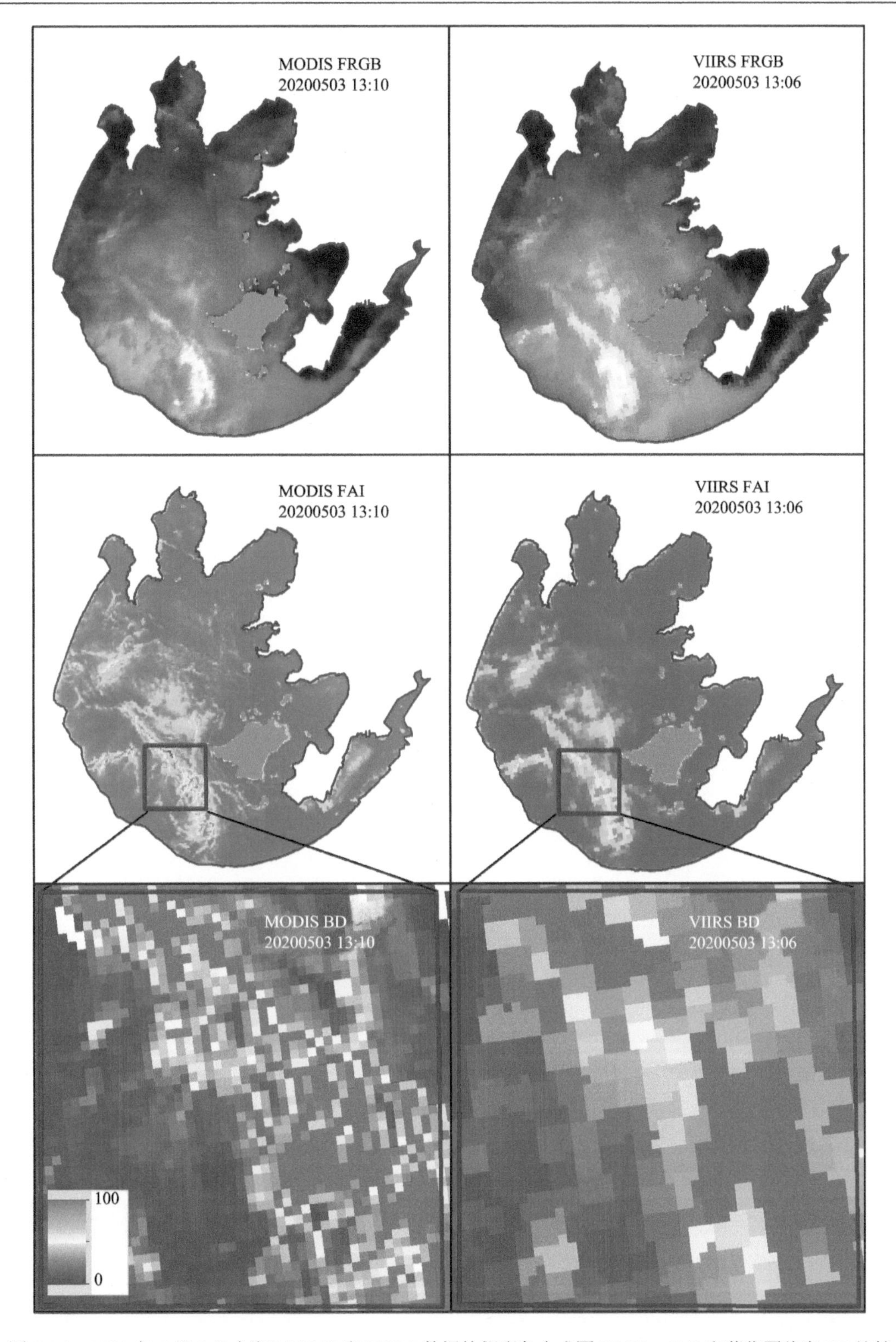

图 3-16　2020 年 5 月 3 日太湖 MODIS 和 VIIRS 数据的假彩色合成图 FRGB、FAI 和藻华覆盖度 BD 比较

通过对 VIIRS 和 MODIS 数据提取的藻华面积散点图进行对比(图 3-17)，发现两者相关性较好，R^2=0.83，RMSE=71.08 km^2，VIIRS 整体偏高 37%。

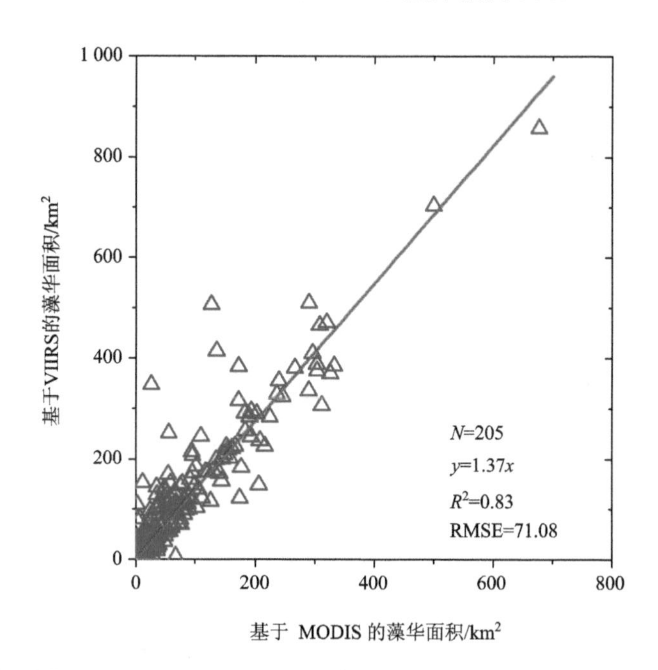

图 3-17　MODIS 和 VIIRS 同步数据提取的藻华面积散点图

参 考 文 献

李俊生, 吴迪, 吴远峰, 等. 2009. 基于实测光谱数据的太湖水华和水生高等植物识别. 湖泊科学, 21(2): 215-222.

李旭文, 侍昊, 王甜甜, 等. 2018. 基于"哨兵-3A"OLCI影像的太湖蓝藻水华荧光基线高度指数信号特征分析. 环境监控与预警, (3): 9-13, 39.

马荣华, 段洪涛, 唐军武, 等. 2010. 湖泊水环境遥感. 北京: 科学出版社.

朱庆, 李俊生, 张方方, 等. 2016. 基于海岸带高光谱成像仪影像的太湖蓝藻水华和水草识别. 遥感技术与应用, 31(5): 879-885.

Cao M M, Qing S, Eerdemutu J, et al. 2021. A spectral index for the detection of algal blooms using Sentinel-2 Multispectral Instrument (MSI) imagery: a case study of Hulun Lake, China. International Journal of Remote Sensing, 42: 4514-4535.

Gao B C, Li R R. 2018. FVI—A floating vegetation index formed with three Near-IR channels in the 1.0～1.24 μm spectral range for the detection of vegetation floating over water surfaces. Remote Sensing, 10, 1421.

Gower J, King S, Borstad G, et al. 2005. Detection of intense plankton blooms using the 709 nm band of the MERIS imaging spectrometer. International Journal of Remote Sensing, 26: 2005-2012.

Gower J F R, Doerffer R, Borstad G A. 1999. Interpretation of the 685nm peak in water-leaving radiance spectra in terms of fluorescence, absorption and scattering, and its observation by MERIS. International Journal of Remote Sensing, 20: 1771-1786.

Hu C M. 2009. A novel ocean color index to detect floating algae in the global oceans. Remote Sensing of

Environment, 113: 2118-2129.

Hu C M, Lee Z P, Franz B. 2012. Chlorophyll a algorithms for oligotrophic oceans: A novel approach based on three - band reflectance difference. Journal of Geophysical Research: Oceans（1978 - 2012）, 117: C01011.

Hu C M, Lee Z, Ma R H, et al. 2010. Moderate resolution imaging spectroradiometer（MODIS）observations of cyanobacteria blooms in Taihu Lake, China. Journal of Geophysical Research: Oceans（1978–2012）, 115(C4): C04002.

Huang C, Shi K, Yang H, et al. 2015. Satellite observation of hourly dynamic characteristics of algae with Geostationary Ocean Color Imager（GOCI）data in Lake Taihu. Remote Sensing of Environment, 159: 278-287.

Hunter P, Tyler A, Willby N, et al. 2008. The spatial dynamics of vertical migration by Microcystis aeruginosa in a eutrophic shallow lake: A case study using high spatial resolution time-series airborne remote sensing. Limnology and Oceanography, 53(6): 2391-2406.

Kamykowski D R, Reed E, Kirkpatrick G J. 1992. Comparison of sinking velocity, swimming velocity, rotation and path characteristics among six marine dinoflagellate species. Marine Biology, 113: 319-328.

Letelier R M, Abbott M R. 1996. An analysis of chlorophyll fluorescence algorithms for the Moderate Resolution Imaging Spectrometer（MODIS）. Remote Sensing of Environment, 58: 215-223.

Liang Q C, Zhang Y C, Ma R H, et al. 2017. A Modis-based novel method to distinguish surface cyanobacterial scums and aquatic macrophytes in Lake Taihu. Remote Sensing, 9: 133.

Liu X H, Zhang Y L, Shi K, et al. 2015. Mapping aquatic vegetation in a large, shallow eutrophic lake: a frequency-based approach using multiple years of MODIS data. Remote Sensing, 7: 10295-10320.

Lobo F D L, Nagel G W, Maciel D A, et al. 2021. AlgaeMAp: Algae bloom monitoring application for inland waters in latin america. Remote Sensing, 13: 2874.

Lou X, Hu C. 2014. Diurnal changes of a harmful algal bloom in the East China Sea: Observations from GOCI. Remote Sensing of Environment, 140: 562-572.

Matthews M W, Bernard S, Robertson L. 2012. An algorithm for detecting trophic status（chlorophyll-a）, cyanobacterial-dominance, surface scums and floating vegetation in inland and coastal waters. Remote Sensing of Environments, 124: 637-652.

Matthews M W, Odermatt D. 2015. Improved algorithm for routine monitoring of cyanobacteria and eutrophication in inland and near-coastal waters. Remote Sensing of Environment, 156: 374-382.

Oyama Y, Matsushita B, Fukushima T. 2015. Distinguishing surface cyanobacterial blooms and aquatic macrophytes using Landsat/TM and ETM + shortwave infrared bands. Remote Sensing of Environment, 157: 35-47.

Qi L, Hu C, Barnes B B, et al. 2017. VIIRS captures phytoplankton vertical migration in the NE Gulf of Mexico. Harmful Algae, 66(Supplement C), 40-46. doi: 10. 1016/j. hal. 2017. 04. 012.

Qi L, Hu C M, Visser P M, et al. 2018. Diurnal changes of cyanobacteria blooms in Taihu Lake as derived from GOCI observations. Limnology and Oceanography, 63: 1711-1726.

Rouse J W, Haas R H, Schell J A, et al. 1973. Monitoring vegetation systems in the Great Plains with ERTS-1. 3rd Earth Resources Technology Satellite Symposium, 309-317.

Schaeffer B A, Kamykowski D, Sinclair G, et al. 2009. Diel vertical migration thresholds of Karenia brevis（Dinophyceae）. Harmful Algae, 8: 692-698.

Schofield O J, Kerfoot K, Mahoney M, et al. 2006. Vertical migration of the toxic dinoflagellate Karenia brevis and the impact on ocean optical properties. Journal of Geophysical Research, 111: C6, DOI: 10. 1029/2005JC003115.

Son Y B, Min J E, Ryu J H. 2012. Detecting massive green algae (Ulva prolifera) blooms in the Yellow Sea and East China Sea using Geostationary Ocean Color Imager (GOCI) data. Ocean Science Journal, 47: 359-375.

Wang Y D, Li Z W, Zeng C, et al. 2020. An urban water extraction method combining deep learning and google earth engine. IEEE Journal of Selected Topics in Applied Earth Observations and Remote Sensing, 13: 768-781.

Wynne T T, Stumpf R P, Briggs T O. 2013. Comparing MODIS and MERIS spectral shapes for cyanobacterial bloom detection. International Journal of Remote Sensing, 34: 6668-6678.

Xing Q G, Hu C M. 2016. Mapping macroalgal blooms in the Yellow Sea and East China Sea using HJ-1 and Landsat data: Application of a virtual baseline reflectance height technique. Remote Sensing of Environment, 178: 113-126.

Zong J M, Wang X X, Zhong Q Y, et al. 2019. Increasing outbreak of cyanobacterial blooms in large lakes and reservoirs under pressures from climate change and anthropogenic interferences in the middle–lower Yangtze River Basin. Remote Sensing, 11: 1754.

第 4 章　蓝藻垂向运动速率估算

4.1　藻颗粒垂向运动的影响因素

水华或藻华是指浮游植物在水体中大量生长繁殖造成某一水域叶绿素浓度升高所形成的生态现象(Reynolds，1973)。本研究所涉及的蓝藻水华(简称藻华，bloom)是特指蓝藻在水表面大量漂浮、聚集的现象(scum)，有别于浮游植物在水柱中大量生长所形成的Bloom[如图 4-1(a)所示]。蓝藻水华在遥感光谱上的表现是近红外波段的遥感反射率(remote sensing reflectance, R_{rs}, 单位：sr^{-1})迅速抬升，呈现陆地植被的光谱特征(Dekker et al., 2002)，利用这个特征，使用波段比值(Duan et al., 2009; 马荣华等, 2008)、归一化植被指数(normalized difference vegetation index, NDVI；刘晓艳等，2012；徐京萍等，2008；周立国等，2008)以及浮游藻类指数(floating algae index，FAI；Hu，2009; Hu et al., 2010)等遥感算法均可实现藻华的识别与提取。这些方法当中，FAI 能够排除气溶胶和其他不利观测条件的干扰，得到在不同观测状态下的较为稳定的图像和数据，适于量化和时序分析，Hu 等(2010)利用 2000～2009 年 MODIS 长时间序列遥感影像对太湖藻华多年变化规律进行了详细分析，其他学者也利用 FAI 及其改进算法，对太湖蓝藻水华的面积变化与分布规律进行了后续研究(尚琳琳等, 2011; Zhang et al., 2014)。

这些工作虽然反映了太湖蓝藻水华长时间序列的时空变化特征，但由于研究所使用的影像均是来自极轨卫星，时间分辨率有限，难以用来进行日间变化分析。在蓝藻水华的短周期变化及日间变化等方面，马荣华等(2009)利用同一天获得的 Terra(10:26 过境)和 Aqua(13:34 过境)MODIS 影像观测到了太湖蓝藻水华在 3 小时内出现了从无到有的变化；Hunter 等(2008)在英国富营养化湖 Norfolk Broads 进行了一天内三次(飞行时间分别为 9:30、12:00、16:00)的无人机观测，并建立了色素反演模型，通过无人机遥感影像所获得的藻类色素浓度在不同时刻的空间分布，验证了蓝藻垂向运动的可能性；Huang 等(2015)建立了基于 GOCI 的太湖叶绿素浓度反演模型，并选用了连续四天、每天 8 幅的 GOCI 遥感影像进行太湖叶绿素浓度日间时空变化的分析，分析了风速对叶绿素浓度及蓝藻分布的影响。另外，Bao 等(2015)、杜成功等(2016)、王珊珊等(2015)、赵丽娜等(2015)也利用 GOCI 分别建立了太湖各水色、水质参数的遥感反演模型。但这些研究的对象都是针对水柱中的浮游植物，其算法应用的有效范围均在叶绿素浓度 100 μg/L 以下，对于本研究所关注的漂浮在水体表面的蓝藻水华的日间变化，目前尚未有系统性的研究涉及。

大多数淡水湖泊中的蓝藻优势种都含有伪空泡(gas vesicle)(Bowen and Jensen, 1965)，例如铜绿微囊藻(*Microcystis aeruginosa*)是太湖蓝藻暴发期浮游植物群落中的绝对优势种(孔繁翔等，2009)。借助伪空泡调节自身浮力实现在垂直方向的移动，从而更充分地利用光和营养盐(Ibelings et al., 1991; Walsby, 1994) 是蓝藻在淡水浮游植物群落中主要的竞争优势。垂向运动的特性使得蓝藻易于在富营养化水体表面大量漂浮，聚集形成水华(Zohary and Robarts, 1990)。太湖地处长江中下游经济区，工业发达、人口稠密导致水环境污染严重，加上有利于蓝藻生长的气候条件，太湖蓝藻水华的暴发目前已经成为常态(Hu et al., 2010; 秦伯强等, 2016)。

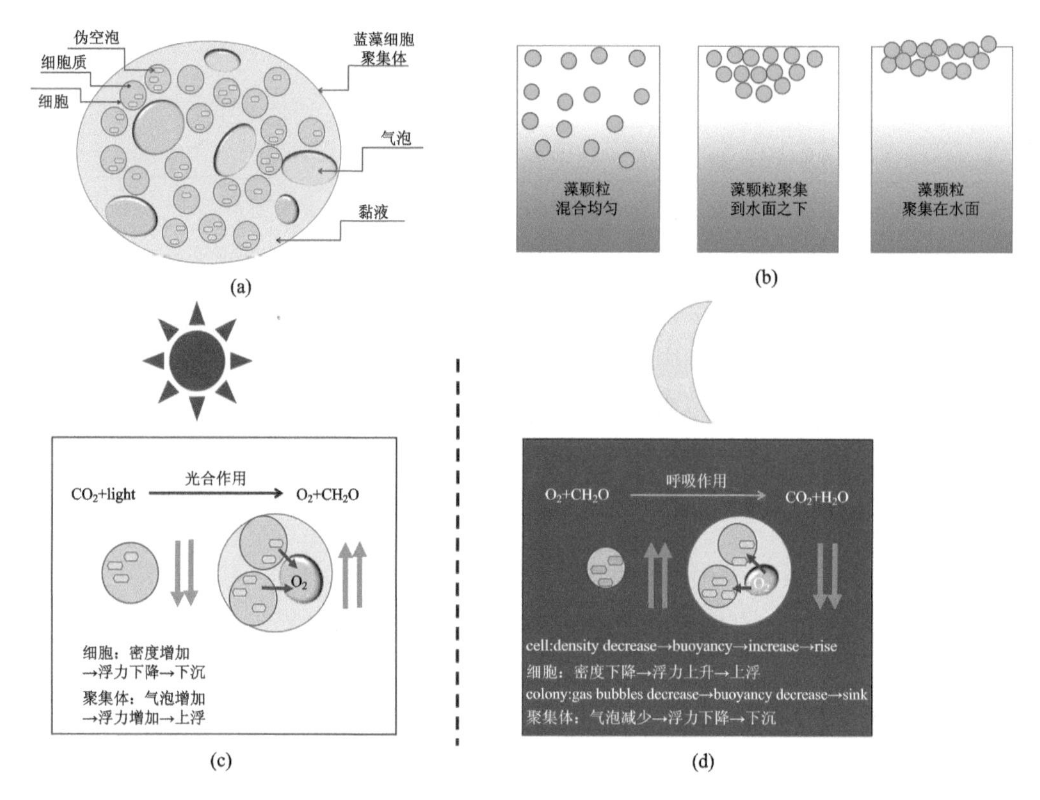

图 4-1　蓝藻细胞内的伪空泡(gas vesicle)以及蓝藻细胞群内的藻细胞之间的气泡(gas bubble)的示意图。(b)蓝藻细胞在水中的混合情况以及蓝藻在表面的聚集情况(藻华)。(c)(d)白天(c)和夜间(d)的蓝藻细胞和蓝藻细胞群垂直迁移(包括向上和向下)。

以往的基于室内培养实验及生态模型模拟的研究认为，蓝藻在垂向方向的运动主要由细胞调节自身浮力实现(Ganf, 1974; Wallace and Hamilton, 1999; Walsby, 1994)，包含3种调节方式：①蓝藻细胞内伪空泡的合成；②伪空泡的破裂；③胞内物质(主要包括糖类和蛋白质)的合成与消耗。但这一假设通常是将单个蓝藻细胞视为研究对象，而实际上野外自然状态下湖泊中的蓝藻通常是成团聚集的。诸多实测数据也表明，蓝藻细胞团的直径和其垂向移动速度具有一定的相关性，细胞团的直径越大，上浮速率越快，其上浮速率能够达到单个细胞上浮速率的几百倍(Ganf, 1974; Medrano, 2014; 秦伯强等, 2016)。单一的伪空泡理论难以解释上述现象，说明研究蓝藻垂向运动不仅要考虑单个藻细胞的浮力调节机制，还需考虑藻细胞团内的相互作用。Medrano 等(2014, 2016)采集了欧洲3个不同湖泊的蓝藻样本，通过一系列实验对蓝藻细胞团内部的相互作用进行了深入研究；结果表明，在形成水华时蓝藻细胞团中间往往填充有大量气泡，这些气泡内的主要成分是藻细胞进行光合作用产生的氧气。在光照、CO_2 及营养盐充足的条件下，蓝藻细胞通过光合作用产生大量的氧气，一部分直接逃逸到大气中，另一部分溶解在水中。由于氧气的溶解度较低(24℃的水中是约为 26 cm^3/dm^3)，因此在蓝藻大量生长的情况下很容易造成水体中溶解氧过饱和，这些过饱和溶解氧附着在蓝藻细胞外黏液上形成气泡；夜晚，藻细胞呼吸作用消耗氧，因此细胞团内气泡减小或者消失，蓝藻细胞团比例增大，呈现下沉的趋势。Dervaux 等(2015)使用室内试管培养的方式进行了蓝藻生长试验，得到了相同的结论。他将装有蓝藻的试管置于光照和暗箱环境中持续培养，发现光线充足的条件下蓝藻在几个小时后就会上浮，而在暗箱中的蓝藻则没有上浮趋势。

4.2　卫星监测蓝藻垂向运动的可行性

诸多研究表明，蓝藻水华在一天内会发生显著的时空变化(Kromkamp and Walsby, 1990; Visser et al., 1997; 秦伯强等, 2016; 马荣华等, 2009)，这种变化主要是由蓝藻在垂直方向的快速移动所造成，太湖蓝藻团上浮速率最大可达到 7 mm/s ≈25 m/h(秦伯强等, 2016)。以往的观点认为，蓝藻依靠藻细胞内伪空泡的调节进行垂直运动(Reynolds, 1973; Reynolds, 1987; Wallace and Hamilton, 1999; Walsby, 1994)，伪空泡内充满气体可以减轻细胞密度增加细胞浮力，白天藻细胞通过光合作用合成糖类物质使得细胞密度增加，引起细胞下沉；夜晚则转化为呼吸作用主导，消耗细胞中的糖分，使得其密度下降，细胞上浮(Wallace and Hamilton, 1999; Walsby, 1994)。然而最近的研究表明，除了伪空泡之外，蓝藻垂向移动还会受到其他因素调节(Dervaux et al., 2015; Medrano, 2014; Medrano et al., 2016)。在野外自然条件下，蓝藻多以细胞团的形式存在，每个细胞团包含有几百个藻细胞，直径为 20～800 μm(Yamamoto and Shiah, 2010; 秦伯强等, 2016)，这些细胞团通过藻细胞分泌的胞外多糖(Exopolysaccharides, EPS)所形成的黏液黏合在一起。根据诸多实验以及实测经验，当蓝藻水华暴发时，细胞团中间通常会填充有大量气泡(gas bubble)，这些气泡不同于蓝藻细胞内的伪空泡，气泡内成分主要是由光合作用产生的氧(Dervaux et al., 2015; Medrano, 2014; Medrano et al., 2016)。随着光照、风速等环境因素的改变，气泡中的氧气被消耗或者因气泡破裂氧气逃逸，从而引起细胞团浮力的改变，并影响蓝藻的垂向运动。因此，蓝藻垂向运动实际上受细胞内伪空泡和细胞团中气泡的双重调节。而光照、水动力(湖泊中主要是风驱动的湍流)、水体透明度等环境因素均会对蓝藻细胞或细胞团的生理变化产生不同程度的影响，从而改变蓝藻的垂向移动速度(包括方向与大小)，影响藻华时空分布的日间变动。然而现有研究都是基于实验室或有限的实地观测，大面积、长时序的观测尚未见诸报道。

卫星遥感是进行蓝藻水华大面积监测的最佳手段。目前已有的借助多源水色卫星传感器捕捉藻华日间变化的观测案例所使用的数据均是来自极轨卫星(polar orbit satellite)(马荣华等, 2009)，由于云和太阳耀斑的影响，无论是一天内能够获取的影像数量(最多每天一次)，还是在长时间序列上可搜集的观测数量，都极其有限，难以对藻华的日间变化特征与规律进行系统总结；另外，不同的卫星传感器之间不可避免地存在着波段设置、信噪比、定标、空间分辨率等方面的差异，这些差异极大地限制了使用多源传感器进行浮游植物日间变化的研究。静止卫星(geostationary satellite)可以提供一天多次的观测影像，且能够避免传感器参数设置不同带来的误差。2010 年韩国水色卫星中心发射的 500 m 分辨率的对地静止水色卫星(geostationary ocean color imager, GOCI)覆盖了我国的长江中下游地区，在每天 8:00～15:00 每小时能够提供一幅遥感影像(8 幅/天)，为太湖蓝藻日间变化的观测提供了可能。

4.3 基于 GOCI 的蓝藻垂向运动速率

使用漂浮藻指数(alternative floating algae index, AFAI)来表征蓝藻信号，AFAI 值越大，说明该像素对应的蓝藻密度越大。而利用一天多幅的 GOCI 影像，可以根据某像素的 AFAI 值来推测当天蓝藻密度的变化。通常情况下，某一个像素的 AFAI 值在一天中的变化有可能来自水平变化(即消散或聚集)或者垂直迁移。这两种变化都可能改变该像素的近红外信号，从而改变该像素的 AFAI 值。对于本研究所观测到的太湖蓝藻水华的日间变化情况，推测该变化来自于蓝藻的垂向运动，主要原因包括：首先，在某一天的 GOCI 图像中，随机选择某像素发现其对应的蓝藻密度下降，但与其空间相邻的像素的蓝藻密度并未显示密度同步增加。从总量守恒的角度来看，湖面蓝藻的水平重新分布无法解释这一现象。其次，我们总结的所有三种类型的日间变化模式经常发生在连续低风的日子里(< 3 m/s)，蓝藻垂向运动最有可能是造成日间变化形态不同的原因。在没有大风的情况下，蓝藻的水平运动有限，因此某像素一天内 AFAI 值变化的唯一合理解释是蓝藻的垂直迁移。

基于一天 8 次的 GOCI 卫星影像数据，估计从日间变化的热点出发的 V_1(向上或向下运动)，每 2～4 小时垂向运动距离小于 2 m，或 0.028～0.014 cm/s。迁移速度 V_2 为～0.3 m/h 或 0.008 cm/s (假设光的衰减，K，可以用 750 nm 的水吸收系数近似，～2.5 m/s)。这些估计值与实验室分析所收集的太湖蓝藻样品(Qin et al.，2016)的测定结果一致，其细胞群大小分别为 64～100 μm(0.028±0.008 cm/s)和 20～64 μm (0.008±0.003 cm/s)。

一般来说，“藻华”的定义为表面漂浮聚集或水下高浓度蓝藻，是基于物理运动造成的聚集。正如 Reynolds 和 Walsby(1975)所说：“当大多数藻细胞拥有多余的浮力时，就会发生藻华。当光合作用速度不足以形成必要的压迫性以导致伪空泡崩溃时，就会获得多余的浮力”。根据这一定义，近红外反射率或 AFAI 信号的升高不一定需要藻华的聚集，也可能是近表面高蓝藻浓度升高的结果。Xue 等(2015)通过实测数据将各种垂直分布类型(1～4 类)与表面反射率形状联系起来，证明了这一点。在 Xue 等(2015)的研究中，第 3 类和第 4 类都显示了近表面的高浓度蓝藻，并有相应的近红外反射率升高。这种近红外反射率的升高不仅发生在 Gitelson(1992)所显示的 700～710 nm 左右和 Kutser 等(2016)所显示的 810 nm 左右，而且还发生在 GOCI 近红外波段 745 nm 和 865 nm 附近，从而导致 AFAI 值的升高。因此，从光学角度来看，蓝藻密度的日间变化可以解释为蓝藻垂直分布的变化，因为水平物理聚集/消散无法解释低风速情况下显示的这种变化。

中低分辨率遥感影像的单个像素通常是藻华和非藻华信号的混合，但混合信号并不会造成像素的日间变化，主要原因包括：① 在低风速条件下，很难理解为什么 500 m 像素内的水华在上午聚集，而在下午消散；相反，如果垂直运动是日间 AFAI 变化的原因，呼吸作用和光合作用似乎是更合理的解释。② 如果传感器在近红外波段的信噪比(即灵敏度)足够高，即使是一个像素内的一个小的斑块也可以被检测到，并表示为斑块覆盖率的百分比。对于 200:1 的信噪比，Hu 等(2015)认为，最小的可检测斑块约为一个像素大小的 1%～2%。GOCI 近红外波段的信噪比约为 600:1(Hu et al.，2012)，检测极限约为一个像素大小的 0.3%～0.7%。对于条带状的藻华斑块(长度超过 500 m)，探测极限约为 2～3 m 宽。

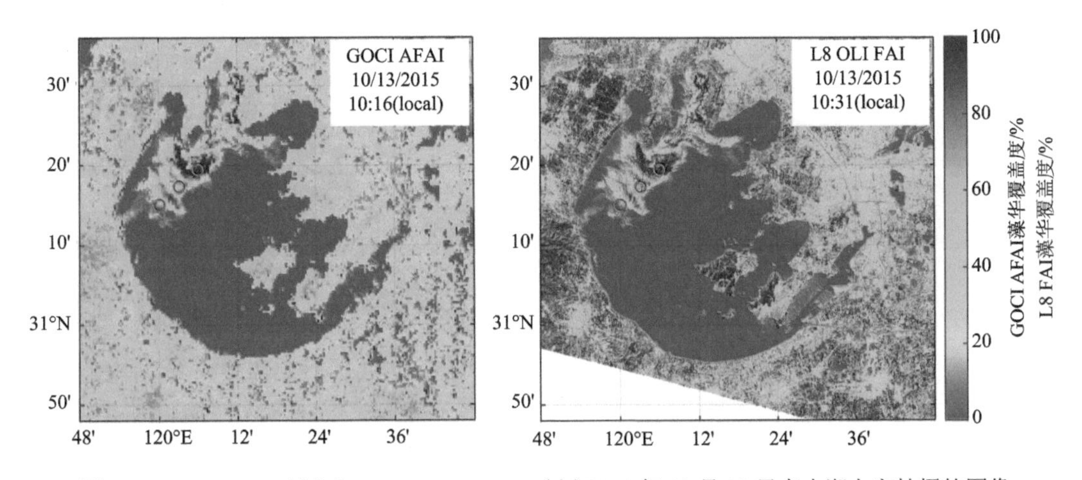

图 4-2　GOCI AFAI(左)和 Landsat 8 OLI FAI(右)2015 年 10 月 13 日在太湖上空拍摄的图像

从图 4-2 可以得知，GOCI(500 m)和 Landsat 8 OLI(30 m)近乎同步的观测数据对比来看，太湖中的大多数藻华斑块大于 3 m×500 m。虽然在像素尺度上，它们的蓝藻密度可能非常不同，但在影像尺度上，分量覆盖的空间分布形态几乎是相同的。由于太湖的水很浅，且处于长江中下游工业发达地区，因此太湖富营养化程度较高，蓝藻浓度可能比其他地区(如波罗的海)高得多。Kutser(2004)以及 Reinart 和 Kutser(2006)使用 30 m 分辨率的 Hyperion 来研究波罗的海的蓝藻水华，他们认为，即使是 30 m 分辨率的传感器也不足以捕获此区域表面漂浮的藻华。然而，对 2002 年 7 月 24 日图像[与 Kutser(2004)和 Reinart 和 Kutser(2006)使用的图像相同]的 MODIS 光谱分析表明，波罗的海的蓝藻水华密度远低于太湖，其近红外波段的瑞利反射率信号很少超过 0.03。相反，太湖的红外波段的瑞利反射率信号经常超过 0.2，还可以达到 0.3。因此，GOCI 500 m 分辨率图像的近红外信噪比约为 600∶1，足以捕捉到太湖中的大多数水华斑块。

尽管没有现场测量的直接验证，且不能完全排除导致藻类密度变化的其他可能过程，蓝藻的垂向运动是 GOCI 所观察到的藻华日间变化的最合理的解释。如果用环境因素来解释三种不同类型的日间模式，特别是通过光合作用引起的密度增加，也可以找到额外的论据。有许多基于生态模型的研究(Medrano et al.，2013；2016a；Wallace et al.，2000；

Visser et al., 1997）和基于实验室的实验（Ganf, 1974；Medrano et al, 2013; 2016b）来记录和解释向下运动，一些有限的现场观察（Takamura and Yasuno, 1984）也显示蓝藻在形成表面水华后的向下运动。

利用一天多次的 GOCI 影像，可以估计出太湖蓝藻的垂向运动速度（0.008～0.028 cm/s）。此速度与实验室测量（Qin et al., 2016）的直径为 24～100 μm 之间的细胞群垂向运动速度相当，但比更大直径细胞群的运动速度低得多。这可能是由自然湖水环境中的湍流条件造成的，而实验室中无法模拟这种物理条件。尽管目前已经开发了更复杂的生态模型来模拟已知光照、风和湍流条件下的蓝藻垂直迁移速度（Kromkamp and Walsby, 1990；Visser et al., 1997），但这些模型需要更多的生理学参数输入。

4.4　垂向运动速率遥感估算不确定性

4.3 节所涉及的蓝藻垂向运动速度估算均是基于 GOCI 影像一天多次的 AFAI 值的变化，所以有必要确认这些变化是否受到了观测条件的变化（即太阳天顶角、气溶胶）的影响。通过以下公式研究 AFAI 对太阳天顶角和气溶胶的敏感性：

$$R_{\mathrm{rc},\lambda}=R_{t,\lambda}-R_{r,\lambda}=R_{a,\lambda}+t_{\lambda}\cdot t_{0,\lambda}\cdot R_{\mathrm{w},\lambda} \tag{4-1}$$

式中，$R_{t,\lambda}$ 是进行臭氧双向吸收校正后的传感器处总反射率；$R_{a,\lambda}$ 是除瑞利散射（主要是气溶胶散射）以外的散射引起的反射率；$R_{\mathrm{w},\lambda}$ 是目标反射率。t_{λ} 和 $t_{0,\lambda}$ 分别是从目标到卫星和从太阳到目标的漫反射率，可以近似为

$$t_{\lambda}\approx \exp(-0.5\cdot \tau_{r,\lambda}/\cos\theta),\quad t_{0,\lambda}\approx \exp(-0.5\cdot \tau_{r,\lambda}/\cos\theta_0) \tag{4-2}$$

式中，$\tau_{r,\lambda}$ 是瑞利散射的光学厚度（可以通过查找表获得）；t 是传感器的天顶角（由于 GOCI 是对地静止卫星，所以是一个常数，太湖区域对应的角度是 37°），而 θ_0 是太阳天顶角。

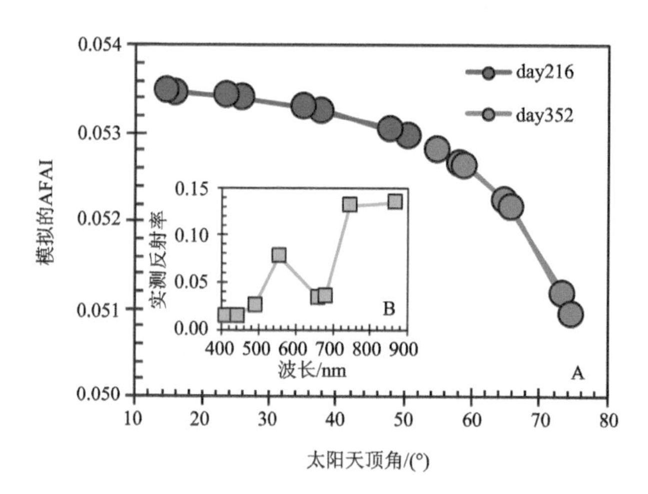

图 4-3　AFAI 值是气溶胶（860 nm 处的光学厚度为 0.15）和太阳天顶角（一天内随时间变化）的函数

图 4-3 为给定 R_w 和气溶胶输入下 AFAI 与 θ_0 关系的模拟计算结果。对于夏季和冬季的整个 θ_0 范围，AFAI 的变化最多为 5%。在改变气溶胶光学厚度时也得到了类似的结果。因此，在大多数情况下，由于观测条件的变化而引起的 AFAI 的相对变化是 5%或更少，远低于从蓝藻或水像素观察到的日间变化。

假设上述模拟的 R_w 暂时不变，但在现实中 R_w 可能随着水华的双向反射分布函数(bidirectional reflectance distribution function, BRDF)的 θ_0 而变化。尽管文献中已经报道了许多陆地表面类型的 BRDF，但尚无文献总结蓝藻水华的 BRDF。然而，即使蓝藻水华的 BRDF 可以对观察到的由于太阳天顶角变化而导致的部分日间水华变化做出贡献，这种贡献也不可能随着季节的变化而变化，因此无法用此来解释一年中不同时间的三种不同类型的日间变化模式。

利用静止水色卫星 GOCI 提供的一天多次的观测，估算了太湖蓝藻的垂向运动速率。从几条证据中可以推测出，日间水华模式可能主要是由蓝藻细胞和/或细胞群的垂直迁移造成的，其迁移速度估计与实验室实验中确定的某些细胞群大小相一致。虽然仍需要直接的实地测量来检验这一假设，但该研究显示了地球静止轨道传感器在研究真实环境中短期浮游植物动态方面的独特价值，这不仅有助于了解协同尺度上的浮游植物动态，也为今后对蓝藻日间变化的热点地区进行有针对性的采样提供了指导。

参 考 文 献

杜成功, 李云梅, 王桥, 等. 2016. 面向 GOCI 数据的太湖总磷浓度反演及其日内变化研究. 环境科学, 37(3): 862-872.

孔繁翔, 马荣华, 高俊峰. 2009. 太湖蓝藻水华的预防预测和预警的理论与实践. 湖泊科学, 21(3): 314-328.

刘晓艳, 倪峰, 周玉红. 2012. 基于 MODIS 的太湖蓝藻水华暴发时空规律分析研究. 南京师范大学学报(自然科学版), 35(1): 89-94.

马荣华, 孔繁翔, 段洪涛, 等. 2008. 基于卫星遥感的太湖蓝藻水华时空分布规律认识. 湖泊科学, 20(6): 687-694.

马荣华, 唐军武, 段洪涛, 等. 2009. 湖泊水色遥感研究进展. 湖泊科学, 21(2): 143-158.

秦伯强. 2002. 长江中下游浅水湖泊富营养化发生机制与控制途径初探. 湖泊科学, 14(3): 193-202.

秦伯强, 杨桂军, 马健荣, 等. 2016. 太湖蓝藻水华“暴发”的动态特征及其机制. 科学通报, 61(7): 759-770.

尚琳琳, 马荣华, 段洪涛, 等. 2011. 利用 MODIS 影像提取太湖蓝藻水华的尺度差异性分析. 湖泊科学, 23(6): 847-854.

王珊珊, 李云梅, 王桥, 等. 2015. 基于 GOCI 影像的太湖水体漫衰减系数遥感反演. 环境科学, 36(10): 3620-3632.

徐京萍, 张柏, 宋开山, 等. 2008. 基于半分析模型的新庙泡叶绿素 a 浓度反演研究. 红外与毫米波学报, 27(3): 197-201.

赵丽娜, 王艳楠, 金琦, 等. 2015. 基于 GOCI 影像的湖泊悬浮物浓度分类反演. 生态学报, 35(16): 5528-5536.

周立国, 冯学智, 王春红, 等. 2008. 太湖蓝藻水华的 MODIS 卫星监测. 湖泊科学, 20(2): 203-207.

Bao Y, Tian Q, Chen M. 2015. A weighted algorithm based on normalized mutual information for estimating the chlorophyll-a concentration in inland waters using geostationary ocean color imager (GOCI) data.

Remote Sensing, 7: 11731-11752.

Bowen C, Jensen T. 1965. Blue-green algae: fine structure of the gas vacuoles. Science, 147: 1460-1462.

Cao H S, Kong F X, Luo L C, et al. 2006. Effects of wind and wind-induced waves on vertical phytoplankton distribution and surface blooms of *Microcystis aeruginosa* in Taihu Lake. Journal of Freshwater Ecology, 21: 231-238.

Dekker A G, Brando V E, Anstee J M, et al. 2002. Imaging Spectrometry of water. Imaging Spectrometry (pp. 307-359): Springer.

Dervaux J, Mejean A, Brunet P. 2015. Irreversible collective migration of cyanobacteria in eutrophic conditions. PloS One, 10, e0120906.

Duan H, Ma R H, Xu X, et al. 2009. Two-decade reconstruction of algal blooms in China's Lake Taihu. Environmental Science & Technology, 43: 3522-3528.

Frouin R, Mcpherson J. 2012. Estimating photosynthetically available radiation at the ocean surface from GOCI data. Ocean Science Journal, 47(3): 313-321.

Ganf G. 1974. Diurnal mixing and the vertical distribution of phytoplankton in a shallow equatorial lake (Lake George, Uganda). The Journal of Ecology, 611-629.

Gorham P, McLachlan J, Hammer U, et al. 1964. Isolation and culture of toxic strains of (Lyngb.) de Breb. Anabaena flos-aquae. Verhandlungen der Internationalen Vereinigung fur Theoretische und Angewandte Limnologie, 15: 796-804.

Hu C, Barnes B B, Qi L, et al. 2016. Vertical migration of Karenia brevis in the northeastern Gulf of Mexico observed from glider measurements. Harmful Algae, 58: 59-65.

Hu C, Lee Z, Ma R, et al. 2010. Moderate resolution imaging spectroradiometer (MODIS) observations of cyanobacteria blooms in Taihu Lake, China. Journal of Geophysical Research: Oceans(1978–2012), 115, C04002.

Huang C, Shi K, Yang H, et al. 2015. Satellite observation of hourly dynamic characteristics of algae with Geostationary Ocean Color Imager(GOCI) data in Lake Taihu. Remote Sensing of Environment, 159: 278-287.

Hunter P, Tyler A, Willby N, et al. 2008. The spatial dynamics of vertical migration by Microcystis aeruginosa in a eutrophic shallow lake: A case study using high spatial resolution time-series airborne remote sensing. Limnology and Oceanography, 53: 2391-2406.

Ibelings B W, Mur L R, Walsby A E. 1991. Diurnal changes in buoyancy and vertical distribution in populations of Microcystisin two shallow lakes. Journal of Plankton Research, 13: 419-436.

Kromkamp J C, Walsby A E. 1990. A computer model of buoyancy and vertical migration in cyanobacteria. Journal of Plankton Research, 12: 161-183.

Lee Z, Shang S, Hu C, et al. 2015. Secchi disk depth: A new theory and mechanistic model for underwater visibility. Remote Sensing of Environment, 169: 139-149.

Lee Z, Shang S, Qi L, et al. 2016. A semi-analytical scheme to estimate Secchi-disk depth from Landsat-8 measurements. Remote Sensing of Environment, 177: 101-106.

Medrano E A. 2014. Physical aspects explaining cyanobacteria scum formation in natural systems. Eindhoven University of Technology PhD thesis.

Medrano E A, Uittenbogaard R E, De W, et al. 2016. An alternative explanation for cyanobacterial scum formation and persistence by oxygenic photosynthesis. Harmful Algae, 60: 27-35.

Paerl H W, Xu H, McCarthy M J, et al. 2011. Controlling harmful cyanobacterial blooms in a hyper-eutrophic lake (Taihu Lake, China): The need for a dual nutrient (N & P) management strategy. Water Research, 45: 1973-1983.

Reynolds C. 1973. Growth and buoyancy of *Microcystis aeruginosa* Kutz. emend. Elenkin in a shallow eutrophic lake. Proceedings of the Royal Society of London B: Biological Sciences, 184: 29-50.

Reynolds C S. 1987. Cyanobacterial water-blooms. Advances in Botanical Research, 13: 67-143.

Takamura N, Yasuno M, Sugahara K. 1984. Overwintering of Microcystis aeruginosa Kütz in a shallow lake. Journal of Plankton Research, 6: 1019-1029.

Visser P M, Passarge J, Mur L R. 1997. Modelling vertical migration of the cyanobacterium Microcystis. Hydrobiologia, 349: 99-109.

Wallace B B , Hamilton D P. 1999. The effect of variations in irradiance on buoyancy regulation in Microcystis aeruginosa. Limnology and Oceanography, 44: 273-281.

Walsby A. 1994. Gas vesicles. Microbiological Reviews, 58: 94-144.

Wang M, Shi W, Tang J. 2011. Water property monitoring and assessment for China's inland Lake Taihu from MODIS-Aqua measurements. Remote Sensing of Environment, 115: 841-854.

Wang M, Son S, Zhang Y, et al. 2013. Remote sensing of water optical property for China's inland Lake Taihu using the SWIR atmospheric correction with 1640 and 2130nm bands. IEEE Journal of Selected Topics in Applied Earth Observations and Remote Sensing, 6: 2505-2516.

Wu X, Kong F. 2009. Effects of light and wind speed on the vertical distribution of *Microcystis aeruginosa* colonies of different sizes during a summer bloom. International Review of Hydrobiology, 94: 258-266.

Yamamoto Y, Shiah F K. 2010. Variation in the growth of Microcystis aeruginosa depending on colony size and position in colonies. In Annales de Limnologie-International Journal of Limnology (pp. 47-52): EDP Sciences.

Zhang Y, Ma R, Duan H, et al. 2014. A novel algorithm to estimate algal bloom coverage to subpixel resolution in Lake Taihu. IEEE Journal of Selected Topics in Applied Earth Observations and Remote Sensing, 7: 3060-3068.

Zohary T, Robarts R D. 1990. Hyperscums and the population dynamics of Microcystis aeruginosa. Journal of Plankton Research, 12: 423-432.

第5章 藻颗粒垂向分布对遥感反射比的影响

卫星遥感手段已经实现了藻华面积的半业务化监测，以及湖泊水质参数(叶绿素a、藻蓝素)浓度的反演。日常监测发现，水体表层藻华面积在数小时内会发生剧烈变化，甚至出现短时间内大面积蓝藻水华聚集或消失的现象。在富营养化浅水湖泊中，藻颗粒受自身浮力和外界条件的影响，在水体中上下迁移，导致了水体中藻颗粒的垂向非均匀分布。藻颗粒在水柱内的垂向非均匀分布改变了传统湖泊水色遥感垂向均一的理论假设前提。与藻类垂向均一的假设相比，这种藻类的垂向非均匀分布通过改变水体固有光学量的垂向分布，改变了遥感反射比的光谱形状和大小，进而影响到基于垂向均一假设建立的生物光学模型的应用精度。

5.1 水体中藻类垂向分布研究进展

1. 富营养化湖泊中藻类垂向分布特点

我国内陆湖泊中的浮游植物主要包括：绿藻门、硅藻门、蓝藻门、隐藻门、裸藻门、甲藻门、金藻门和黄藻门(余涛, 2010)。每种藻类都有各自对生存环境的要求。对于富营养化湖泊(如巢湖、太湖等)而言，水体中的浮游植物门类主要为蓝藻门、绿藻门和硅藻门，通常达90%以上，尤其是夏季基本为蓝藻门(成芳, 2010; 姜霞等, 2010)。藻类在水体中运动形态主要包括悬浮和上浮。我国巢湖、太湖中的绿藻门和硅藻门的藻类主要以悬浮形态存在，改变其空间位置则完全依赖于水动力条件(胡鸿钧等, 2006)。与只能靠风速、水动力等外界条件实现垂向迁移的绿藻和硅藻不同，蓝藻独特的生理结构和浮力调节能力是其成为优势种群的必要条件。

蓝藻改变其垂向位置的主要动力来自于自身的浮力以及水动力条件。蓝藻的浮力调节能力来自于细胞内的气囊(伪空泡/伪空胞)，具有伪空胞的蓝藻根据水体中光照、营养盐的垂向分布情况，调节气囊尺度和数量改变藻细胞浮力大小，控制它们在水体中的垂向分布(成慧敏等, 2006; 安强等, 2012)。伪空胞结构有利于蓝藻依据其自身的生理节律和生理状态，以及外环境变化，通过上浮或下沉来选择最佳的生长和生存空间(Susana and Phlips, 1992)。湖泊中水深方向的紊流作用是推动蓝藻垂向迁移的主要外力。当地的气候、气象条件以及出/入湖河流都是影响湖泊垂向水动力条件的因素(Cullen and Eppley, 1981)。当风速超过临界风速时，将产生波浪作用，波浪、风扰动及平均环流等共同作用，使得藻类在水体中上下混合(朱永春和蔡启铭, 1997; 杨正健, 2010; 孔繁翔和宋立荣, 2011)。但当风速较小(< 3 m/s)、水动力趋缓的环境下，蓝藻自身的浮力调节能力是其进行上浮或下沉的主要动力来源，蓝藻细胞的趋光性促使其迅速地上浮至水体表面形成蓝藻聚集体(水华)(齐雨藻等, 1997; 唐汇娟等, 2003)。

遥感监测藻华的面积会在短时间内产生很大变化，例如，利用 GOCI 数据监测中国东海藻华面积受潮汐或洋流的影响，一天之内藻华面积会产生大于 100%的误差(Lou and Hu, 2014)。实际上，浅水湖泊的藻华暴发不是短时间内生物量的急剧增加，而是已经存在的大量藻颗粒在水体中上下移动引起的(Cao et al., 2006)。也就是说，外界水动力或环境因子的变化改变了藻类的垂向分布结构，从而引起表面上看似的短时间内藻华突然暴发或消失(Beaver et al., 2013; Blottière et al., 2013; Ndong et al., 2014)。藻类垂向结构的变化使得只监测水表面藻华不能反映整个水体的富营养化状况。而且，这会影响水体光学参数遥感反演的精度(Stramska and Stramski, 2005)和色素生物量的估计(Silulwane et al., 2010)。

由此可见，作为富营养化湖泊的优势藻种——蓝藻因其独特的生理结构(伪空胞)以及外环境水动力条件，通过上浮或下沉来选择其最佳的生长和生存空间，客观上造成了藻类在水体中的垂向不均匀分布，从而改变了传统湖泊水色遥感的垂向均一的理论假设前提。

2. 藻类垂向分布的函数表达

目前，水体中藻类垂向分布对水体光学属性影响的研究主要集中在大洋和近岸水体，受藻类生活习性以及外环境条件的影响，藻类垂向分布呈现多种模式，主要有高斯分布(Lewis et al., 1983)、指数分布(Uitz et al., 2006)、跃变型、单峰型、递增型、垂直均匀型、线性分布(胡毅和陈坚, 2008)。

高斯模型(André, 1992; Frolov et al., 2012; Millán-Núñez et al., 1997; Morel and Berthon, 1989; Sathyendranath and Platt, 1989)或者改进的高斯模型(Silulwane et al., 2010)在大洋一类水体中应用较为广泛，往往假设在同一个季节或区域内藻类垂向分布类型不变(Hidalgo-González and Alvarez-Borrego, 2001; Silulwane et al., 2010)。

$$\mathrm{Chla}(z)=C_0+\frac{h}{\sigma\sqrt{2\pi}}\exp\left[-\frac{1}{2}\frac{(z-z_{\max})^2}{\sigma^2}\right] \tag{5-1}$$

式中，Chla(z)为深度 z 处的叶绿素 a 浓度(μg/L)；C_0是叶绿素 a 浓度的背景值，通常也称为“本底值”；h 决定叶绿素 a 浓度的最大值；σ 为标准偏差，是与叶绿素 a 极大值宽度相关的参数；$z_{\max}$ 是叶绿素 a 最大值处的深度。

目前，基于实测数据开展富营养化湖泊藻类垂向分布变化的研究较少(Kutser et al., 2008)。已有研究发现，富营养化湖泊中藻类垂向分布变化较快，同一区域、同一天内可能呈现不同的藻类垂向分布类型(D'Alimonte et al., 2014)。2013 年 5 月 28 日巢湖 9 个垂向采样点的叶绿素 a 浓度的垂向分布符合指数型函数或高斯分布曲线(马孟枭等, 2014)。在海洋和近岸水体的藻类垂向分布类型或函数可能不适用于内陆富营养化浅水湖泊。富营养化湖泊中存在着藻类垂向分布不均匀的现象，藻类的垂向分布呈现多样化，并不能完全由某一种数学函数表征，需要分类定量表达。

5.2　藻颗粒垂向分布及其类型

1. 野外试验方案

在巢湖进行了三次野外垂向试验，分别为2013年5月28日、7月19～24日、10月10～12日，共64组有效数据(图5-1、表5-1)。每个点位采集9层水样，包括表层、0.1 m、0.2 m、0.4 m、0.7 m、1.0 m、1.5 m、2.0 m和3.0 m。垂向分层水样采集使用自制的垂向水样采集器，包括直径10 cm的抽水泵、链接管、标尺，进水口的位置和深度参考标尺。2013年5月～2015年4月进行了7次表层巡测采样(图5-1、表5-1)，表层水样直接用采水瓶采集。现场采集的水样放在装有冰块的保温箱里遮光保存，当天进行过滤处理。同时记录水体透明度、风速、风向等相应的环境参数。利用塞克盘(Secchi disc)测定透明度，每次固定人员测量，测量位置尽量在船体的阴影处。利用水深仪测定水深，风速、风向的测量仪器为风速风向仪。室内分析数据包括水色三要素(叶绿素a、无机悬浮物、CDOM)浓度及其对应的水体组分吸收系数、遥感反射比数据。

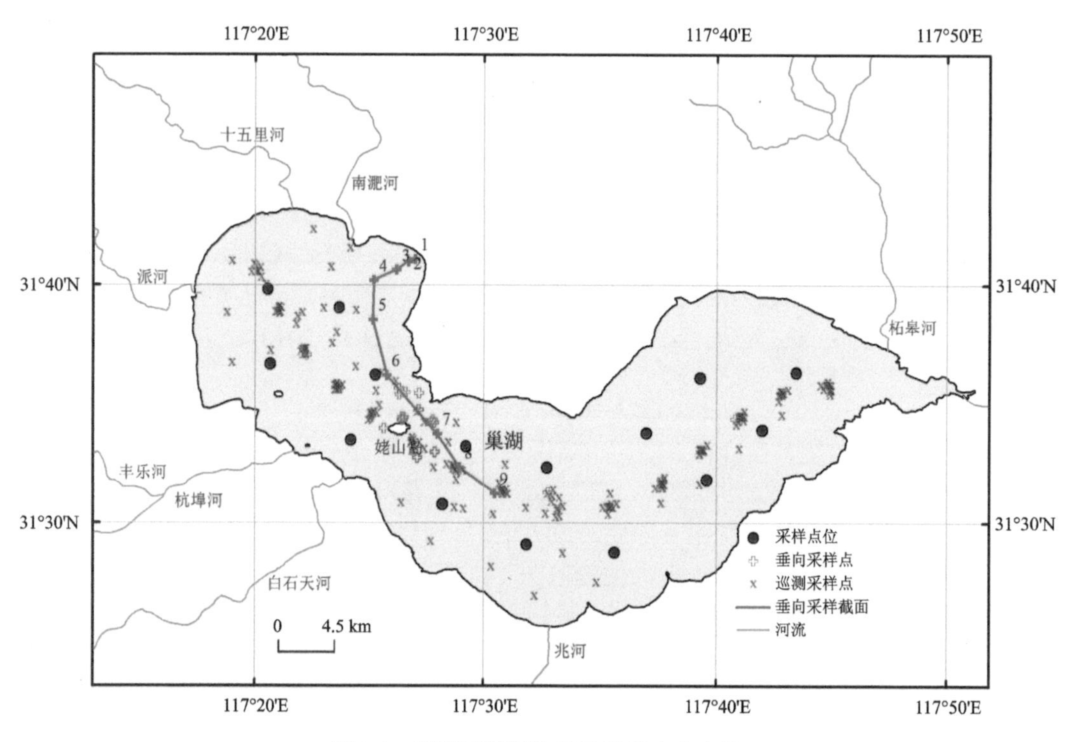

图5-1　研究区巢湖位置及采样点分布图

表5-1　野外实测数据的测量时间及数据采集情况

航次	日期	数量	采样区域	OACs	$a(\lambda)$
201305–S	2013年5月11～14日	47	WCH, MCH, ECH	S	S
201305–V	2013年5月28日	9	WCH, MCH	V	V

续表

航次	日期	数量	采样区域	OACs	$a(\lambda)$
201306–S	2013 年 6 月 14～15 日	24	WCH, MCH, ECH	S	S
201307–V	2013 年 7 月 19～24 日	28	WCH	V	S
201309–S	2013 年 9 月 4、6、17 日	31	WCH, MCH, ECH	S	S
201310–V	2013 年 10 月 10～12 日	27	WCH	V	S
201406–S	2014 年 6 月 12 日	15	WCH, MCH, ECH	S	S
201409–S	2014 年 9 月 20～21 日	24	WCH, MCH, ECH	S	S
201501–S	2014 年 1 月 16～17 日	30	WCH, MCH, ECH	S	S
201504–S	2015 年 4 月 14 日	14	WCH, MCH, ECH	S	S

对巢湖三次野外垂向采样(2013 年 5 月 28 日、7 月 19～24 日、10 月 10～12 日)的水体表层(0～40 cm 的混合水样)的光学活性物质浓度进行分析，结果表明，巢湖的 Chla、有机悬浮物和溶解有机碳 DOC 的浓度变化范围较大，最大值与最小值的比值超过了一个数量级。总悬浮物和无机悬浮物的变化相对较小，最大值约为最小值的 4 倍(表 5-2)。

表 5-2　巢湖三次野外垂向采样的光学活性物质统计结果

水体组分浓度	均值	方差	最小值	最大值
Chla/(μg/L)	168.45	324.72	22.49	2372.58
SPM/(mg/L)	66.82	25.15	33.00	149.50
SPIM/(mg/L)	32.12	15.49	16.50	82.50
SPOM/(mg/L)	34.70	23.09	10.75	124.50
DOC/(μg/L)	27.27	23.21	3.23	126.32

巢湖水体表层 Chla 浓度具有较大的变化范围(最大值/最小值=105.47)和变化程度(标准差/均值=1.93)。Chla 的变化范围是 22.49 μg/L 到 2 372.58 μg/L，均值为 168.45±324.72μg/L (N=64)，SPIM 和 DOC 浓度的范围分别为 16.5～82.5 mg/L(32.12± 15.49 mg/L，N=64)、3.23～126.32 μg/L(27.27±23.21 μg/L，N=64)，这些参数的范围和均值与巢湖的已有研究结果(Shi et al., 2013)较为一致。Chla、SPIM、DOC 的平均浓度均呈现从西湖区到东湖区降低的趋势。方差分析 ANOVA 显示，Chla 具有显著的空间差异($F = 25.68$，$p<0.001$)，而 SPIM($p = 0.35$)和 DOC($p = 0.24$)没有显著的空间变化。

SPM、SPIM 和 DOC 的平均垂向变异系数 CV(CV=标准差/均值×100%)分别为 32%、28%和 14%，它们的 CV 分布范围和变化程度均明显小于 SPOM 和 Chla(表 5-3)。叶绿素 a 垂向分布 Chla(z)的变异系数 CV 变化范围最大(4%～239%)，平均变异系数为 67%。其中，7 月份垂向采样的平均 CV 为 20%，10 月平均 CV 为 133%。SPOM(z)的垂向变异系数次之，平均值为 64%，范围为 15%～198%。究其原因，主要是藻华暴发时大量藻颗粒聚集在水面，造成了表层叶绿素 a 和有机颗粒物含量的升高，导致 SPOM 的垂向变化程度增大。SPIM 和 DOC 的垂向变化程度稍小(< 30%)，本节主要分析以 Chla(z)表征的浮游植物藻类的垂向分布及其函数表达。

表 5-3　巢湖三次野外垂向采样水体组分浓度的垂向变异系数的统计结果

水体组分	数量	均值/%	方差/%	最小值/%	最大值/%
Chla	64	76	69	4	239
SPM	44	32	34	6	142
SPIM	44	28	14	8	64
SPOM	44	64	48	15	198
DOC	9	14	9	6	34

2. 巢湖藻类垂向分布类型及函数表达

表征藻类含量的叶绿素 a 浓度具有明显的垂向差异，巢湖叶绿素 a 浓度呈现出了不同类型的分布曲线。根据野外观测数据的 Chla(*z*)曲线的垂向分布特点及国内外研究进展，总结了叶绿素 a 浓度的垂向分布可能存在的函数形式：线性函数、二次多项式、高斯函数、指数函数、幂指数。在 Matlab R2012a(Math Works，Inc.)的曲线拟合工具箱(curve fitting toolbox)的基础上，编写了自动判断藻类垂向类型的程序。64 条实测的 Chla(*z*)垂向分布曲线输入藻类垂向类型自动判别程序进行藻类垂向分布类型的判定：把 Chla(*z*)垂向分布曲线读入编写好的 Matlab 程序进行曲线拟合，统计每条 Chla(*z*)曲线在预设的 5 种函数类型的拟合结果(SSE、RMSE、R^2)；具有最大 R^2(>0.85)、最小 SSE 和 RMSE 的函数类型作为该 Chla(*z*)曲线的最优垂向分布类型。

巢湖藻类垂向分布类型呈现了垂向均一(类型 1)、高斯(类型 2)、指数(类型 3)、幂指数(类型 4)四种类型，如图 5-2 为四种藻类垂向分布类型的代表曲线及对应的实测数据。类型 1 的 Chla(*z*)呈垂向均一分布，Chla(*z*)随深度增加没有规律的变化趋势，平均垂向变异系数为 19.53%(表 5-4)。类型 2 呈现 Chla 最大值在表层的高斯分布；C_0 为“背景值”；h 表示了高斯函数的峰值；σ 代表了峰的宽度。类型 3 为指数分布形式，表层水体具有明显高于下层水体 Chla 浓度的最大值。类型 4 表现出更强的垂向差异，代表藻华发生时藻颗粒大量聚集在水体表面使得表层水体 Chla 浓度大幅升高的情况。类型 3 和类型 4 一般发生在表层水体Chla较高(>100 μg/L)的情况，甚至藻华发生时Chla可达到1 000 μg/L。每种藻类垂向分布类型下的结构参数统计结果(表 5-5)，可以用来构建藻类垂向分布 Chla(*z*)函数库，为下文的辐射传输模拟数据集提供依据。

表 5-4　Chla(*z*)的垂向分布类型及其拟合函数

类型	数量	变异系数/%	藻类垂向分布类型	拟合函数	R^2	RMSE
类型 1	27	19.53	均一	$f_1(z)=C$	—	9.57
类型 2	9	29.25	高斯	$f_2(z)=C_0+\frac{h}{\sigma\sqrt{2\pi}}\exp\left[-\frac{1}{2}\left(\frac{z}{\sigma}\right)^2\right]$	0.85	3.36
类型 3	12	97.73	指数	$f_3(z)=m_1\times\exp(m_2\times z)$	0.91	23.29
类型 4	16	163.60	幂函数	$f_4(z)=n_1\times z^{n_2}$	0.86	20.15

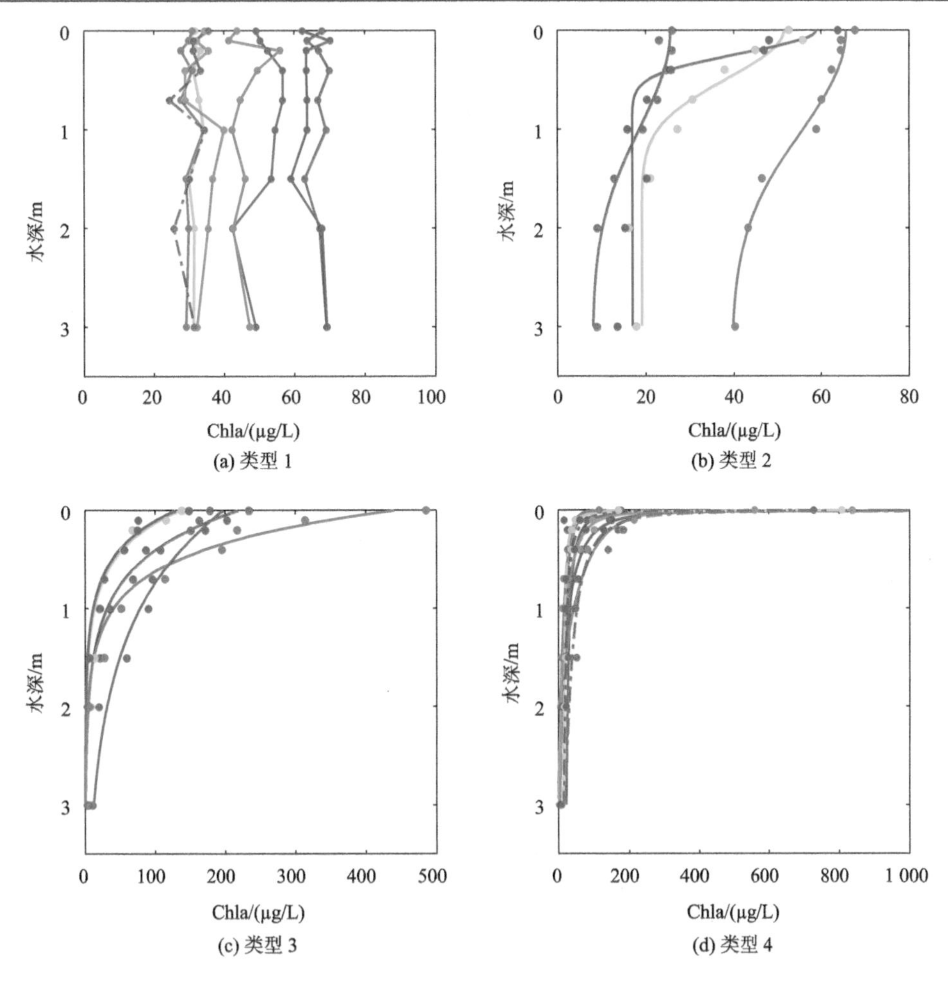

图 5-2　以叶绿素 a 浓度 $Chla(z)$ 为代表的藻类垂向分布类型

表 5-5　Chla(z)垂向分布结构参数的统计结果

类型	结构参数	最小值	最大值	均值	方差
类型 2	C_0	7.76	39.81	22.42	10.85
	σ	0.02	0.41	0.20	0.15
	h	1.48	75.59	34.08	26.94
类型 3	m_1	129.4	613.30	280.98	146.54
	m_2	–9.67	–0.64	–3.15	2.79
类型 4	n_1	12.46	80.63	29.01	19.82
	n_2	–1.10	–0.28	–0.71	0.26

3. 吸收系数的垂向分布

从 2013 年 5 月 28 日的 9 个站点的垂向采样剖面数据和野外记录表来看，有 5 个站点暴发了严重的藻华(S1～S3、S7～S8)，它们的 Chla(z)呈幂指数分布，其他 4 个站点的 Chla(z)呈高斯分布。Chla 与 a_{ph}(443)具有相似的垂向分布特征，最大值出现在表层，随深度增加而降低(图 5-3)。a_{ph}*(443)的变化范围为 0.012～0.051 m^2/mg，平均值为 0.027 m^2/mg。受外界条件(光照、温度等)和藻颗粒自身生理特点的影响，在水柱内上下迁移，导致藻颗粒在水柱内垂向分布不均匀，从而引起叶绿素 a 浓度和表征其光学吸收特性的 a_{ph} 垂向差异较大。在藻华暴发的站点，a_{ph}*(443)呈现出随深度增加的趋势，这与浮游植物的包裹效应有关，藻华发生时藻颗粒聚集，降低了单位吸收效率。

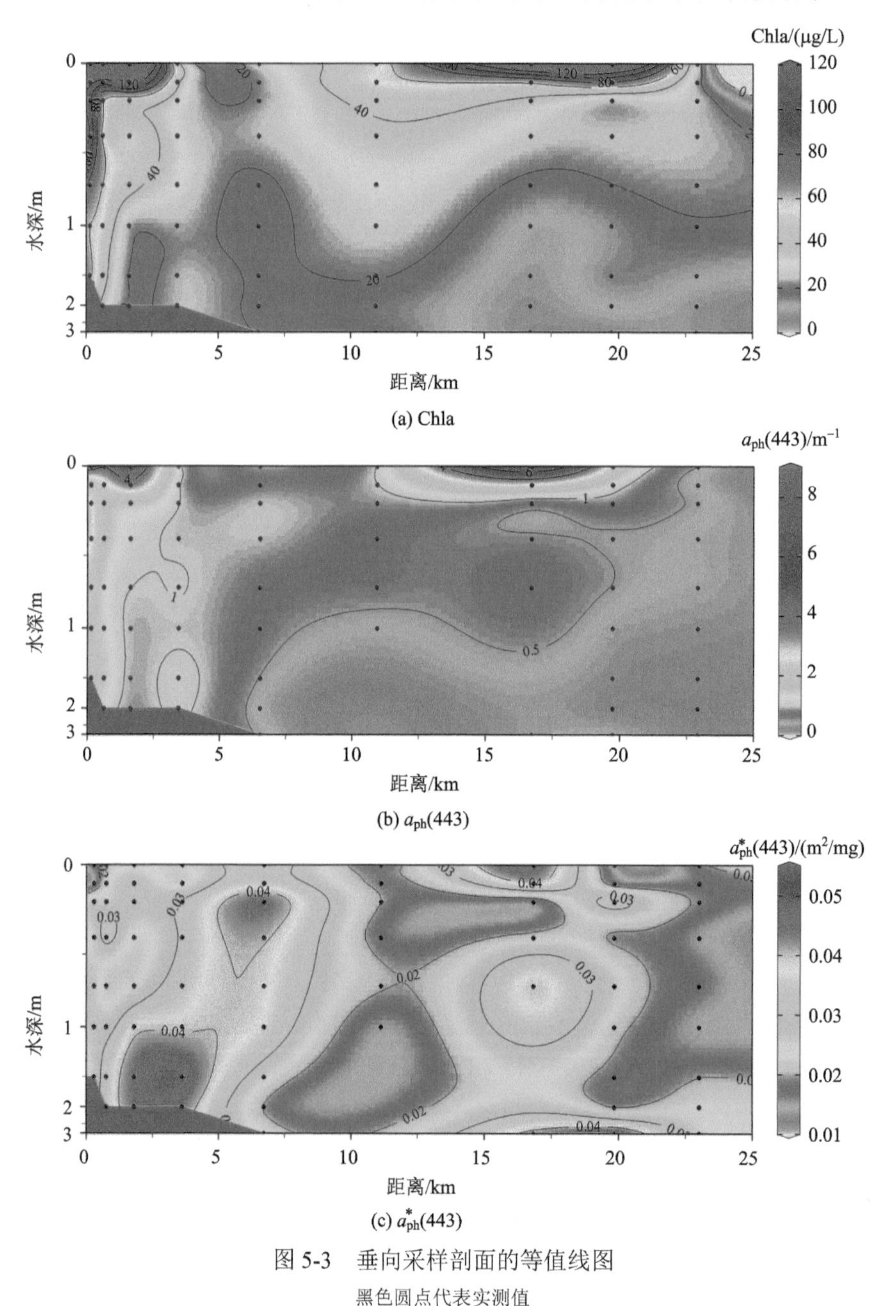

图 5-3　垂向采样剖面的等值线图

黑色圆点代表实测值

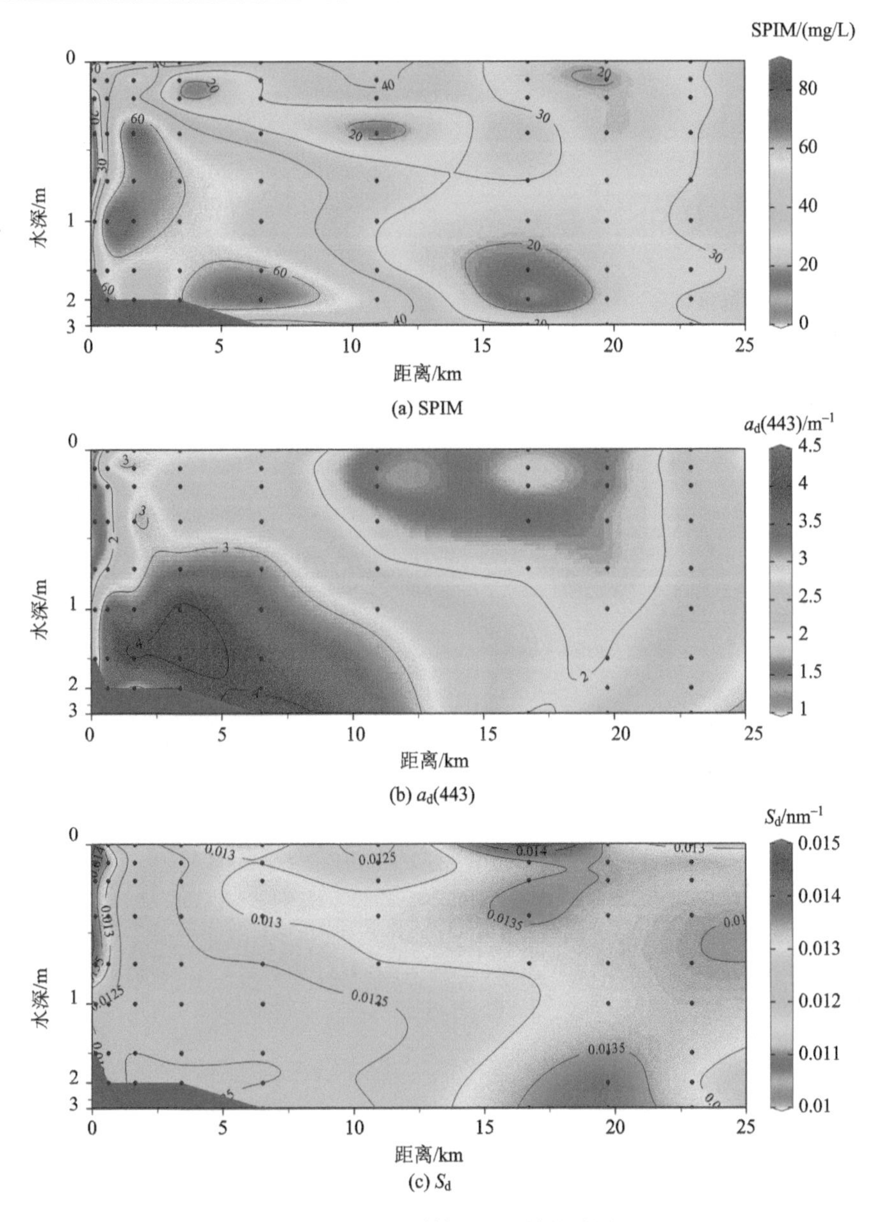

图 5-4　垂向采样剖面的等值线图

黑色圆点代表实测值

SPIM、$a_d(443)$和 S_d 的垂向分布如图 5-4 所示，SPIM 与 $a_d(443)$也具有相似的空间分布，表示了两者有较强的相关性。与 S7～S9 相比较，站点 S1～S6 的 SPIM 浓度较高，特别是靠近水底的高 SPIM 区域，可能是由风浪扰动引起的底泥再悬浮，明显地增加了 SPIM 的浓度，$a_d(443)$的变化也较大。S1～S6 的 $a_d^*(443)$的垂向变异系数均大于 40%，明显高于 S7～S9[图 5-6(b)]。S_d 的变化较小[图 5-6(c)]，在水华发生区 S_d 的值高于高悬浮区域。

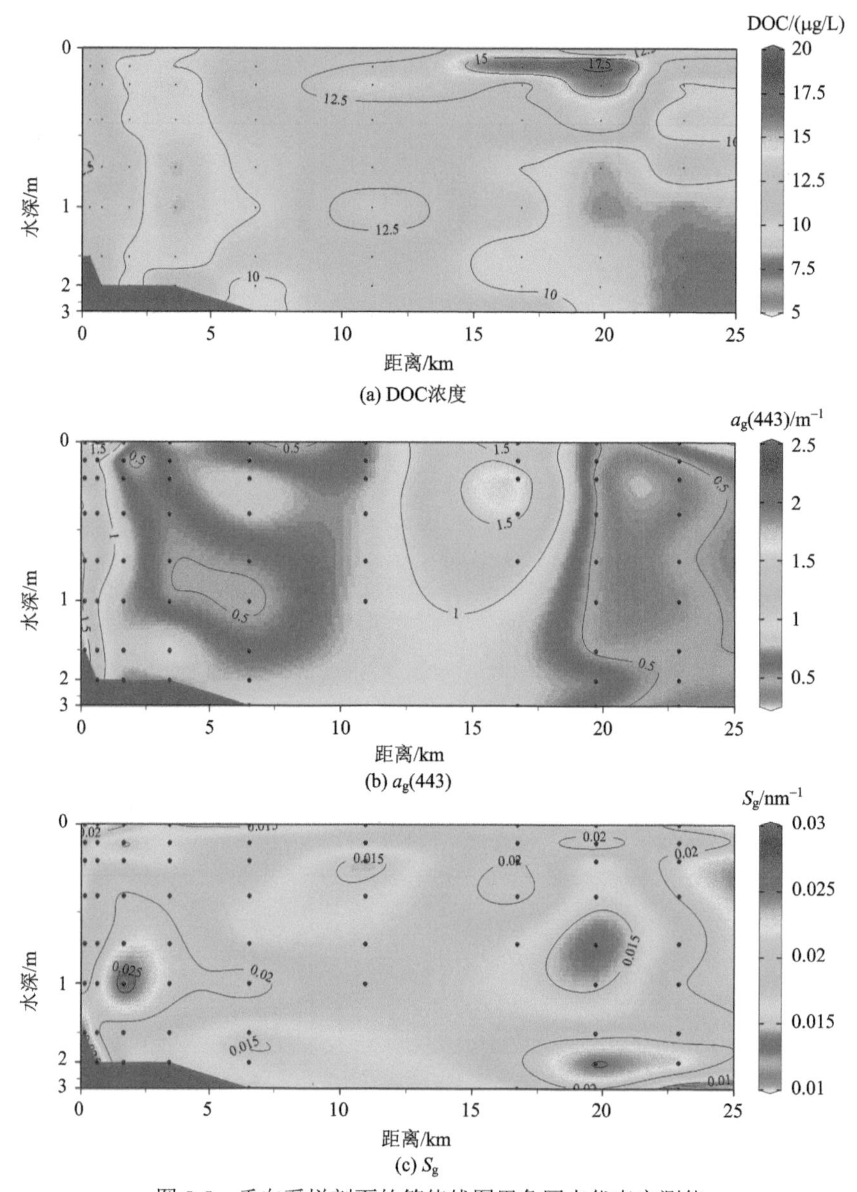

(a) DOC浓度

(b) $a_g(443)$

(c) S_g

图 5-5　垂向采样剖面的等值线图黑色圆点代表实测值

DOC 与 $a_g(443)$呈现了不一致的分布趋势，表明两者来源有差异(图 5-5)，与已有相关研究结论一致。S_g的变异系数范围为 12%到 29.6%[图 5-6(d)]，大于 S_d的变化程度，没有很明显的垂向差异。

巢湖水体组分浓度及其吸收系数变化范围较大，具有显著的空间差异，总吸收减去纯水吸收主要由浮游植物和无机悬浮物主导，CDOM 的贡献百分比较少且变化不大(图 5-7)。也就是说，浮游植物和无机悬浮物的变化是引起水体吸收系数变化的主要因素。藻华暴发增加了 Chla 的空间和垂向多样性，受风浪影响的底泥再悬浮增加了水柱内无机悬浮物的含量。这改变了水体组分的浓度和组成，增加了吸收系数的变化，产生了更为复杂的水下光场。

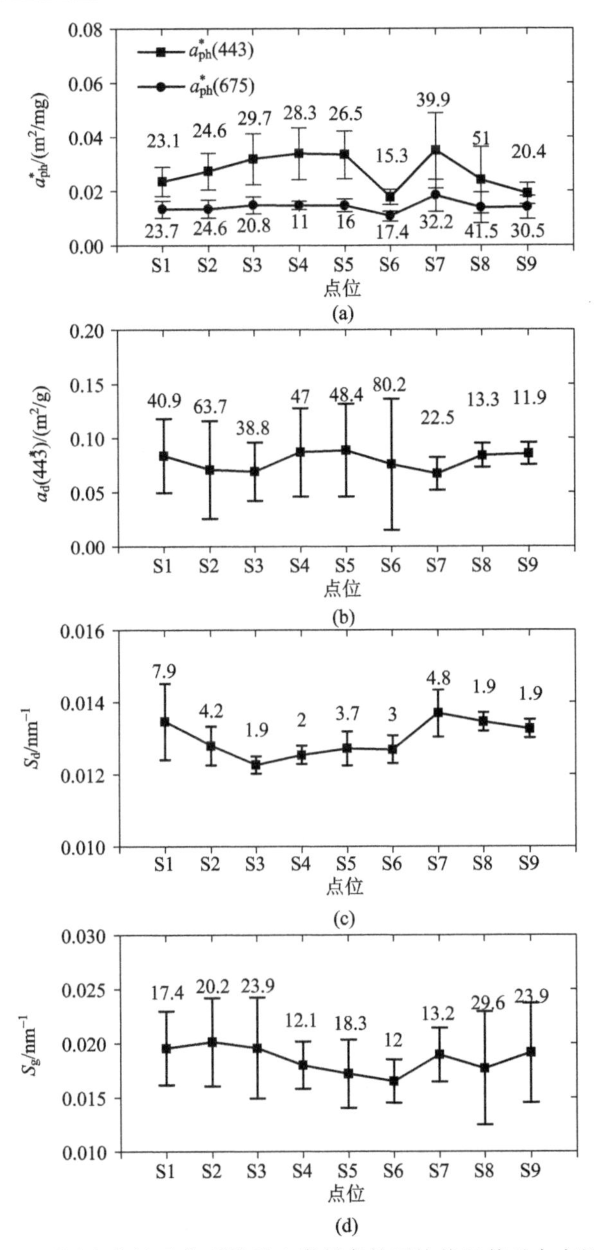

图 5-6　不同点位比吸收系数及光谱斜率的平均值及其垂向变异系数

受富营养化问题和入湖河流的影响，巢湖西湖区(WCH)具有最高的水体组分浓度和水体组分吸收系数。已有研究表明，巢湖西湖区的藻华面积要明显高于巢湖其他区域(Zhang et al., 2015)。三条入湖河流(南淝河、十五里河、派河)受到生活、工业污水以及农业非点源污染严重(Wang et al., 2012; Yang et al., 2013a)。藻华暴发增加了水体表层Chla 的浓度及浮游植物吸收系数，产生了明显的垂向非均匀分布，而且通过包裹效应改变了比吸收系数的大小，使得 $a_{ph}^*(\lambda)$ 具有显著的空间差异(WCH>MCH>ECH)和不太明显的垂向差异(表层<下层水体)。底泥再悬浮影响了水体组分、非色素颗粒物的吸收系

数及其对总吸收的贡献百分比的垂向分布，对非色素颗粒物 NAP 的比吸收系数及光谱斜率的影响较小。

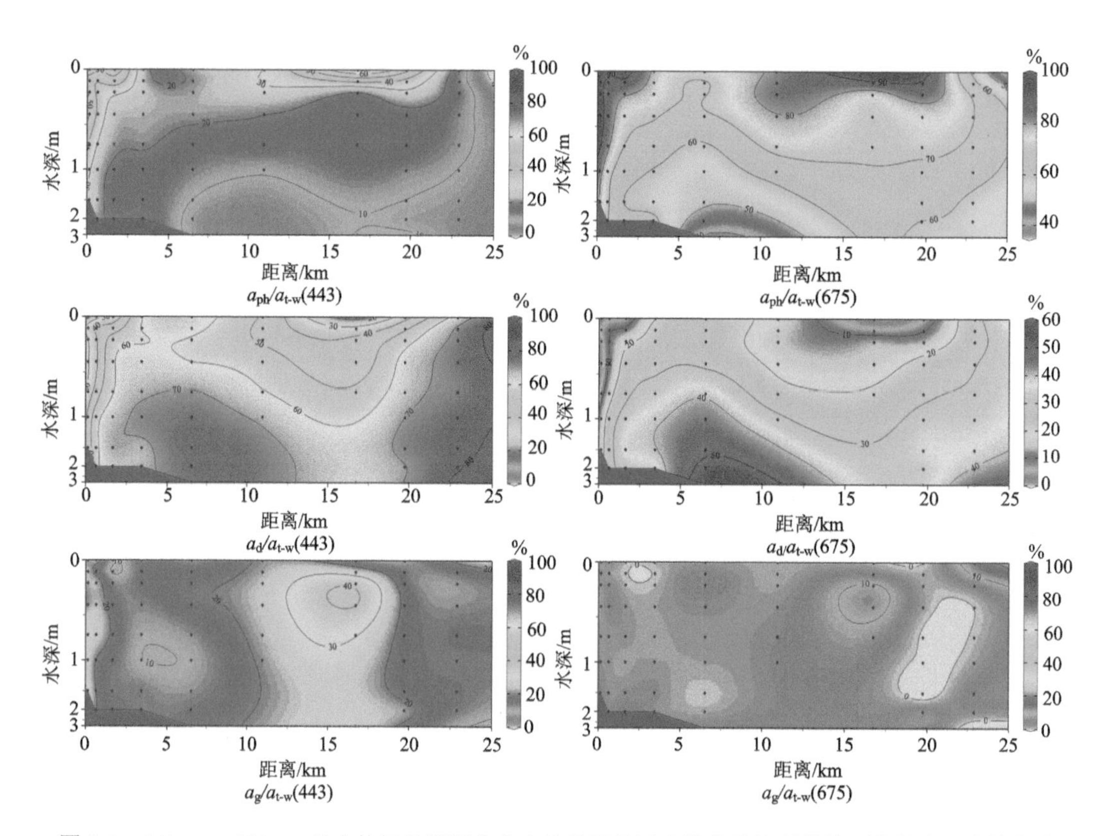

图 5-7　443 nm、675 nm 处水体组分的吸收占水体总吸收减去纯水吸收系数的百分比随深度的变化

4. 不同垂向类型的水体遥感反射比光谱

遥感反射比是重要的水体表观光学量之一，是卫星遥感传感器可以探测的表征水体信号的物理量，是用于表征水体组分特征和水质参数反演的基本参数。巢湖野外三次垂向试验获取的遥感反射比光谱曲线，呈现了典型的富营养化水体的光谱特征(图 5-8)。

对比不同藻类垂向分布类型的遥感反射比光谱曲线(图5-8)可以发现，不同藻类垂向分布类型下的遥感反射比呈现不同的光谱形状和大小。已有相关研究也表明，遥感反射比对藻类垂向分布具有一定的响应。但是，遥感反射比光谱是水体一定深度内信息的综合反映，很难准确或定量地描述藻类垂向异质对遥感反射比的影响。

实测遥感反射比光谱的绿光波段高于蓝光和红光波段，在波长 550 nm 附近出现极大值。红光波段的 R_{rs} 最小值在 675 nm 附近，与叶绿素 a 的吸收峰对应。类型 3 和类型 4 中近表层较高的 Chla 浓度使得 $R_{rs}(\lambda)$ 表现出更强的浮游植物色素特征峰。类型 3 和类型 4 中较为明显的 440 nm 和 625 nm 附近的反射谷，也是叶绿素 a 在蓝光波段和藻蓝素在红光波段的特征峰。705 nm 附近的反射峰可以作为水体藻华的指示，聚集在水面形成的藻华增加了近红外波段的遥感反射比，出现类似于植被光谱的近红外抬升。

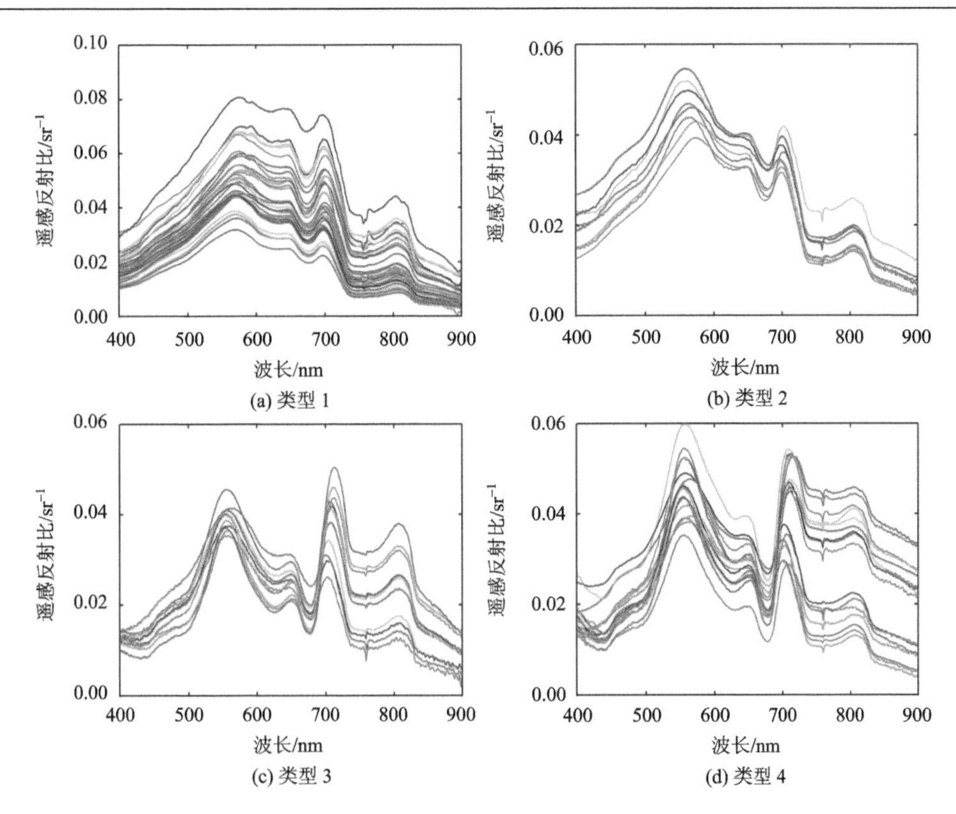

图 5-8　不同藻类垂向分布类型的遥感反射比光谱曲线 R_{rs}(400～900 nm)

(a)类型 1 为垂向均匀分布；(b)类型 2 为高斯分布；(c)类型 3 代表指数分布；(d)类型 4 代表幂函数分布

5.3　藻类垂向非均匀分布对遥感反射比的影响

1. 藻类垂向非均匀水体的光学特性研究

1) 藻类垂向非均匀分布对水体遥感反射比的影响

遥感探测到的信号不仅包括水体表层的信息，还反映了一定深度内水下光场的结构，遥感反射比对水体光学组分的垂向非均匀分布具有一定的响应。目前，传统的生物光学模型和水体光学参数的测量和使用大都假设水体垂向均一，忽略了藻类垂向非均匀分布的实际情况，但是，不考虑水体光学组分的垂直非均匀分布会带来很大误差(Ballestero, 1999; Nanu and Robertson, 1993; Sathyendranath and Platt, 1989)。如果不考虑一类水体叶绿素 a 浓度垂向非均匀分布，对遥感反射比造成的误差最低大于 5%，极端条件下可能超过 70%，近表层水体的衰减系数越小，下层水体对遥感反射比的影响越强(Stramska and Stramski, 2005; Xiu et al., 2008)。与藻类垂向均一分布相比，藻类垂向非均匀分布影响了遥感反射比的大小及光谱形状(Kutser et al., 2008)。在一类水体中，叶绿素 a 浓度垂向呈高斯分布时，叶绿素 a 浓度的高斯峰值趋向于增加绿光波段的遥感反射比，减少蓝光波段的遥感反射比(席颖等, 2010)。赤潮多发区，垂向非均匀情况下的遥感反射比要高于垂向均匀的情况(藻总量相同)，叶绿素 a 浓度非均匀剖面参数的变化主要影响遥感反射比的绿光波段，对蓝、红波段几乎没有影响(王云飞和贺明霞, 2010)。

Sathyendranath 等(1989)讨论了在不考虑叶绿素 a 浓度垂直分布情况下计算光学深度和真光层总叶绿素 a 含量的最大相对误差可能超过 100%。蓝绿波段比值算法建立的叶绿素 a 浓度反演算法最大可产生 7 倍的高估(Stramska and Stramski, 2005)。在蓝藻水华暴发的水体，叶绿素浓度的垂向分布会造成红/近红外波段比值的 Chla 反演算法 2～6 倍的高估(Kutser et al., 2008)。马孟枭等(2014)利用 Hydrolight 模拟了巢湖藻类垂向呈高斯分布时，藻类垂向非均匀分布对典型叶绿素 a 反演算法中波段比值法的影响。结果表明，水体(尤其是水下 0.5 m 范围内)藻类垂向非均匀分布将会严重干扰波段比值算法的准确性，导致反演算法的失效。

此外，国内外一些学者利用统计回归方法(Hidalgo-González and Alvarez-Borrego, 2001; Millán-Núñez et al., 1997)、人工神经网络方法(冯春晶, 2004; 刘斌, 2009)、查找表法(Pitarch et al., 2014)研究了藻类垂向呈高斯分布时对遥感反射比的影响，同时得到了叶绿素 a 浓度的垂向结构参数。在海洋两流辐射传输理论的基础上，假设一类水体只由两层叶绿素 a 浓度不同的水层构成，利用最优化方法求得两层叶绿素 a 浓度和上层水体深度的最优解(Frette et al., 2001)。同样地，在红–近红外波段，遥感反射比与悬浮颗粒物 SPM 两层结构参数也存在定量关系(Yang et al., 2013b)。

藻类垂向非均匀分布对遥感反射比的影响程度受水体光学活性物质浓度、垂向结构、水体衰减系数等的共同影响。已有的水质参数反演算法大多基于表层几十厘米的混合样或者单一水层建立的，忽略了藻类垂向非均匀分布。藻类垂向非均匀分布对遥感反射比产生的影响，势必会通过水质参数反演模型的传递，引起反演产品的高估或低估，这对正确估计水质参数浓度会产生干扰，而且这种干扰可能是空间不均匀分布的。在富营养化湖泊，无机颗粒物和 CDOM 含量较高，可能会削弱藻类垂向分布对遥感反射比的蓝、绿波段的影响。富营养化浅水湖泊的相关研究较少，是本节研究的侧重点之一。

2)垂向非均匀水体的等效权重函数

理论上，遥感反演得到的是由遥感手段探测到的一定“深度”内的权重平均浓度 $Chla_{rs}$。其中，很多学者开展了对“深度”的讨论，包括穿透深度(Z_p)、真光层深度(Z_e)和几何深度($Z_{0\text{-}z}$)，比较这些“深度”内的平均 Chla 浓度与基于分析模型的等效平均 Chla 浓度 $Chla_s$，找到可以代表遥感探测到的 Chla 浓度的几何计算方法。

Gordon 等(1975)首先提出了“穿透深度 Z_{90}”(the penetration depth)的概念，它是指光从海水表面进入水体，向下辐照度 $E_d(z)$ 衰减到占海水表面 $E_d(0^-)$ 的 1/e(37%)时的深度，从海水表面到穿透深度 Z_{90} 贡献了水表面 90%的辐射。那么，基于垂直均一假设得到的光学参数，则不能真正代表具有垂直结构的水体，研究海水表面遥感反射比与水体光学参数的垂直结构之间的关系显得尤为重要，针对这个问题国内外很多学者展开了研究。Morel 和 Berthon(1989)提出了[Chla]Z_p(穿透深度内叶绿素 a 浓度平均值)，但是[Chla]Z_p 的计算需要 Z_p，它是随波长变化且不易获取的参数。[Chla]Z_e 是真光层深度内的平均 Chla 浓度，Z_e 是 Z_p 的 ln100(～4.6)倍。

对$[Chla]_{rs}$的获取来说，André(1992)建立了一类水体叶绿素 a 浓度垂向均一分布条件下的 Chla 与遥感反射比的蓝绿波段比的关系，把这个关系应用到垂向非均匀水体的遥感反射比 $R_{rs\text{-}v}$，得到的 Chla 为垂向非均匀条件下遥感可以探测到的 Chla 浓度($[Chla]_{rs}$)。此外，通过建立水体 Chla 垂向均匀分布的 Chla 浓度与遥感反射比 $R_{rs\text{-}h}(\lambda)$ 的查找表，寻找每个波长 λ 上与垂向异质条件下的 $R_{rs\text{-}v}$ 相同的 $R_{rs\text{-}h}(\lambda)$ 对应的 Chla 浓度为该波长的$[Chla]_{rs}(\lambda)$。可见，在不同的波长下，遥感可以探测到的平均 Chla 浓度不同，因为光在每个波长的穿透深度不同。在本节研究中，我们选取第一种表达方式，通过 Chla 垂向均一时的遥感反射比与 Chla 的关系模型，把 $R_{rs\text{-}v}$ 带入该模型中得到的 Chla 浓度为遥感可以探测到的 Chla 浓度($[Chla]_{rs}$)。

Gordon 和 Clark(1980)利用 Monte Carlo 方法模拟了分层水体的辐射传输过程，提出了针对垂直非均匀一类水体的假设：垂直非均匀水体的反射比可以等效为穿透深度 Z_p 内垂向均匀水体的反射比的权重平均值(vertical weighted average chlorophyll-a concentration)。

垂直非均匀水体的水面之下反射比 R_s 可以表示为

$$R_s(\lambda,0^-)=\mathrm{fun}(X_s(\lambda)) \tag{5-2}$$

$$X_s(\lambda)=\frac{\int_0^{z_{90}(\lambda)} X(\lambda,z')f(\lambda,z')\mathrm{d}z'}{\int_0^{z_{90}(\lambda)} X(\lambda,z')\mathrm{d}z'} \tag{5-3}$$

式中，$f(\lambda, z)$为权重函数；$X(\lambda, z)$为 $a(\lambda, z)$和 $b_b(\lambda, z)$的函数：

$$f(\lambda,z)=\exp(-2\int_0^z K_d(\lambda,z')\,\mathrm{d}\,z') \tag{5-4}$$

$$X(\lambda,z)=\frac{b_b(\lambda,z)}{a(\lambda,z)+b_b(\lambda,z)} \tag{5-5}$$

同样地，垂直非均匀水体的等效叶绿素 a 浓度 C_s 可以表示为

$$C_s=\frac{\int_0^{z_{90}} C(z)f(z)\mathrm{d}z}{\int_0^{z_{90}} C(z')\mathrm{d}z'} \tag{5-6}$$

这种藻类垂向非均匀水体的等效平均假设，得到了一些学者认可，并开展了进一步研究。但是，在层化严重和叶绿素 a 浓度较高的水体的垂向非均匀水体中，该等效假设模型误差较大(Zaneveld et al. 2005; Piskozub et al., 2008; André, 1992)。

根据两流辐射传递理论模型(two-flow model)，Zaneveld 建立了海表面反射比与垂直非均匀海水中光学参数的关系，等效权重函数是 Gordon 的权重函数的导数，即正比于

“往返”衰减系数(round trip attenuation，K_d+K_u)的导数(Zaneveld et al., 2005)。

$$R(0^-)=\int_0^\infty R_c(z)\frac{\mathrm{d}}{\mathrm{d}z}[-\exp\left\{-\int_0^z[\mathrm{g}(z')]\mathrm{d}z'\right\}]\mathrm{d}z \tag{5-7}$$

$$\int_0^z[\mathrm{g}(z')]\mathrm{d}z'=\int_0^z[K_\mathrm{u}(z')+K_\mathrm{d}(z')]\mathrm{d}z' \tag{5-8}$$

式中，权重函数为$\frac{\mathrm{d}}{\mathrm{d}z}[-\exp\left\{-\int_0^z[\mathrm{g}(z')]\mathrm{d}z'\right\}]$，是 Gordon 的权重函数的导数，即正比于“往返”衰减系数(round trip attenuation，K_d+K_u)的导数。

那么，$\left\langle\frac{b_\mathrm{b}}{a}\right\rangle_\mathrm{rs}$ 的近似表达式是

$$\left\langle\frac{b_\mathrm{b}}{a}\right\rangle_\mathrm{rs}\approx\int_0^\infty\frac{b_\mathrm{b}}{a}(z)\frac{\mathrm{d}}{\mathrm{d}z}[-\exp\left\{-\int_0^z[\mathrm{g}(z')]\mathrm{d}z'\right\}]\mathrm{d}z \tag{5-9}$$

2011 年，Sokoletsky 等用 Israel 的 Kinneret 湖(1990～2010 年，包括有水华和无水华数据)的 494 组 E_d(PAR,z)和 528 组 Chla(z)数据，假设水无限深或不考虑水底的影响，推导了一个新的计算平均叶绿素 a 浓度$[\mathrm{Chla}]_\mathrm{rs}$的公式(Sokoletsky and Yacobi, 2011)：

$$[\mathrm{Chla}]_\mathrm{s-SY}=\frac{\int_0^{z_b}b_\mathrm{b}(z)\exp[-3\bar{K}_\mathrm{d}(0-z)z]\mathrm{Chla}(z)\mathrm{d}z}{\int_0^{z_b}b_\mathrm{b}(z)\exp[-3\bar{K}_\mathrm{d}(0-z)z]\mathrm{d}z} \tag{5-10}$$

Pitarch 等(2014)在$[\mathrm{Chla}]_\mathrm{s\text{-}GC}$与$[\mathrm{Chla}]_\mathrm{s\text{-}Z}$等效权重函数的基础上，加入常数 k 为自由因子分析了总悬浮物的垂向非均匀分布的等效平均浓度：

$$\mathrm{g}(\lambda,z)=2K_\mathrm{TSM}^{\frac{1}{k}}\exp(-2\int_0^z K_\mathrm{TSM}(\lambda,\mathrm{z}')\mathrm{d}z') \tag{5-11}$$

$$K_\mathrm{TSM}(\lambda,z)=\{a(\lambda,z)[\alpha a(\lambda,z)+\beta b(\lambda,z)]\}^{1/2} \tag{5-12}$$

$$[\mathrm{Chla}]_\mathrm{s\text{-}P}=\frac{\int_{-\infty}^0 g(\lambda,z)C_\mathrm{TSM}(z)\mathrm{d}z}{\int_{-\infty}^0 g(\lambda,z)\mathrm{d}z} \tag{5-13}$$

针对叶绿素 a 浓度垂向呈高斯分布的情形，基于光学等效均一的理论，引入“等效垂向均匀光学叶绿素 a 浓度”的概念，利用最优化方法计算叶绿素 a 垂向结构参数的模型(Pitarch et al., 2014)。这种方法适用于叶绿素 a 浓度背景值比较低或者叶绿素 a 浓度最大值接近于水体表面的情况。

一些学者对上述 Chla 指示因子进行了比较，发现一定深度内 Chla 的算术平均值在一定条件下可以代表遥感可以探测的叶绿素 a 浓度，简化了基于等效权重平均假设的理论模型。

André 用呈高斯分布的叶绿素 a 浓度曲线，比较了遥感观测的叶绿素 a 浓度$[Chla]_{rs}$和等效权重浓度$[Chla]_s(520)$ (André, 1992)。在接近水表面叶绿素 a 浓度变化剧烈的情况下，Gordon 和 Clark(1980)提出的等效权重叶绿素 a 浓度$[Chla]_{s\text{-}GC}$不能很好地代表$[Chla]_{rs}$。简单的上层水体的算术平均值$[Chla]_{ns}$(Z_{ns}=5−4 log([Chla]>$_{5m}$))可以代替$[Chla]_{rs}$，误差在 10%以内的数据占 97%，误差均不超过 20%。

Piskozub(2008)对 Gordon 和 Clark(1980)和 Zaneveld(2005)提出的两种叶绿素 a 浓度垂直非均匀分布的等效权重函数进行了分析讨论，利用 Monte Carlo 辐射传输模拟得到的反射比，和遥感反射比与通过等效权重函数得到的值进行比较，表明在含有气泡或叶绿素 a 浓度较高的海水中，Gordon 和 Clark 的权重函数效果不好，它的权重函数沿水深单调递减，水表层权重较大；Zaneveld 权重函数的结果较合理。并分析了权重函数中不同 K_d 和 K_u 组合对反射比和遥感反射比的影响，表明在叶绿素 a 浓度较高的水层，$2K_d$ 与 K_d+K_u 相比，仅产生不超过 1%的误差。

在垂向非均匀分布的浑浊水体(Lake Kinneret)，在垂向差异较小和差异较大的情况下，$[Chla]_{rs}$均可以用穿透深度内的平均浓度$[Chla]Z_p$代替(Sokoletsky and Yacobi, 2011)。在没有水华的情况下，Gordon & Clark 模型、Zaneveld 模型以及 Sokoletsky 的模型都能得到较好的结果。在水华发生时，Gordon & Clark 模型存在高估情况，Zaneveld 模型和 Sokoletsky 模型存在低估。从统计数据看，Zaneveld 模型误差较大，这与 Piskozub 等(2008)得到的结论相反。

Odermatt 等利用三种不同神经网络方法处理了 2011 年 6～8 月的 16 景 Greifensee 湖(8.45 km^2)的 MERIS 影像，分析了叶绿素 a 浓度、TSM 野外测量垂直分布平均值与通过模型计算得到的结果(Odermatt et al., 2012b)。结果表明，Z_p受叶绿素 a 和悬浮物浓度影响较大，在叶绿素 a 浓度较大的区域，Z_p很小，而叶绿素 a 垂直分布的最大值在 Z_p 以下，因此导致实测值与模型反演结果相差较大。而用 $Z_{1\sim5\ m}$ 的叶绿素 a 浓度平均值与遥感反演结果比较有所改善。本节把水下光场垂直非均匀分布的模型应用于遥感影像，尚属首例，但由于缺少 $K_d(z)$和水面之下 1～1.5 m 的水体组分数据，使得总体结果不是很理想。

遥感反演得到的平均叶绿素 a 浓度是一定深度内的综合反映，与 Gordon、Zaneveld 等提出的等效权重平均浓度有一定的差别，这种差别随着水体固有光学特性和垂向分布的变化而变化。很难有统一的标准、用一个简单易获取的指标可以准确地表达遥感探测到的叶绿素 a 浓度。研究表明，一定深度内的叶绿素 a 浓度的算术平均可以代表$[Chla]_{rs}$。本节尝试建立巢湖研究区可以代表遥感探测到的叶绿素 a 平均浓度的指标，通过分析藻类垂向非均匀分布对遥感反射比的影响，获取可以准确代表遥感探测的叶绿素 a 浓度指标，为水质参数反演模型的建立和野外垂向数据采样提供借鉴。

2. Ecolight 辐射传输模拟数据集

利用被广泛认可的辐射传输模拟模型模拟大规模数据集，可以系统地研究不同藻类垂向分布类型下的藻类垂向非均匀分布对遥感反射比的影响，并对由其造成的叶绿素 a 浓度反演算法进行分析。

1) 输入参数

利用 Hydrolight-Ecolight (Version 5; Sequoia Sci., Inc) 水体辐射传输模型，采用包括纯水、Chla、SPIM 和 CDOM 的水体四组分模块，SPIM 和 CDOM 垂向均匀分布、叶绿素 a 浓度[Chla(z)]呈垂向非均匀分布，模拟包括辐亮度、辐照度、遥感反射比等表观光学量的数据集。Ecolight 辐射传输模拟模型模拟水体的水下光场特性，需要的输入参数包括水体各组分(纯水、色素颗粒物、无机颗粒物、CDOM)的吸收系数、散射系数和相函数(图 5-9)，以及一些边界(大气、太阳角度、水气界面、水底反射、拉曼散射)的限定条件(表 5-6)。

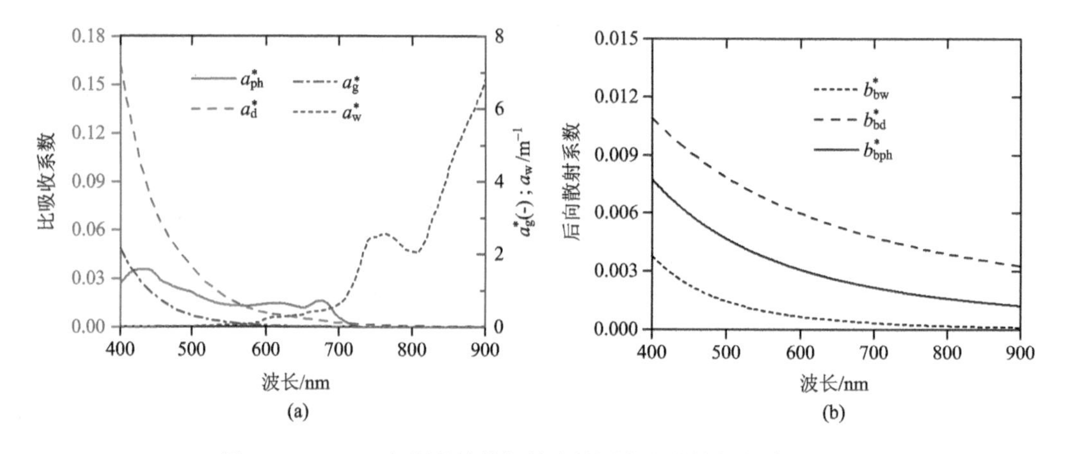

图 5-9　Ecolight 辐射传输模拟的水体固有光学特性的输入参数

表 5-6　Ecolight 辐射传输模拟模型的输入参数设置

变量	取值
太阳天顶角/(°)	60
风速/(m/s)	2.25
颗粒物相函数	FF 相函数
SPIM/(mg/L)	30
$a_g(440)$/m^{-1}	0.85
S_g/nm^{-1}	0.019
λ/nm	400～900，间隔 5 nm

边界条件的设定包括：入射到水面的太阳光和天空光的分布采用 Ecolight 自带的 RADTRAN 子程序模拟得到，太阳天顶角设为 60°，假设天空晴朗无云。输入的风速根据巢湖野外气象数据的统计结果，仅用于计算水体表面粗糙度造成的入射光线角度，不对水体组分的垂向造成影响；水体折射率选择默认值 1.34，用于计算水气界面的 Fresnel

反射率。考虑到巢湖的水深(平均 3 m)及透明度(<60 cm)，在本节模拟过程中，水体假设为光学无限深，不考虑水底反射对遥感反射比的影响(Lodhi and Rundquist, 2001)。所有的模拟都考虑了水分子的 Raman 散射。

2) 光谱验证

根据以上输入参数，利用 2013 年 5 月 28 日的 ASD 双通道光谱仪测量的遥感反射比光谱和 Ecolight 模拟得到的遥感反射比进行验证。根据优化求解方法，确定了浮游植物和无机颗粒物的后向散射概率分别为 0.02 和 0.05。把 2013 年 5 月 28 日每个样点实测的 Chla、SPIM、$a_g(440)$、S_g、风速等作为输入参数，模拟过程中的输入 $E_d(\lambda)$ 采用的是 ASD 测量结果，以减少大气模型可能带来的误差。

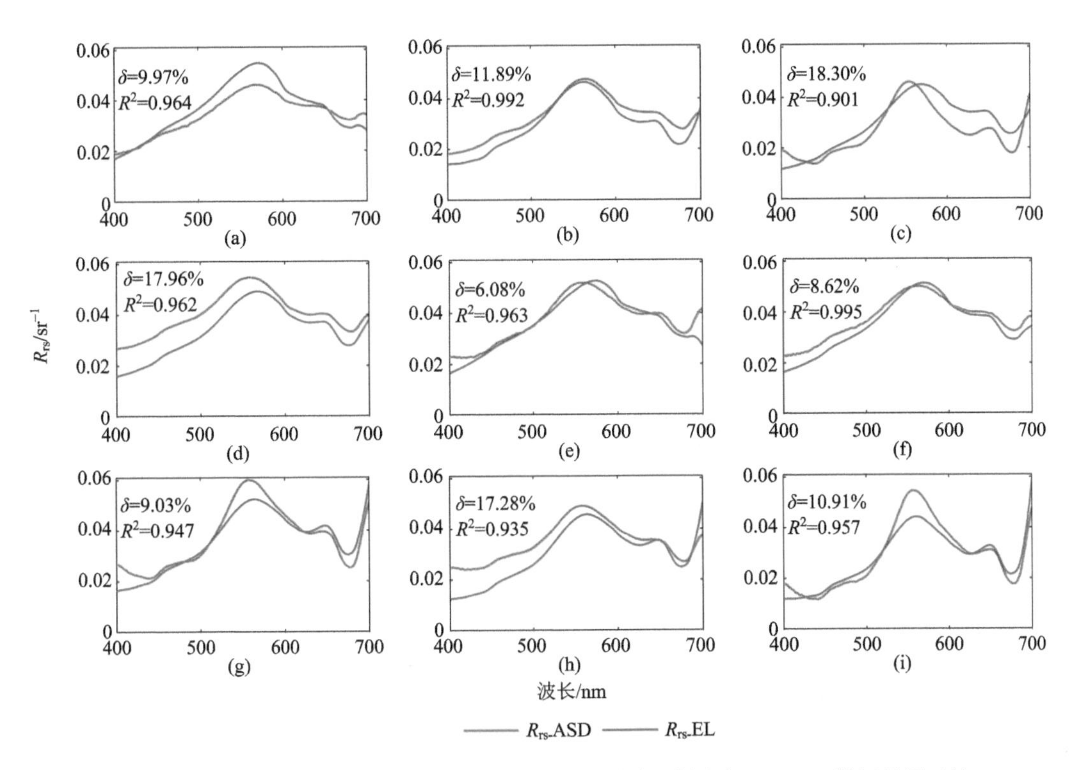

图 5-10　2013 年 5 月 28 日垂向试验数据的实测遥感反射比与 Ecolight 模拟结果对比

从图 5-10 可以看出，9 组模拟结果效果良好，R^2 均在 0.9 以上，遥感反射比光谱(400～700 nm)的平均相对误差最大值为 18.3%。这其中的误差来源包括：采用了统一的浮游植物、无机悬浮物的比吸收系数、比散射系数文件，并假设它们垂向均一；遥感反射比的野外测量及后处理过程也存在不可避免的误差。

3) 模拟方案

根据巢湖藻类垂向分布类型的函数表达及对应的结构参数范围，生成不同藻类垂向分布类型下的 Chla(z) 输入文件。高斯、指数、幂函数类型下的 Chla(z) 垂向分布如图 5-11

所示。结构参数的变化改变了 Chla(*z*)曲线轮廓，*h* 越大、*σ* 越小时，近表层的 Chla(*z*)垂向差异越大，C_0 改变的是叶绿素 a 浓度的背景值，使曲线出现左右平移；m_2、n_2 越大，Chla(*z*)的垂向差异也会相应增大。

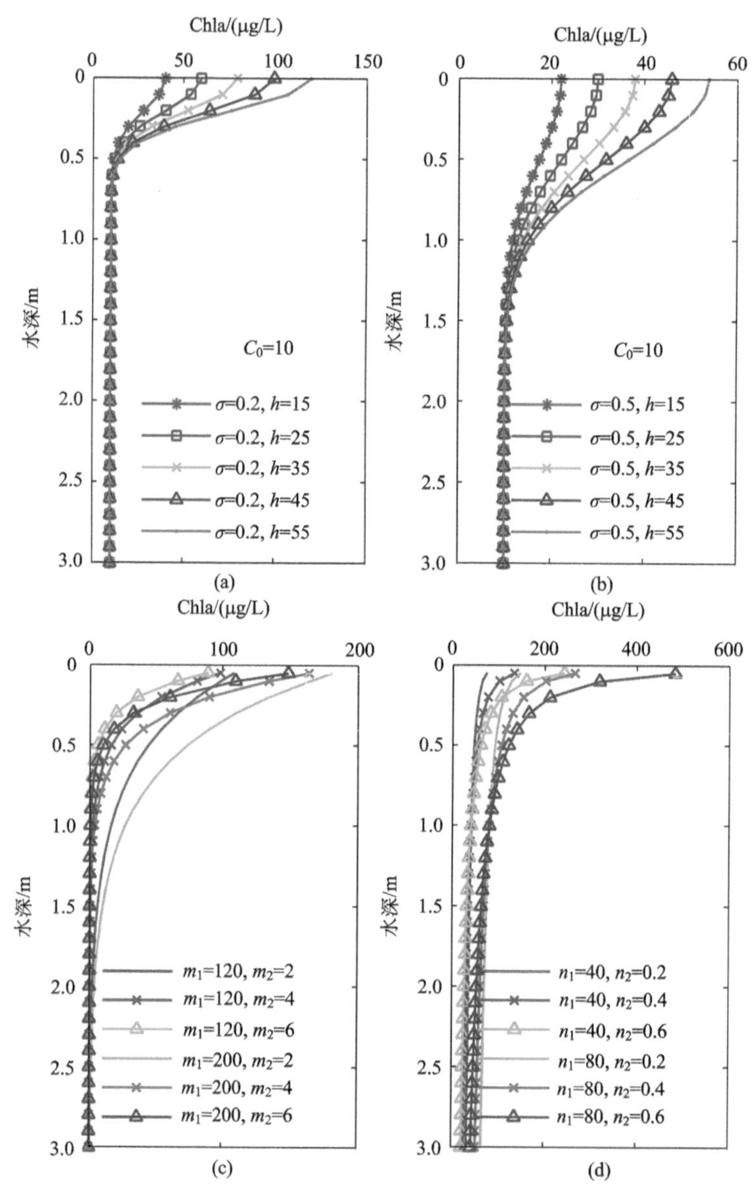

图 5-11　Chla(*z*)垂向分布曲线的示例

(a)～(b)高斯分布，C_0=10；(c)指数分布；(d)幂函数分布

Chla(*z*)垂向分布呈高斯函数时，C_0、*h*、*σ* 的范围分别为 0～40(步长 5)、1～76(步长 5)、0.2～1.4(步长 0.2)，共 1 008 组数据。Chla(*z*)呈指数函数分布时，m_1 和 m_2 的范围分别为 120～600(步长 20)，0.5～9.5(步长 0.1)，共计 2 400 组数据。Chla(*z*)呈幂

函数分布时，n_1 和 n_2 的范围分别为 10～80(步长 2)，0.2～0.95(步长 0.05)，共计 576 组数据(表 5-7)。

表 5-7　不同藻类垂向类型的 Chla(*z*)的结构参数设置

类型	参数	范围	步长	数量
高斯分布	C_0	0～40	5	1 008
	h	1～76	5	
	σ	0.2～1.4	0.2	
指数分布	m_1	120～600	20	2 400
	m_2	0.5～9.5	0.1	
幂函数分布	n_1	10～80	2	576
	n_2	0.2～0.95	0.05	

根据以上输入参数和模拟方案，在输入参数设置界面(图 5-12)中输入结构参数的取值范围和步长、SPIM、$a_g(440)$、相函数、太阳高度角、风速、水深等数据，分别生成藻类垂向均匀(Chla homo)与非均匀(Chla vertical)条件下的输入文件。使用 Hydrolight-Ecolight 5.0 的批处理功能，调用 Ecolight 辐射传输模拟模型，分别进行藻类不同垂向分布类型(高斯、指数、幂函数)的水下光场辐射传输模拟，得到大规模数据集。

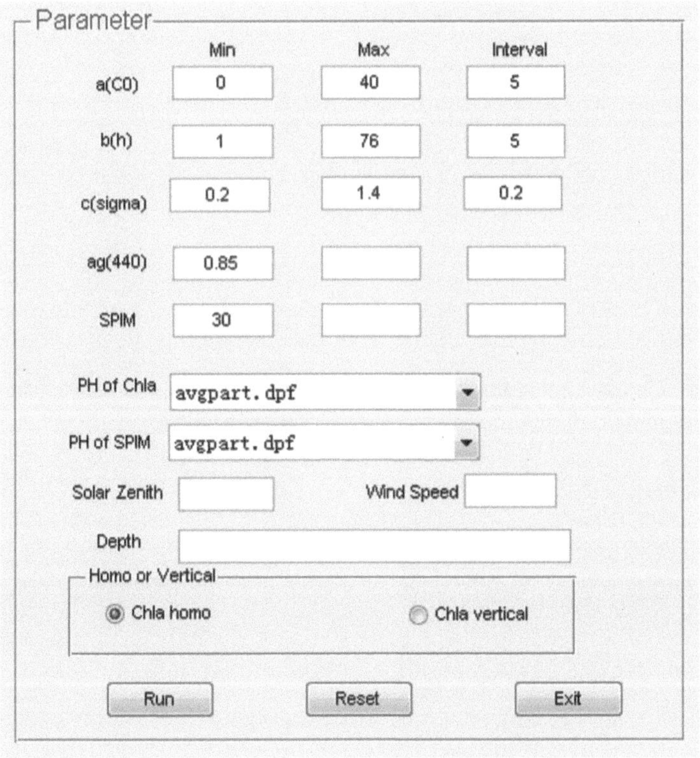

图 5-12　输入参数设置界面

为了研究 Chla(z) 垂向非均匀分布对遥感反射比 $R_{rs}(\lambda)$ 的影响，将 Chla(z) 垂向非均匀分布的水柱内的平均 Chla 浓度值设置为垂向均一条件下的对照组，其他输入条件一致。最后，计算由 Ecolight 输出的 Chla(z) 垂向非均匀分布的 $R_{rs\text{-}v}(\lambda)$ 和均匀分布的 $R_{rs\text{-}h}(\lambda)$ 之间的相对误差 $\Delta R_{rs}(\lambda)$，来反映各个波长 Chla(z) 垂向异质对遥感反射比的影响大小。

$$\Delta R_{rs}(\lambda)=\frac{R_{rs\text{-}v}(\lambda)-R_{rs\text{-}h}(\lambda)}{R_{rs\text{-}h}(\lambda)}\times 100\% \tag{5-14}$$

质心波长 (λ_c) 用来表示遥感反射比光谱的质心波长；R_{rs} 的质心波长的变化可以解释藻类垂向异质引起的遥感反射比光谱整体的变化情况：

$$\lambda_c=\frac{\sum_{\lambda=400}^{900}\lambda\times R_{rs}(\lambda)}{\sum_{\lambda=400}^{900}R_{rs}(\lambda)} \tag{5-15}$$

光谱角度 (θ) 表示了垂向非均匀水体与垂向均一水体的 R_{rs} 形状上的差别，θ 的范围是 0～π/2，当 $\theta = 0$ 时，表示两条光谱曲线相似；θ 越大，R_{rs} 光谱之间的差异越大，计算公式为(Dennison et al., 2004; Kruse et al., 1993)：

$$\theta=\cos^{-1}\left[\frac{\sum_{\lambda=400}^{900}R_{rs\text{-}h}(\lambda)R_{rs\text{-}v}(\lambda)}{\sqrt{\sum_{\lambda=400}^{900}R_{rs\text{-}h}{}^{2}(\lambda)}\sqrt{\sum_{\lambda=400}^{900}R_{rs\text{-}v}{}^{2}(\lambda)}}\right] \tag{5-16}$$

3. 藻类垂向分布对遥感反射比的影响

在外界条件和自身浮力的影响下，藻颗粒在水柱内的上下迁移导致了藻类垂向非均匀分布，短时间内(数小时)会发生藻类垂向分布类型的变化。水体遥感反射比是一定深度内水体光学信号的综合反映，第一主导因素是水体各组分浓度的高低；第二是水体组分垂向分布改变了遥感可以探测到的穿透深度内的“等效浓度”的高低。为了更直观地表达藻类垂向分布对 $R_{rs}(\lambda)$ 的影响，假设水柱内平均 Chla 不变，通过变化不同藻类垂向分布类型的结构参数改变 Chla(z) 的垂向分布，分析质心波长、光谱角度、遥感反射比和 $\Delta R_{rs}(\lambda)$ 的变化情况。

1) 质心波长与光谱角度

当水柱内平均 Chla 浓度一定时，会对应不同藻类垂向分布类型的不同结构参数的 Chla(z) 垂向分布曲线。变异系数(CV)表征一条曲线的垂向变化程度，CV 越大，表明藻类垂向分布在不同深度的差异较大。质心波长代表的是整个光谱的重心位置，光谱角度指数可以评价两条光谱的形状相似性。选取每种类型的几条平均叶绿素 a 浓度为 45 μg/L 的藻类垂向分布曲线，分析它们的变异系数与质心波长、光谱角度的关系(图 5-13)。总体看来，藻类垂向分布变化越大，质心波长和光谱角度的变化越大。高斯分布类型下的质心波长和光谱角度对 Chla(z) 变异系数的敏感程度要高于指数和幂函数类型。

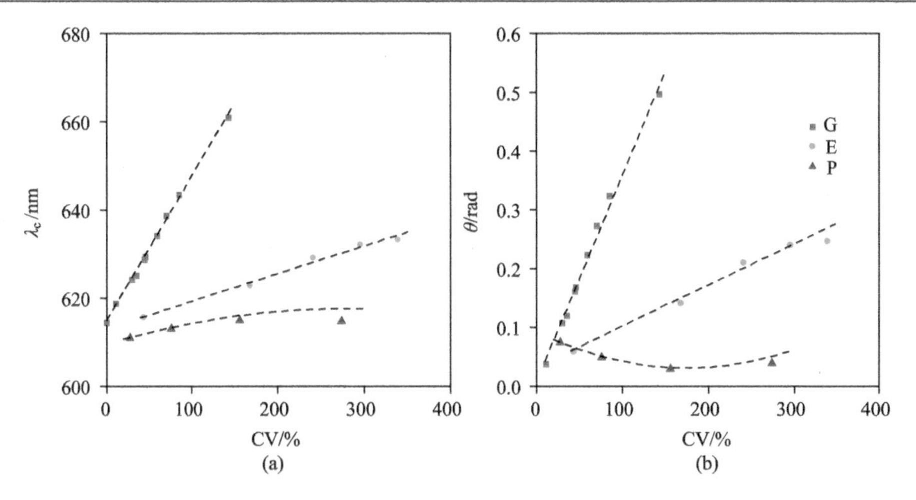

图 5-13　当水柱内平均 Chla 浓度为 45 μg/L 时，不同藻类垂向分布类型、不同结构参数组合下变异系数(CV)与质心波长(λ_c)、光谱角度(θ)的关系

2) 遥感反射比

Ecolight 辐射传输模拟得到了藻类垂向非均匀水体的遥感反射比光谱 $R_{rs}(\lambda)$。图 5-14 给出了 4 组模拟结果的示例，它们代表了水柱内平均 Chla 浓度相同时，不同的藻类垂向分布类型的结构参数的变化对 R_{rs} 的影响。同时，展示了与 Chla 垂向均一分布水体的遥感反射比 $R_{rs\text{-}h}(\lambda)$ 的相对变化 $\Delta R_{rs}(\lambda)$，代表遥感反射比光谱受藻类垂向非均匀分布的影响。其中，黑色实线代表藻类垂向均匀分布的情况。

从图 5-14 可以看出，与垂向均匀水体的 $R_{rs}(\lambda)$ 相比，不同藻类垂向分布类型的 $R_{rs}(\lambda)$ 受 Chla(z) 的垂向分布的影响均较明显。当 Chla(z) 呈高斯分布，且水柱内平均浓度和 C_0 一定时，σ 的减小使得蓝-红波段的 $R_{rs}(\lambda)$ 减小，而近红外的 $R_{rs}(\lambda)$ 增大[图 5-14(a)]。σ 的减小意味着近表层的 Chla 浓度垂向差异增大，与垂向均一比较，对 $R_{rs}(\lambda)$ 的影响也增大。在可见光波段，$R_{rs}(\lambda)$ 随着 C_0 的减小而降低，红光波段的影响要大于蓝绿波段；在近红外波段，$R_{rs}(\lambda)$ 随着 C_0 的减小而增加[图 5-14(c)～(d)]。随着 C_0 的增加，Chla(z) 垂向分布对 $R_{rs}(\lambda)$ 的影响逐渐减弱，这主要是因为在平均浓度一定的情况下，C_0 增加意味着 Chla 垂向差异减小。

当藻类垂向分布类型为指数型时，m_2 越大，Chla(z) 垂向差异越大，导致遥感反射比与垂向均一条件下的差距越大[图 5-14(e)～(f)]。但是，当藻类垂向分布呈幂函数分布时，Chla 随着水深的增加剧烈降低，使得水表面的 Chla 明显高于下层水体，符合藻华发生时藻颗粒的垂向分布特征。在这种情形下，垂向非均匀水体可见光波段的遥感反射比要高于、而近红外波段稍低于藻类垂向均一条件下的遥感反射比[图 5-14(g)～(h)]。总之，随着结构参数的变化，近表层的 Chla(z) 垂向差异越大，对遥感反射比造成的影响越大，红光和近红外波段的差异普遍大于蓝绿波段；当垂向非均匀水体逐渐趋向均匀水体时，$R_{rs\text{-}v}$ 也趋向于均一水体的 $R_{rs\text{-}h}$。

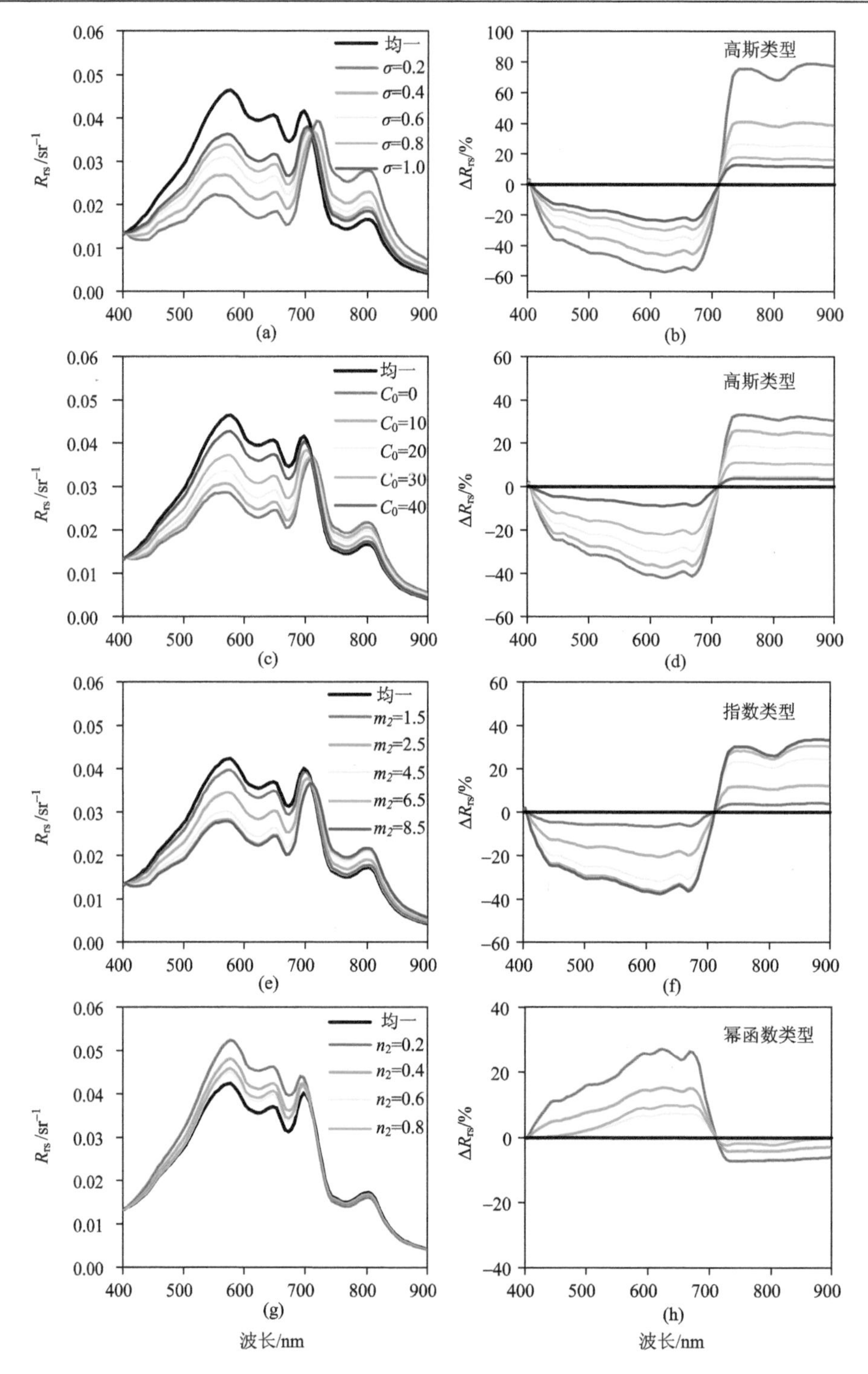

图 5-14　不同垂向分布类型、不同结构参数取值时，藻类垂向异质与垂向均一水体的遥感反射比 $R_{rs}(\lambda)$ 及相对变化 $\Delta R_{rs}(\lambda)$ 曲线。(a)～(b) 高斯分布，Chla$_{-ave}$=45μg/L，C_0=10；(c)～(d) 高斯分布，Chla$_{-ave}$=45μg/L，σ=0.6；(e)～(f) 指数分布，Chla$_{-ave}$=60μg/L；(g)～(h) 幂函数分布，Chla$_{-ave}$=60 μg/L

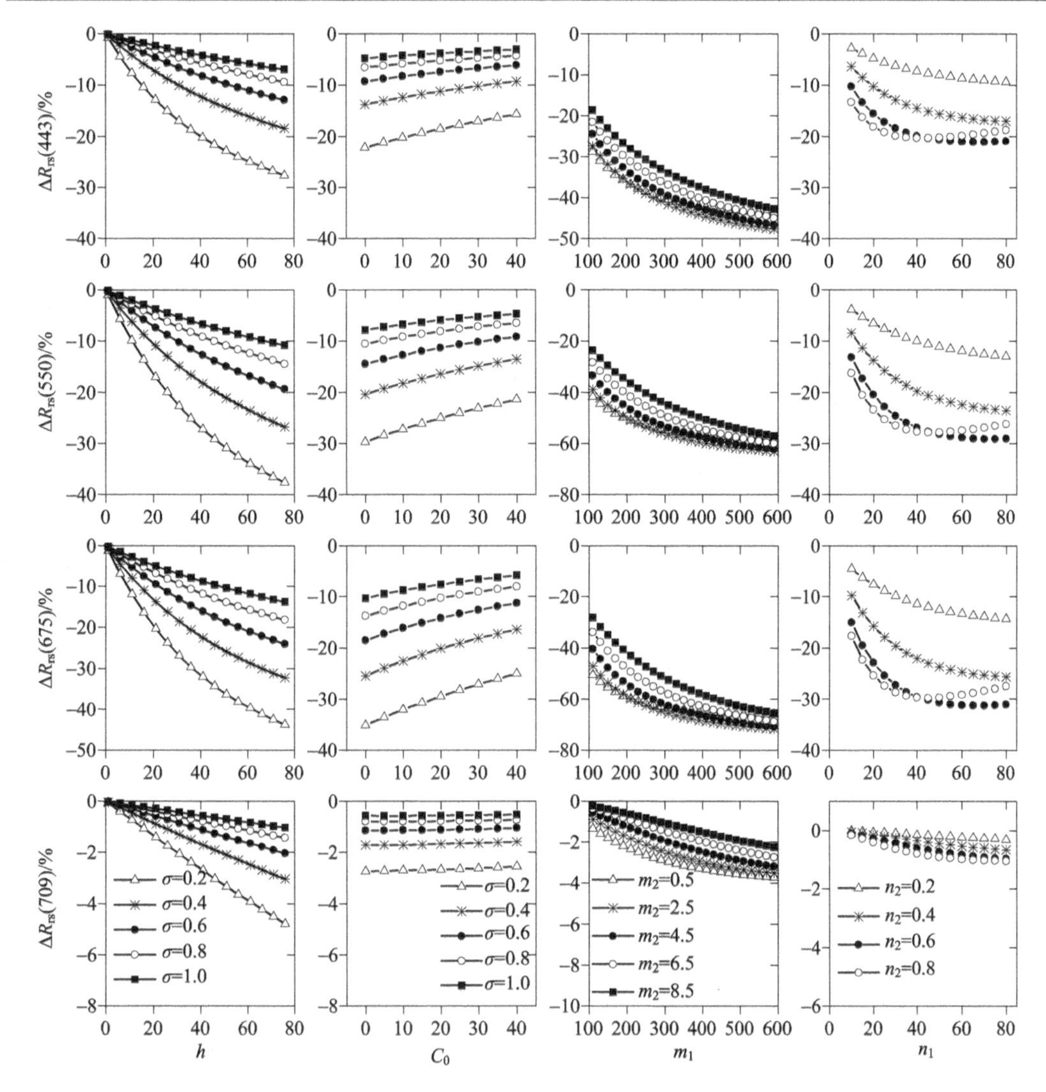

图 5-15　在 443 nm、550 nm、675 nm、709 nm 不同藻类垂向分布类型的 ΔR_{rs} 随结构参数的变化(第一列 C_0=10；第二列 h=40)

从 443 nm、550 nm、675 nm、709 nm 处不同藻类垂向分布类型的 ΔR_{rs} 随结构参数的变化来看，ΔR_{rs} 随 C_0 和 σ 的增大而降低，随 h 的增大而增大；σ 越小时，h 和 C_0 的变化对 ΔR_{rs} 影响越明显；C_0 的变化对 ΔR_{rs} 的影响小于 h 和 σ(图 5-15)。在指数分布类型下，ΔR_{rs} 随 m_1 增大而增大，随 m_2 增大而减小，且 m_2 对 ΔR_{rs} 的影响小于 m_1；随着 m_1 的增大，这种影响减弱。在幂函数分布类型下，ΔR_{rs} 随 n_1 和 n_2 增大而增大；随着 n_1 的增大，n_2 的变化对 ΔR_{rs} 的影响减弱。对 ΔR_{rs} 影响最大的是红光波段，可达 −70%。

4. 藻类垂向分布对叶绿素 a 浓度反演算法的影响

水体叶绿素 a 浓度的经验反演模型主要基于离水辐亮度或遥感反射比与 Chla 浓度之间的统计关系。藻类垂向非均匀分布改变了遥感反射比的光谱形状与数值大小，从而对遥感反演算法的应用造成一定的影响。由于藻类垂向分布对遥感反射比不同波段的影响程度不同，因此，藻类垂向非均匀分布对不同的 Chla 反演算法可能会存在不同程度的影响。本节选取了适用于内陆湖泊复杂水体的经验模型，如波段比值、FLH（fluorescence line height）算法（Letelier and Abbott, 1996），研究不同类型的藻类垂向非均匀分布对 Chla 反演算法的影响。

1）波段比值算法

利用藻类垂向均一水体的模拟数据建立了 Chla 反演的波段比值算法：

$$x = R_{\mathrm{rs}}(709)/R_{\mathrm{rs}}(675) \tag{5-17}$$

$$\mathrm{Chla}= 46.29x^2 + 37.52x - 46.56 \tag{5-18}$$

式中，R^2=0.99。图 5-16 反映了三种不同类型的藻类垂向分布对波段比值算法的影响，图中红色到蓝色的变化趋势分别表征了结构参数 σ、m_2、n_2 的变化。三种藻类垂向分布类型整体上使 Chla 浓度的反演结果被高估，平均高估 79.8%、549.9%、99.6%。当藻类垂向分布呈指数分布时，对 Chla 反演中的波段比值算法影响最大。

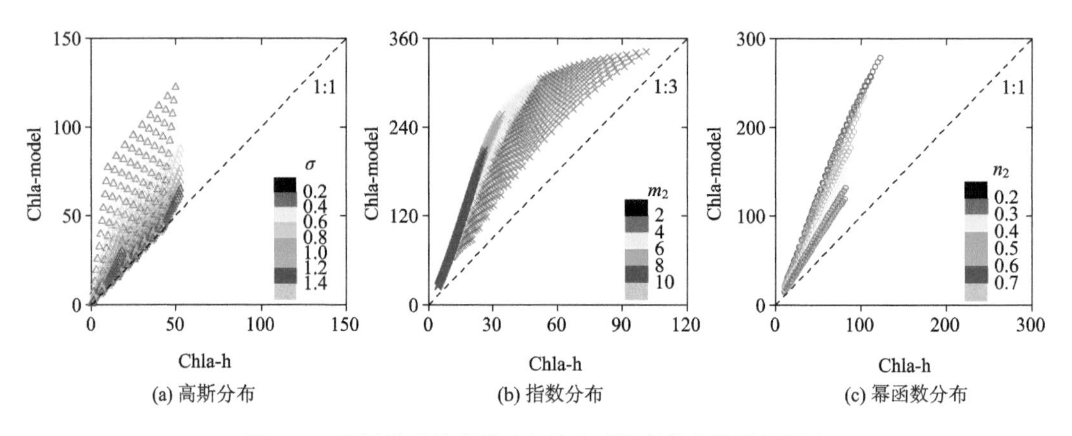

图 5-16　不同类型的藻类垂向分布对波段比值算法的影响

2）FLH 算法

根据藻类垂向均一水体的模拟数据建立了 FLH 算法：

$$\mathrm{FLH}=R_{\mathrm{rs}}(\lambda_2)-\left[R_{\mathrm{rs}}(\lambda_1)+[R_{\mathrm{rs}}(\lambda_3)-R_{\mathrm{rs}}(\lambda_1)]\times\frac{\lambda_2-\lambda_1}{\lambda_3-\lambda_1}\right]$$

$$\mathrm{Chla}=38.89*\mathrm{EXP}(-359.9*\mathrm{FLH}) \tag{5-19}$$

式中，λ_1=665 nm，λ_2=681 nm，λ_3=709 nm，R^2=0.99。三种类型的藻类垂向分布（图 5-17）也是使 Chla 浓度的反演结果高估，平均高估 140%、508%、92%。

以上举例了藻类垂向分布对两种 Chla 反演模型的影响，主要说明了不同反演算法受藻类垂向非均匀分布的影响程度不同。指数和幂函数类型的高估现象更为明显，主要是因为藻颗粒上浮聚集在水表层，使得近表层的叶绿素 a 浓度变化剧烈。遥感反射比反映的是水体一定深度内的信号，接近水面的叶绿素 a 浓度的剧烈变化会引起遥感反射比的明显变化。如果野外试验采集了藻类垂向均匀分布的数据，并建立了 Chla 反演模型，把该模型应用于藻类呈指数和幂函数的分布时，会引起明显的高估现象。相反，如果采集了藻类呈指数和幂函数分布水体的表层水样，建立 Chla 的反演算法，会引起 Chla 反演结果的低估。这说明了水柱内藻颗粒浓度垂向分布变化较大的情况下，某一层的浓度或表层一定深度内的平均浓度很难与遥感反射比建立准确的一一对应关系。

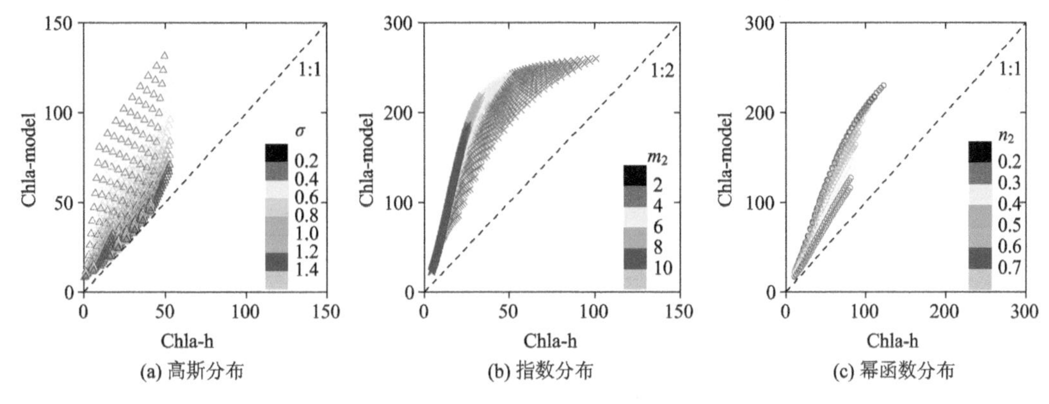

图 5-17　不同类型的藻类垂向分布对 Chla 算法(FLH)的影响

3) 几种等效平均叶绿素浓度指标的对比

理论上，遥感反演得到的是由遥感手段探测到的一定“深度”内的权重平均浓度 $Chla_{rs}$。其中，很多学者开展了对“深度”的讨论，包括穿透深度(Z_p)、真光层深度(Z_e)和几何深度($Z_{0\text{-}z}$)，比较这些“深度”内的平均 Chla 浓度与基于分析模型的等效平均 Chla 浓度 $Chla_s$，找到可以代表遥感探测到的 Chla 浓度的几何计算方法。遥感反射比反映的是穿透深度内的水体光学特性，而穿透深度随物质组成和浓度、光谱、入射辐射等变化，很难有一个统一的标准深度说明遥感反演的是多大深度的 Chla 浓度。一些学者对上述 Chla 指示因子进行了比较，找出一定深度内的 Chla 的算术平均值代表遥感可以探测的叶绿素浓度，简化了基于等效权重平均假设的理论模型。因此，有必要进一步研究对遥感反射比有响应的深度内的 Chla 与遥感反演得到的 Chla 的比较。几种叶绿素浓度指标(Chla indices)的定义如表 5-8，包括遥感可以探测的叶绿素浓度、一定深度内的平均浓度、等效权重平均浓度三类。

表 5-8　几种 Chla 浓度指标

简写	含义
$[Chla]_{rs}$	遥感可以探测的叶绿素浓度(单位：μg/L)
$[Chla]_{0\text{-}z}$	0～2 m 内的平均叶绿素浓度(单位：μg/L)
$[Chla]_{s\text{-}GC}$	Gordon 等建立的等效权重平均的叶绿素浓度(单位：μg/L)
$[Chla]_{s\text{-}Z}$	Zaneveld 等建立的等效权重平均的叶绿素浓度(单位：μg/L)
$[Chla]_{Zp}$	穿透深度内的平均叶绿素浓度(单位：μg/L)
$[Chla]_{Ze}$	真光层内的平均叶绿素浓度(单位：μg/L)

对$[Chla]_{rs}$的获取来说，André 建立了一类水体叶绿素浓度垂向均一分布条件下的 Chla 与遥感反射比的蓝绿波段比的关系，把这个关系应用到垂向非均匀水体的遥感反射比$R_{rs\text{-}v}$，得到的 Chla 为垂向非均匀条件下遥感可以探测到的 Chla 浓度($[Chla]_{rs}$)(André, 1992)。根据这种方法，我们计算得到遥感可以探测的叶绿素浓度$[Chla]_{rs}$作为与其他 Chla indices 比较的标准。然后，计算不同藻类垂向分布类型下的 Chla indices，与$[Chla]_{rs}$比较。

不同藻类垂向分布类型下，不同深度的平均叶绿素浓度与$[Chla]_{rs}$的关系如图 5-18 所示。对高斯分布类型来说，0～0.3 m 内的叶绿素浓度平均值与$[Chla]_{rs}$相关性较好，斜率为 0.989，截距为 0.731，R^2=0.999[图 5-18(c)]，而 0.1 m、0.2 m、0.5 m 内的叶绿素浓度平均值[图 5-18(a)(b)(c)]与$[Chla]_{rs}$的关系稍差。这说明，0.1 m 或 0.2 m 内的平均叶绿素浓度高于遥感可以反演得到的浓度，而 0.5 m 内的平均叶绿素浓度会低于遥感反演得到的浓度。在藻类垂向呈指数和幂函数分布时，虽然 0.3 m 内的叶绿素浓度平均值与$[Chla]_{rs}$的相关性好于 0.1 m、0.2 m、0.5 m 内的平均叶绿素浓度，但是，在这两种分布类型下仍然存在较大偏差，尤其是当叶绿素浓度较高时。也就是说，在利用采样数据建模时，如果利用水面一定深度内的混合水样测得的叶绿素浓度，并不一定能准确地代表遥感可以探测到的浓度。

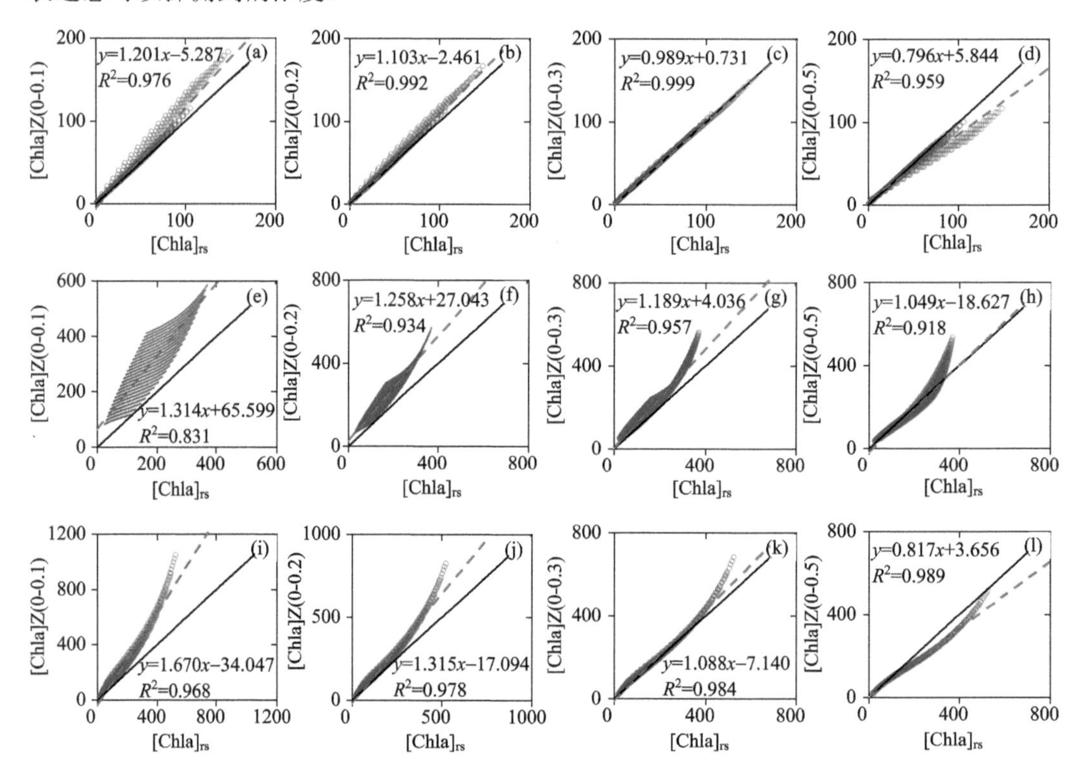

图 5-18　不同藻类垂向分布类型、不同深度的平均叶绿素浓度与$[Chla]_{rs}$的关系

接下来，比较了$[Chla]_{rs}$与 Gordon、Zaneveld 等提出等效权重平均叶绿素浓度($[Chla]_{s\text{-}GC}$、$[Chla]_{s\text{-}Z}$)的关系(图 5-19)，发现这两个指标也不能很好地代表遥感探测的叶绿素浓度，这与已有的结论一致，在水体近表面分层明显的情况下效果更差。最后，比

较了穿透深度 Z_p 与真光层深度 Z_e 内的平均浓度与$[Chla]_{rs}$的关系，发现穿透深度内的平均浓度与$[Chla]_{rs}$的相关性最好，而真光层内的叶绿素浓度平均值不能很好地代表遥感探测到的叶绿素浓度，会出现低估的现象。也就是说，当叶绿素浓度随深度的增加而减小时，越大深度内的平均值会降低整体的数值，从而产生低估。

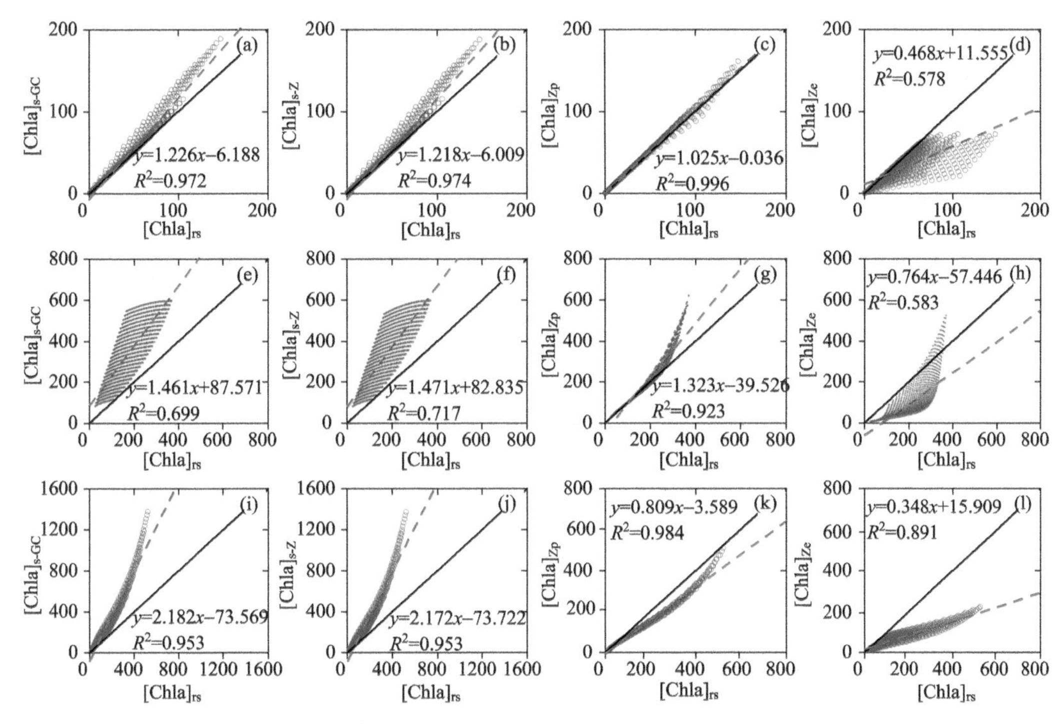

图 5-19　不同藻类垂向分布类型下，$[Chla]_{s\text{-}GC}$、$[Chla]_{s\text{-}Z}$、$[Chla]_{Zp}$、$[Chla]_{Ze}$与$[Chla]_{rs}$的关系

综合分析，发现穿透深度和 0.3 m 内的平均叶绿素浓度与遥感可以探测到的叶绿素浓度最接近，而穿透深度是一个随波长变化的光学量，很难直接获取。因此，我们可以采用 0.3 m 内的平均叶绿素浓度代表遥感可以探测到的浓度，并对指数和幂函数两种类型下的数值进行校正，即：首先对藻类垂向分布类型进行判断，然后对指数和幂函数两种类型的 0.3 m 内的平均叶绿素浓度根据公式进行计算，转换为代表遥感可以探测到的叶绿素浓度。

指数类型：
$$[Chla]_{rs}=0.841[Chla]_{0\text{–}0.3}-3.394 \tag{5-20}$$

幂函数类型：
$$[Chla]_{rs}=0.9191[Chla]_{0\text{–}0.3}+6.5625 \tag{5-21}$$

5.4　藻类垂向非均匀水体的遥感反射比校正算法与应用

1. 藻类垂向非均匀水体的遥感反射比校正算法

1) 算法的建立

根据 Ecolight 模拟数据集的 $\Delta R_{rs}(\lambda)$ 和 Chla(z) 结构参数的关系，建立了藻类垂向非均匀水体的遥感反射比校正算法，实现了定量评估和消除藻类垂向非均匀分布对遥感反射比的影响。具体流程如表 5-9 所示。

表 5-9　藻类垂向非均匀水体遥感反射比校正算法流程

类型	高斯类型	指数类型	幂函数类型
表达式及结构参数	$f_2(z)=C_0+\frac{h}{\sigma\sqrt{2\pi}}\exp\left[-\frac{1}{2}\left(\frac{z}{\sigma}\right)^2\right]$ $\boldsymbol{P}_1=[C_0, h, \sigma]$	$f_3(z)=m_1\times\exp(m_2\times z)$ $\boldsymbol{P}_2=[m_1, m_2]$	$f_4(z)=n_1\times z^{n_2}$ $\boldsymbol{P}_3=[n_1, n_2]$
第 1 步	$R_{\text{rs-}h\text{-}i}(\lambda)$、$R_{\text{rs-}v\text{-}i}(\lambda)$，$i$= 1、2、3 $\Delta R_{\text{rs}-i}(\lambda)=\frac{R_{\text{rs-}v\text{-}i}-R_{\text{rs-}h\text{-}i}}{R_{\text{rs-}h\text{-}i}}\times 100\%$，$i$ =1、2、3		
第 2 步	$\Delta R_{\text{rs}-i}(\lambda)=g_i(\boldsymbol{P}_i)$，$i$= 1、2、3		
第 3 步	$R_{\text{rs}-c-i}(\lambda)=\frac{R_{\text{rs}-v-i}(\lambda)}{\Delta R_{\text{rs}-i}(\lambda)/100+1}$，$i$= 1、2、3		

第 1 步　根据三种类型的 Chla 垂向非均匀分布(f_i，i =1、2、3 分别代表高斯、指数、幂函数类型)的 $R_{\text{rs-v}}(\lambda)$与垂向均一的 $R_{\text{rs-h}}(\lambda)$，分别计算 $\Delta R_{\text{rs}}(\lambda)$。

第 2 步　通过分析不同藻类垂向分布类型下的 Chla(z)结构参数对 $\Delta R_{\text{rs}}(\lambda)$的影响，建立 400～900 nm 间隔 5 nm 的$\Delta R_{\text{rs-i}}(\lambda)$与 Chla($z$)结构参数 $\boldsymbol{P_i}$的经验关系模型[式(5-22)、式(5-23)、式(5-24)]，每种类型的系数如图 5-20。

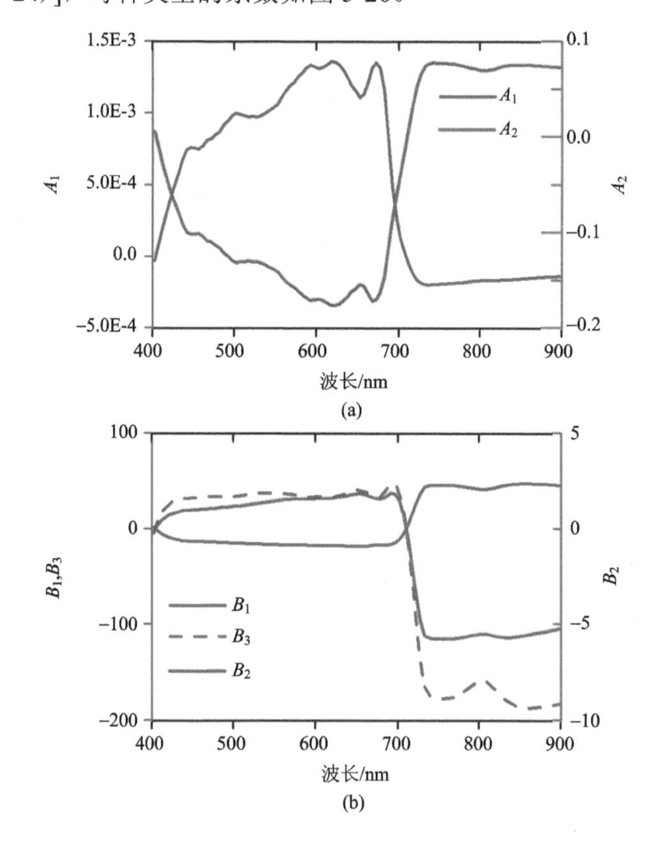

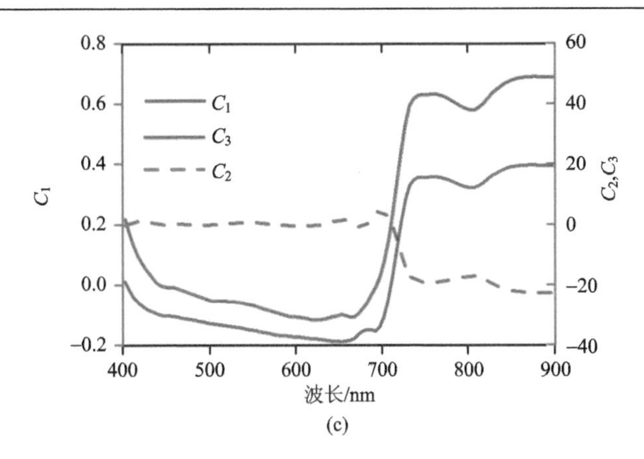

(c)

图 5-20　$\Delta R_{rs}(\lambda)$与 Chla(z)结构参数关系式的系数

高斯类型：$\Delta R_{rs-1}(\lambda) = A_1(\lambda)\dfrac{h}{\sigma}C_0 + A_2(\lambda)\dfrac{h}{\sigma}$　(5-22)

指数类型：$\Delta R_{rs-2}(\lambda) = B_1(\lambda)\ln m_1 + B_2(\lambda)m_2 + B_3(\lambda)$　(5-23)

幂函数类型：$\Delta R_{rs-3}(\lambda) = C_1(\lambda)n_1 + C_2(\lambda)n_2 + C_3(\lambda)$　(5-24)

第 3 步　在已知 Chla(z)垂向结构参数的情况下，根据前两步关系式，得到$\Delta R_{rs\text{-}i}(\lambda)$，把 Chla 垂向非均匀的$R_{rs\text{-}v\text{-}i}(\lambda)$校正为 Chla 垂向均一的等效$R_{rs\text{-}c\text{-}i}(\lambda)$；最终形成遥感反射比的校正算法，输入为 Chla$(z)$结构参数 $\boldsymbol{P}_i$ 与遥感反射比，输出为校正后的遥感反射比 $R_{rs\text{-}c\text{-}i}=R_{rs}\text{Correction}(\boldsymbol{P}_i, R_{rs\text{-}v\text{-}i})$，$i = 1$、2、3。

2) 算法的验证

利用以上关系模型，利用随机预留的模拟数据的 1/4 进行验证，通过 4 个波段的 Ecolight 模拟数据计算得到的$\Delta R_{rs\text{-}EL}$与根据 Chla(z)结构参数计算得到的$\Delta R_{rs\text{-}model}$的散点图比较(图 5-21)，可以发现验证结果较好，R^2 在 0.97 以上，RMSE(log)小于 3%。

在没有进行藻类垂向异质水体的遥感反射比校正时，ΔR_{rs}<5%的数据只占 41.2%，ΔR_{rs}>50%的数据占 10.8%。进行遥感反射比校正之后，ΔR_{rs}<5%的数据占 91.1%，只有 1.0%的数据 ΔR_{rs}>10%。高斯、指数、幂指数的平均误差分别为 1.6%、2.8%、3.7%，RMSE(log)为 0.011、0.018、0.024。因此，遥感反射比校正模型对三种藻类垂向分布类型的模拟数据校正效果较好。

2. 藻类垂向非均匀水体的遥感反射比校正算法的应用

1) 巢湖藻类垂向分布类型的判断

藻类垂向分布类型的遥感识别是精确估计藻总量和评价湖泊富营养化状态的重要步骤。本章描述了巢湖存在垂向均一、高斯、指数、幂函数四种藻类垂向分布类型，并且在短时间内同一地点的藻类垂向分布类型会产生变化。在同一时刻、不同地点的藻类垂向分布类型也可能不同。因此，需要首先进行基于野外实测数据和 MODIS 影像数据的藻类垂向分布类型判断。

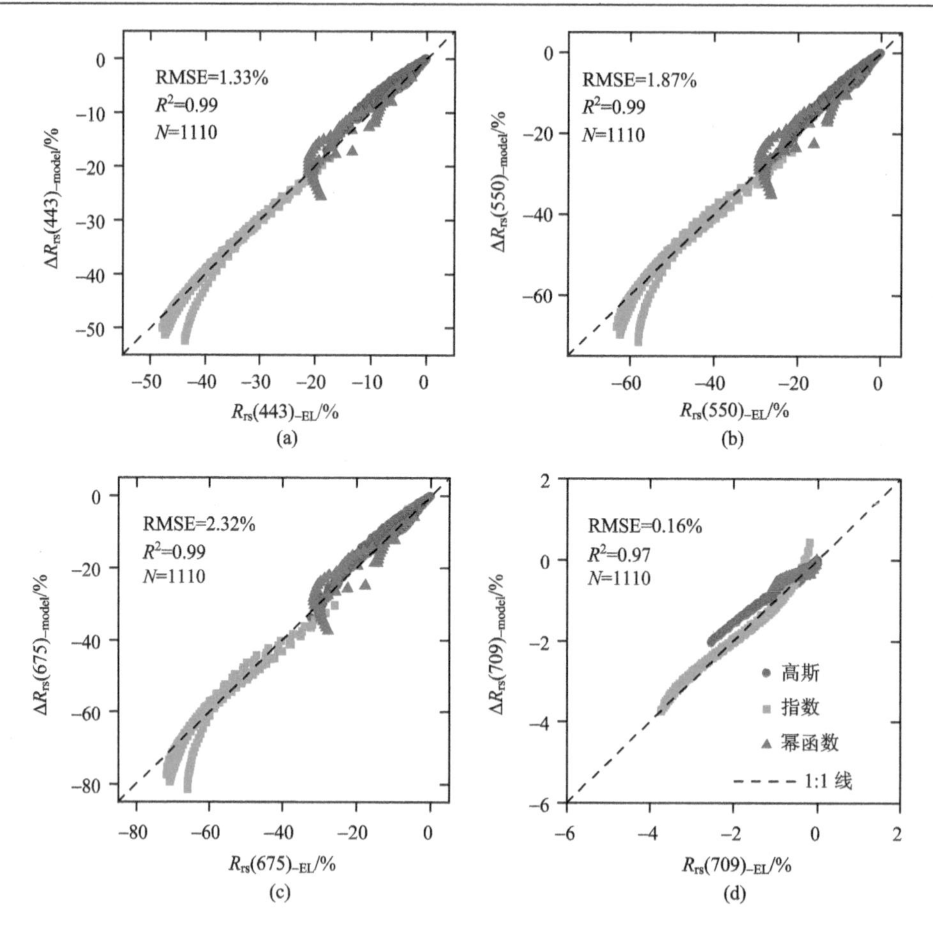

图 5-21　在 443 nm、550 nm、675 nm、709 nm 波段处模型计算得到的 ΔR_{rs} 与模拟数据的 ΔR_{rs} 的散点图

藻类垂向分布的影响因子分析，作为富营养化湖泊的优势藻种——蓝藻因其独特的生理结构(伪空泡)以及外环境水动力条件，通过上浮或下沉来选择其最佳的生长和生存空间，客观上造成了水体中藻类在垂向上的不均匀分布。影响藻颗粒垂向分布的外环境条件包括光照、温度、风速、水深等因子，但是从短时间(一天之内)来看，风引起的水体波动是主要的因子之一。要想对藻类垂向分布类型进行遥感判断，首先需要筛选藻类垂向分布类型的主要影响因子。此外，从不同藻类垂向分布类型下的遥感反射比光谱分析可知，提取可以反映藻类垂向分布类型特征的遥感反射比波段组合，可以为藻类垂向分布类型的遥感识别提供重要信息。

根据不同藻类垂向分布类型的光谱特征，建立了归一化藻华识别指数[normalized difference algal bloom index, NDBI；式(5-25)]，结合两种已有的藻华识别指数：NDVI[normalized difference vegetation index，式(5-26)](Rouse et al., 1974)和 CSI[chlorophyll spectral index，式(5-27)](Li et al., 2009)，比较了不同藻类垂向分布类型下的这三种藻类识别指数[图 5-22(a)]。结果发现，它们均难以有效单独区分开各个藻类垂向分布类型，但是，在区分类型 1～2 与类型 3～4 时，效果好于 NDVI 和 CSI。

$$\mathrm{NDBI}=\frac{R_{\mathrm{rs}}(550)-R_{\mathrm{rs}}(675)}{R_{\mathrm{rs}}(550)+R_{\mathrm{rs}}(675)} \tag{5-25}$$

$$\mathrm{NDVI}=\frac{R_{\mathrm{rs}}(748)-R_{\mathrm{rs}}(675)}{R_{\mathrm{rs}}(748)+R_{\mathrm{rs}}(675)} \tag{5-26}$$

$$\mathrm{CSI}=\frac{R_{\mathrm{rs}}(700)-R_{\mathrm{rs}}(675)}{R_{\mathrm{rs}}(700)+R_{\mathrm{rs}}(675)} \tag{5-27}$$

$$\mathrm{FAI}=R_{\mathrm{rc,\,NIR}}-R'_{\mathrm{rc,\,NIR}}，\quad R'_{\mathrm{rc,\,NIR}}=R_{\mathrm{rc,\,RED}}+\frac{\lambda_{\mathrm{NIR}}-\lambda_{\mathrm{RED}}}{\lambda_{\mathrm{SWIR}}-\lambda_{\mathrm{RED}}}\times(R_{\mathrm{rc,SWIR}}-R_{\mathrm{rc,RED}}) \tag{5-28}$$

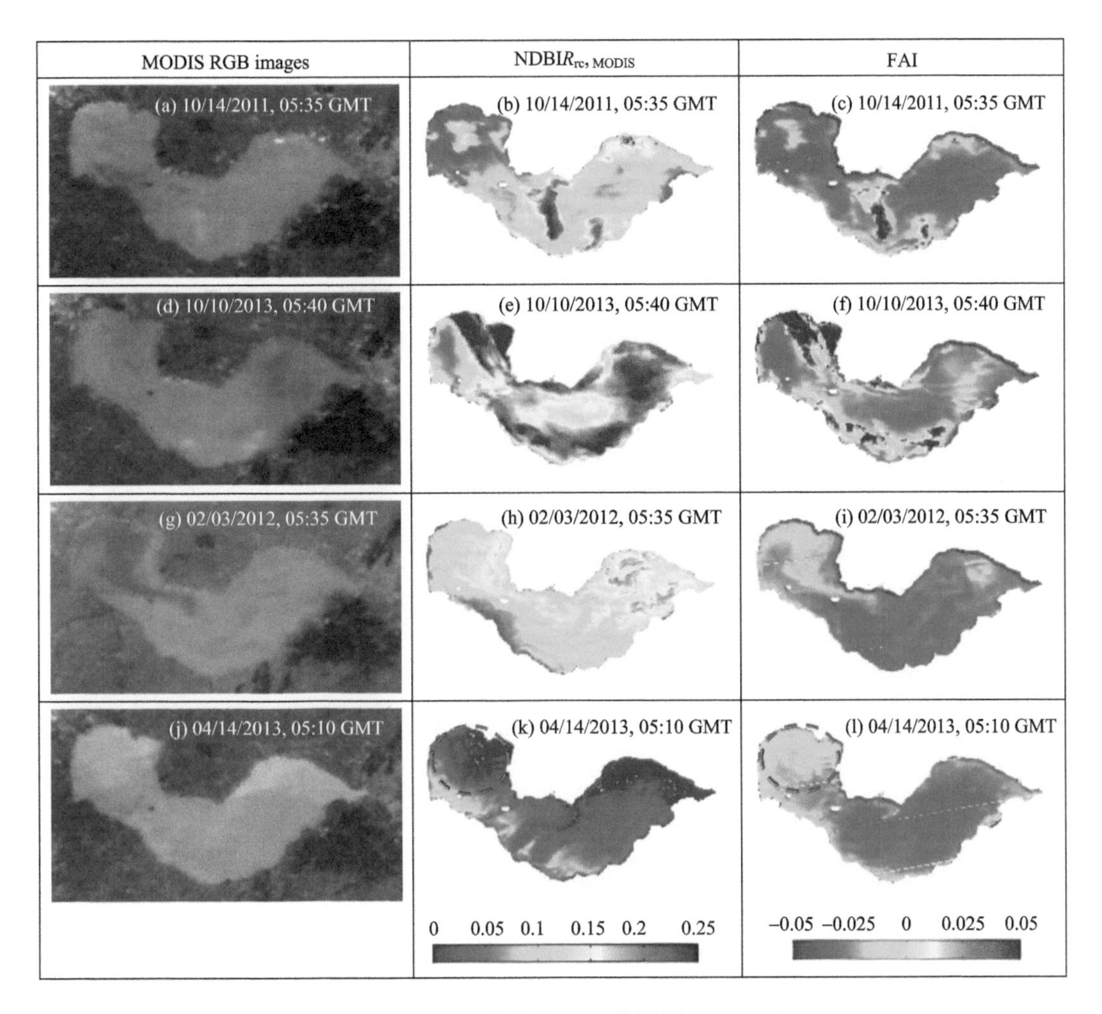

图 5-22　MODIS R_{rc} 数据的 RGB 快视图、NDBI 和 FAI

受薄云、气溶胶、观测角度的影响较小的藻华识别指数不失为一种可靠的指数，可以更广泛地应用。FAI (floating algae index) 是抗大气干扰能力较强的有效的藻华识别指数之一 (Hu, 2009)。由双通道 ASD 光谱仪测量得到的遥感反射比光谱的波长范围为 350～

1 050 nm，而 FAI 用到了近红外和短波红外的数据，超出了实测光谱的范围，所以无法利用实测数据计算 FAI。我们把 NDBI 和 FAI 的 MODIS 影像的计算结果进行比较发现，两者均能很好地反映低浑浊水体的藻华分布情况［图 5-22（a）～（f）］。但是当无机悬浮物较高时，存在 FAI 指数误判的情况，把高浑浊区域误分为藻华区域。例如，2013 年 4 月 14 日的西湖区，从快视图可以判断无机悬浮物浓度较高，没有藻华发生，但是，NDBI 很低，而 FAI 较高。

已有研究表明，风速引起的水体波动是浅水湖泊短时间内水柱内藻颗粒上下迁移的重要驱动力。从不同藻类垂向分布类型的风速统计来看［图 5-23（b）］，从垂向均匀分布（类型 1）到藻颗粒在水表面聚集（类型 4）具有风速下降的趋势，与已有的研究结果一致。当风速较高时（>3 m/s），藻颗粒垂向分布基本呈现垂向均一，CV<30%。藻华常发生在高温、水面相对平静的情况下，2.5～4 m/s 的风速会使水体上下层混合，不利于藻华在水表面的聚集。垂向均一与高斯类型的风速区分较明显，指数类型与幂函数类型的风速差异较明显，而高斯类型与指数类型没有很明显的差异。

此外，离岸距离也会通过影响局地风速或者水深影响藻类的垂向分布。从图 5-23（b）～（c）可以看出，当整个湖区风速较高时，离岸距离 500 m 内的局地风速较低，而藻类垂向分布呈现垂向混合均匀分布。为了避免这种情况，我们只对离岸距离 500 m 以外的区域进行分析，在应用到 MODIS 影像上时删除靠近巢湖边界和姥山岛周边的两个像元。

作为藻类垂向分布的重要环境影响因子，风速可以直接快速地影响 Chla（z）的垂向分布曲线。理论上获取巢湖风场数据可以更精确地进行藻类垂向分布类型的判断，但是目前的微波散射计、SCATs 等提供的风场数据空间分辨率较低（大约 25 km），精度在 ±2 m/s 左右，并不能满足本书的需求（Carvalho et al., 2013）。SARs 具有较高的空间分辨率（Lin et al., 2008），但是，在风速小于 5 m/s 时，由于水面较平静，回波信号很低，导致风场数据的精度较低（Carvalho et al., 2013）。巢湖的风速相对较低，而且风速的阈值相差不大，以上风场数据的遥感获取方式不能适用于此。考虑到巢湖周边地形平坦，在没有合适的更高精度的空间风场分布之前，架设在巢湖的气象站可以每隔半小时提供持续的风速数据。因此，把气象站提供的 2 小时内风速的平均值作为全湖的平均风速进行后续分析。

综合以上几种因子的分析，筛选出离岸距离 500 m 以外的 NDBI 和风速是区分藻类垂向分布类型的重要因素。

2）基于实测数据的藻类垂向分布类型判断

CART（classification and regression tree）算法采用一种二分递归分割的技术，将当前的样本集分为两个子样本集，使得生成的每个非叶子节点都有两个分支。因此，CART 算法生成的决策树是结构简洁的二叉树（Breiman et al., 1984）。分类树两个基本思想：第一个是将训练样本进行递归地划分自变量空间进行建树的想法。第二个想法是用验证数据进行剪枝（Razi and Athappilly, 2005）。其中，分类树的最大层数、每个节点的最少数据量也需要预先定义。

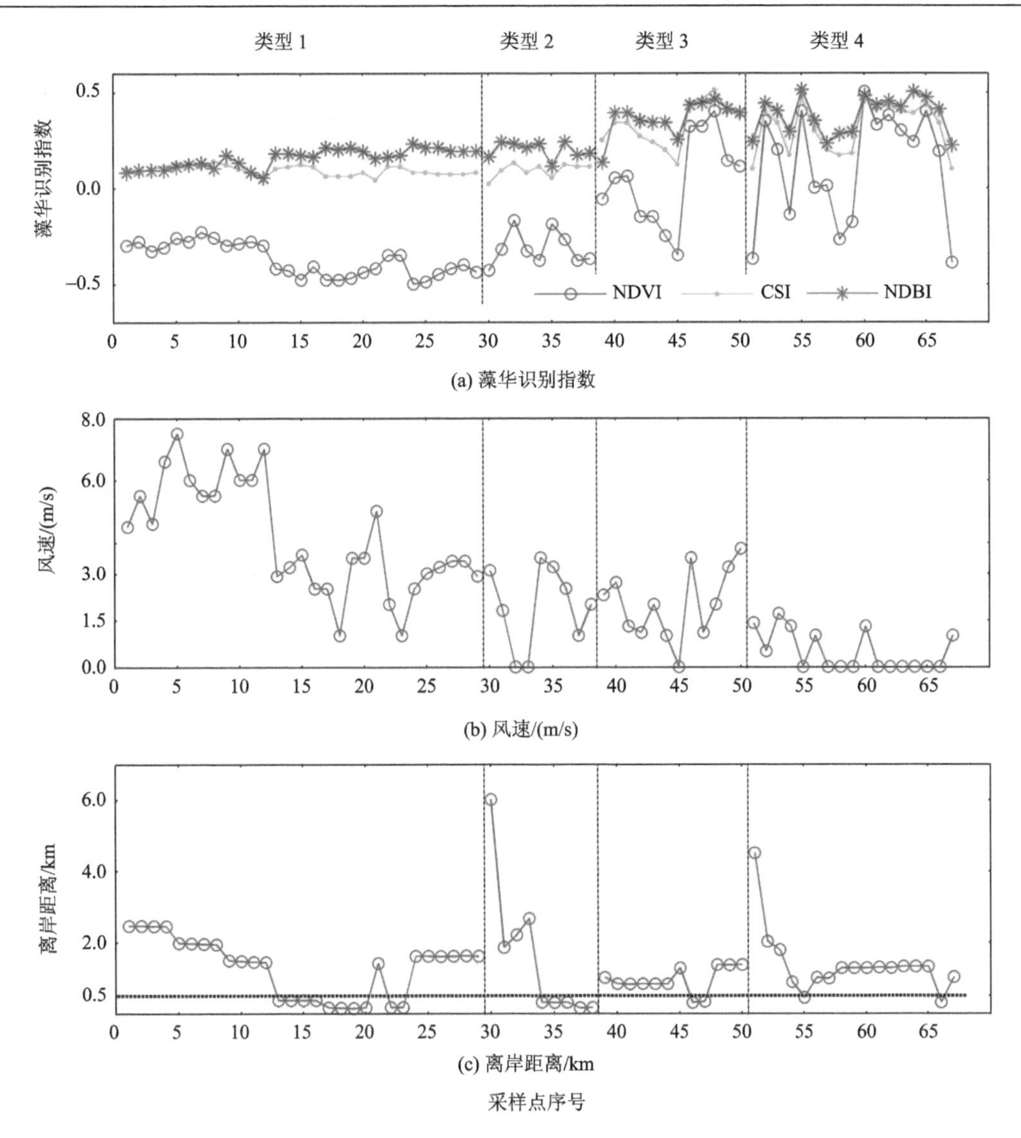

图 5-23　藻类垂向分布的影响因子

综合 NDBI 和风速数据，利用 SPSS (statistical package for the social sciences) 软件，构建了藻类垂向分布类型的 CART 决策树(图 5-24)。首先，NDBI=0.25 可以把 Chla(z)分为两类：当 NDBI<0.25 时，Chla(z)垂向分布为垂向均一或者高斯类型；当 NDBI>0.25 时，Chla(z)为指数或幂指数类型。然后，两小时内的平均风速作为判别因子区分藻类垂向分布类型，阈值分别为 2.75 m/s 和 1.75 m/s。

通过对决策树的阈值进行敏感性分析，当保持决策树的阈值 NDBI、w_1、w_2 的其中两个不变，变化第三个变量时，分类精度的变化如图 5-25。可见，本节决策树中采用的阈值分类精度最高。

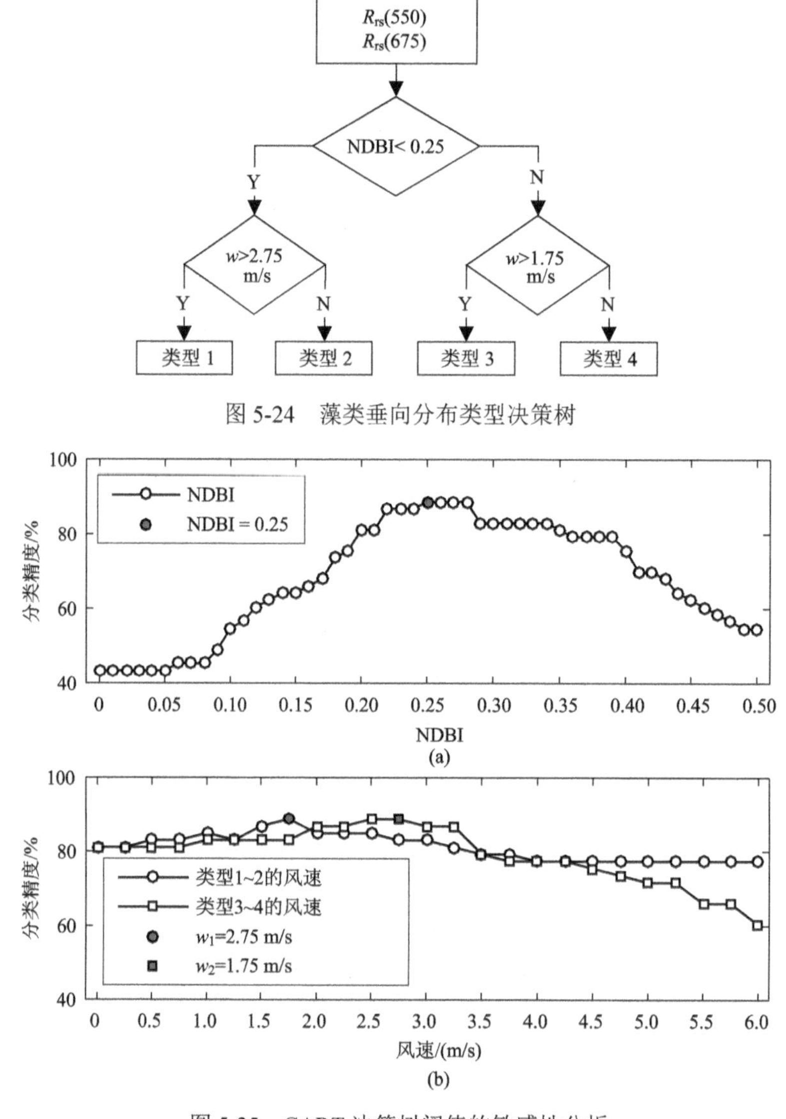

图 5-24　藻类垂向分布类型决策树

图 5-25　CART 决策树阈值的敏感性分析

(a) 变化 NDBI 时，分类精度的变化情况；(b) 变化风速时的分类精度。
红色实心代表本文决策树采用的具有最高分类精度的阈值。

利用 10 倍交叉验证(10-fold cross validation)对分类结果进行了验证，将数据集分成 10 份，轮流将其中 9 份作为训练数据，1 份作为测试数据，进行试验，每次试验都会得出相应的分类精度(Bengio and Grandvalet, 2003)。10 次的结果的分类精度平均值作为对算法精度的估计。混淆矩阵展示了 10 倍交叉验证的分类结果，把所有数据随机分为 10 组，利用其中 9 组建立决策树，剩余 1 组作为验证数据，共进行 10 次。混淆矩阵(表 5-10) 10 次统计的平均分类精度及误差，总体分类精度为 79%，Kappa 系数为 0.71。四种藻类垂向分布类型的用户精度分别为 86%、44%、86%、87%，生产者精度为 90%、50%、75%、81%。高斯分布类型 2 的分类精度较低，主要存在类型 1 与类型 2 之间的错分问题，究其原因，类型 2 数据量本身较少，假设全湖 2 小时内的平均风速作为决策树的分类指标，不可避免地增加了分类的误差。

表 5-10　10 倍交叉验证藻类垂向分布类型的混淆矩阵

项目		实际类别					用户精度/%
		均一	高斯	指数	幂函数	总体	
预测类别	均一	19	3	0	0	22	86
	高斯	2	4	1	2	9	44
	指数	0	0	6	1	7	86
	幂函数	0	1	1	13	15	87
	总体	21	8	8	16	53	
生产者精度		90%	50%	75%	81%	**总体精度**	79
F1		88%	47%	80%	84%	**Kappa 系数**	71

3）基于 MODIS 数据的藻类垂向分布类型识别

上一小节分类决策树的建立使用的是实测 R_{rs} 光谱，欲把该分类方法应用到 MODIS 数据的 R_{rc} 影像上，需要解决实测高光谱与 MODIS 波段之间的波段响应函数 $B(\lambda)$ 关系以及气溶胶大气校正的问题，得到 MODIS R_{rc} 数据计算得到的 NDBI 阈值 NDBI$R_{rc,MODIS}$。实测高光谱 R_{rs} 与 MODIS 波段之间的计算公式为

$$R_{rs,MODIS} = \frac{\int_{\lambda_1}^{\lambda_2} R_{rs}(\lambda) \cdot B(\lambda)\, d\lambda}{\int_{\lambda_1}^{\lambda_2} B(\lambda)\, d\lambda} \tag{5-29}$$

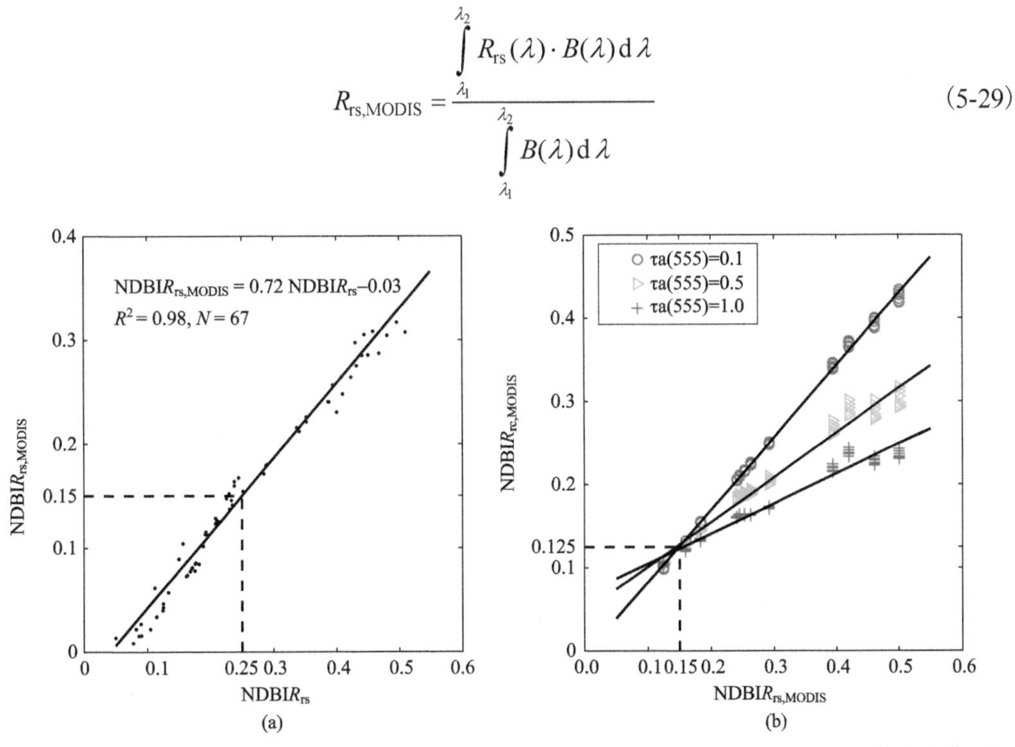

图 5-26　(a) 实测 NDBIR_{rs} 转化为 MODIS 波段对应的 NDBI$R_{rs,MODIS}$；(b) 根据 SeaDAS 查找表模拟的不同气溶胶类型和厚度下的 NDBI$R_{rc,MODIS}$ 与 NDBI$R_{rs,MODIS}$ 的关系

通过实测 NDBIR_{rs} 与 MODIS 波段对应的 NDBI$R_{rs,MODIS}$ 之间的关系，可得 NDBI$R_{rs,MODIS}$ 的阈值为 0.15[图 5-26(a)]。但是，由于内陆区域大气状况复杂，难以有效地进行气溶胶的校正。基于 SeaDAS 查找表的 7 种气溶胶类型和 3 种气溶胶厚度的大气状况进行模拟，建立了 NDBI$R_{rc,MODIS}$ 与 NDBI$R_{rs,MODIS}$ 的关系[图 5-26(b)]。发现 NDBI$R_{rs,MODIS}$ 在 0.15 处受气溶胶类型和厚度的影响较小。因此，使用经过瑞利校正的 R_{rc} 数据，得到 NDBI$R_{rc,MODIS}$ 的阈值 0.125[图 5-26(b)]，从而进行藻类垂向类型的遥感识别。

选取了 8 景有地面同步数据的无云影像进行藻类垂向分布类型的识别(图 5-27)及验证(表 5-11)。结果表明，藻类垂向分布类型会在短时间内发生较大变化。例如，2013 年 7 月 24 日上午，当平均风速为 5.0 m/s 时，巢湖大部分区域为垂向均一，部分藻华区域

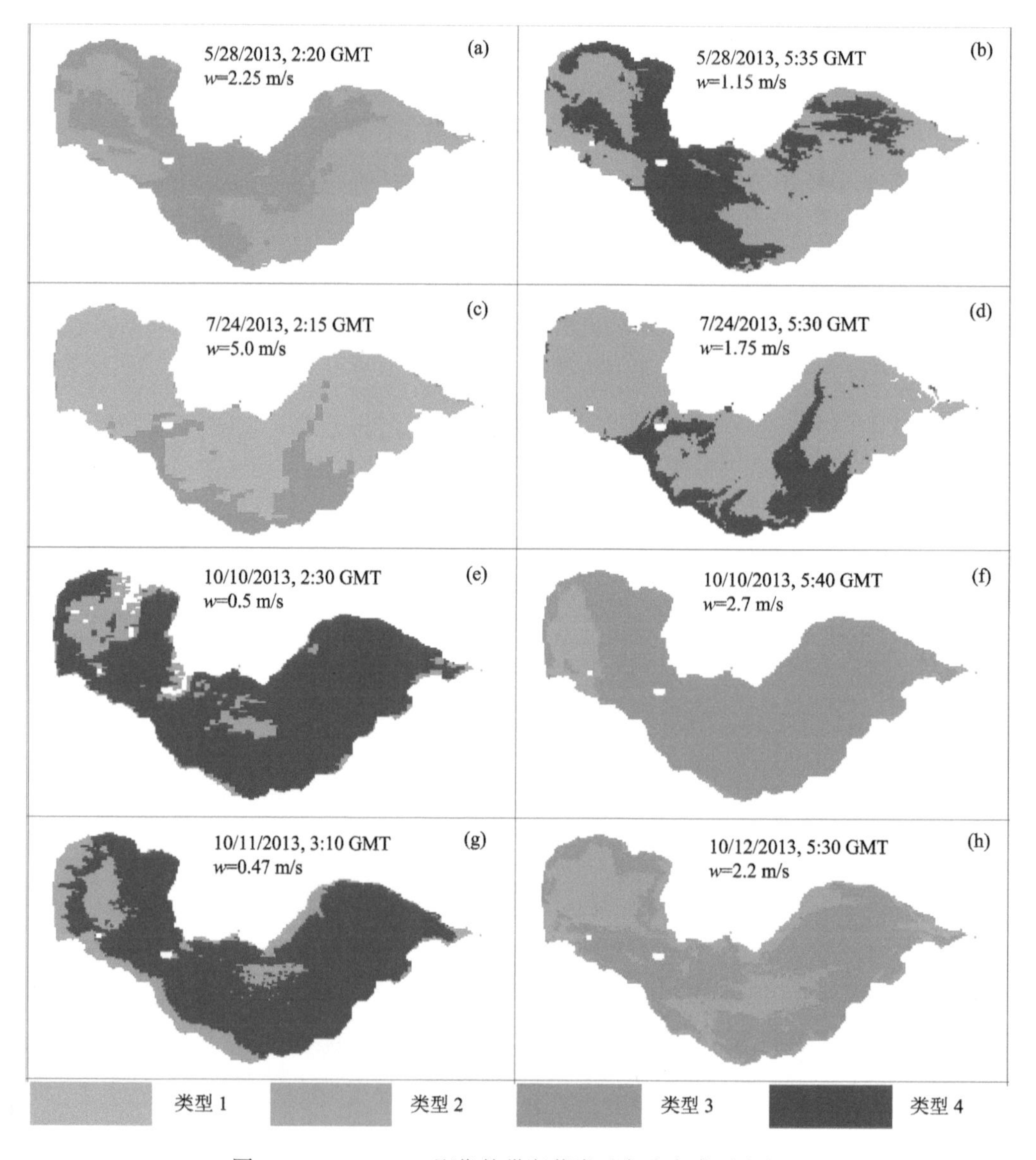

图 5-27　MODIS R_{rc} 影像的巢湖藻类垂向分布类型分布图

呈现指数分布[图 5-27(c)]。下午星过境前后平均风速降至 1.75 m/s，藻类的垂向分布类型由类型 1 和 3 变为类型 2 和 4[图 5-27(d)]。2013 年 10 月 10 日，全湖主要的藻类垂向分布类型由类型 4 变为类型 3，空间格局也产生一定的变化。从结果来看，藻类的垂向分布类型变化较大，巢湖不同区域和同一区域的不同时间会呈现不同的藻类垂向分布类型。与大洋水体的特定区域和特定季节具有相对稳定的浮游植物垂向分布类型的现象不一致，这增加了内陆水体光学特性垂向研究的难度。

表 5-11　卫星过境±1h 的实测数据对 MODIS R_{rc} 数据的藻类垂向分布类型的分类结果的验证

日期(年/月/日)	GMT 时间	风速/(m/s)	NDBI$R_{rc,MODIS}$	Chla 垂向分布类型	
				实际类型	估计的类型
2013/5/28	1:00	2.25	0.118	2	2
2013/5/28	2:25	2.25	0.159	4	4
2013/5/28	3:25	2.25	0.160	4	4
2013/7/24	1:55	5.00	0.101	2	1
2013/7/24	2:25	5.00	0.101	2	1
2013/7/24	2:55	5.00	0.101	1	1
2013/10/11	2:30	0.43	0.135	4	4
2013/10/11	3:10	0.43	0.135	4	4
2013/10/11	3:50	0.43	0.135	4	4
2013/10/12	1:30	2.20	0.101	2	2
2013/10/12	2:05	2.20	0.101	2	2
2013/10/12	2:40	2.20	0.101	2	2

利用卫星过境±1 h 的实测数据对以上 MODIS 影像分类结果进行验证，一共有 12 组星地准同步数据(表 5-11)。2013 年 7 月 24 日两个点的数据得到了错误的分类结果，分析原因发现，这两个点位于巢湖中部的姥山岛附近的背风区，当整个湖区风速达到 5 m/s 时，此处的局部风速为 2 m/s 左右，导致错分为类型 1。

3. 基于巢湖实测高光谱的遥感反射比校正

利用 2013 年三次巢湖垂向试验的数据，对藻类垂向非均匀水体遥感反射比的校正模型进行验证。野外垂向采样获取的 Chla(z)的垂向分布曲线，通过藻类垂向分布类型的 Matlab 自动判别程序，得到垂向分布类型及其结构参数。带入 $\Delta R_{rs}(\lambda)$ 与 Chla(z)结构参数的关系模型计算得到实测数据的 $\Delta R_{rs}(\lambda)$，可以反映藻类垂向异质对遥感反射比的影响。由于野外测量数据很难获取藻类垂向非均匀情况下对应的垂向均匀的遥感反射比，因此，不可能比较校正后的遥感反射比与水柱内水体混合均匀的遥感反射比。水柱内的实测叶绿素 a 浓度可以作为标准，以验证遥感反射比校正模型在实测数据中应用的精度。

藻类垂向非均匀水体遥感反射比校正模型的验证方法介绍如下。

(1) 建立藻类垂向均一条件下的遥感反射比与 Chla 的反演算法。

利用藻类垂向均一类型数据建立的波段比值的叶绿素 a 浓度反演算法如下：

$$x = R_{rs}(709)/R_{rs}(675) \tag{5-30}$$

$$\mathrm{Chla}_{\text{-model}} = 13.49x^2 + 107.95x - 80.85 \tag{5-31}$$

(2)把藻类垂向非均一条件下(高斯、指数、幂函数)的遥感反射比代入上述算法，计算得到叶绿素 a 浓度是用传统方法反演的结果 $\mathrm{Chla}_{\text{-model}}$。

(3)把利用遥感反射比校正模型校正后的 $R_{rs\text{-}c}(\lambda)$ 代入上述算法，计算得到的叶绿素 a 浓度为校正后的叶绿素 a 浓度($\mathrm{Chla}_{\text{-corrected}}$)。把 $\mathrm{Chla}_{\text{-model}}$、$\mathrm{Chla}_{\text{-corrected}}$ 与实测的叶绿素 a 浓度 $\mathrm{Chla}_{\text{-in situ}}$ 进行比较，计算它们的 R^2、RMSE(log)相对误差[Re=($\mathrm{Chla}_{\text{-model/corrected}}$-$\mathrm{Chla}_{\text{-in situ}}$)/$\mathrm{Chla}_{\text{-in situ}}$*100%]，验证遥感反射比校正模型的有效性。

比较实测的均匀水体叶绿素 a 浓度 $\mathrm{Chla}_{\text{-in situ}}$ 和模型计算得到的叶绿素 a 浓度 $\mathrm{Chla}_{\text{-model}}$ 发现，两者的 R^2 为 0.64，相对误差 R_e 为 2.7%，RMSE(log)为 0.07。藻类垂向非均匀水体(高斯、指数、幂函数)的 $\mathrm{Chla}_{\text{-in situ}}$ 和 $\mathrm{Chla}_{\text{-corrected}}$ 的平均相对误差 R_e 从校正前的 53.5%，下降到了校正后的 14.8%。这与前面的结论一致，即藻类垂向非均匀分布会引起根据垂向均一数据建立的叶绿素 a 浓度反演结果的高估，遥感反射比的校正可以明显地降低这种高估的情况。

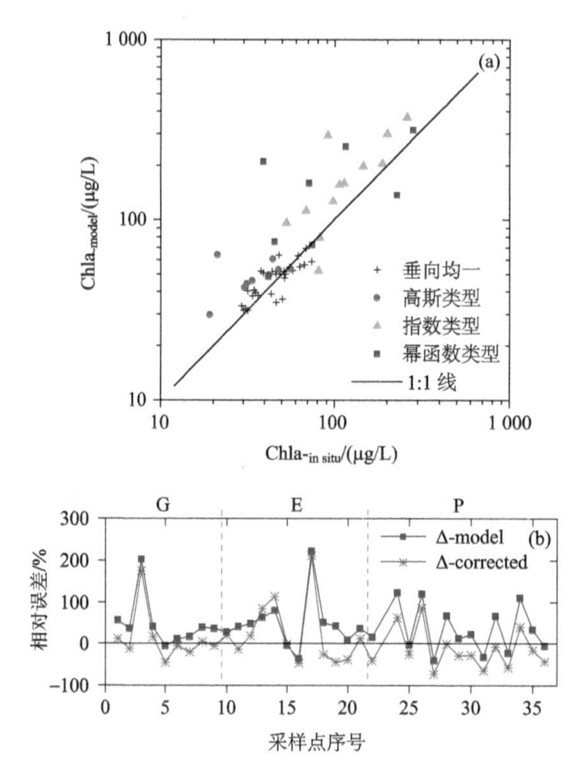

图 5-28　(a)不同类型下的实测叶绿素 a 浓度 $\mathrm{Chla}_{\text{-in situ}}$ 与反演得到的叶绿素 a 浓度 $\mathrm{Chla}_{\text{-model}}$ 的散点图；(b)不同类型下的遥感反射比校正前(Δ-model)、后(Δ-corrected)的反演得到的叶绿素 a 浓度与实测叶绿素 a 浓度的相对误差百分比曲线

叶绿素 a 浓度的野外测量过程会存在不可避免的误差，导致了模型应用过程中数据点的离散[图 5-28(a)]。巢湖的 SPIM 和 CDOM 与浮游植物不是协同变化，水体组分的来源复杂，是光学特性复杂的二类水体。实际上，野外测量的水体遥感反射比除了具有测量过程及数据后处理过程中不可避免的误差外，也受到 SPIM 和 CDOM 的含量高低的影响。

接下来，进行了 SPIM 和 $a_g(440)$ 变化对 ΔR_{rs} 影响的敏感性分析(图 5-29)。当 Chla(*z*)垂向分布呈高斯曲线(C_0=10，h=36，σ=0.6)时，Chla(*z*)对遥感反射比的影响程度随 SPIM 的增加而减弱，当 SPIM 从 10 mg/L 增加到 50 mg/L 时，443 nm、550 nm、675 nm 的 ΔR_{rs} 大约下降 5%，$R_{rs}(709)/R_{rs}(675)$ 大约下降 8%。CDOM 对蓝、绿波段的遥感反射比的影响小于 5%，对红光和近红外波段几乎没有影响。在利用 Ecolight 模拟数据集时，巢湖野外测量的 SPIM 和 CDOM 的平均值作为不变的背景值。当 SPIM 和 CDOM 的变化较大时，会改变藻类垂向非均匀分布对遥感反射比的影响程度。因此，选取 SPIM 和 CDOM 的平均值也是校正模型应用到野外测量数据时的误差来源之一。

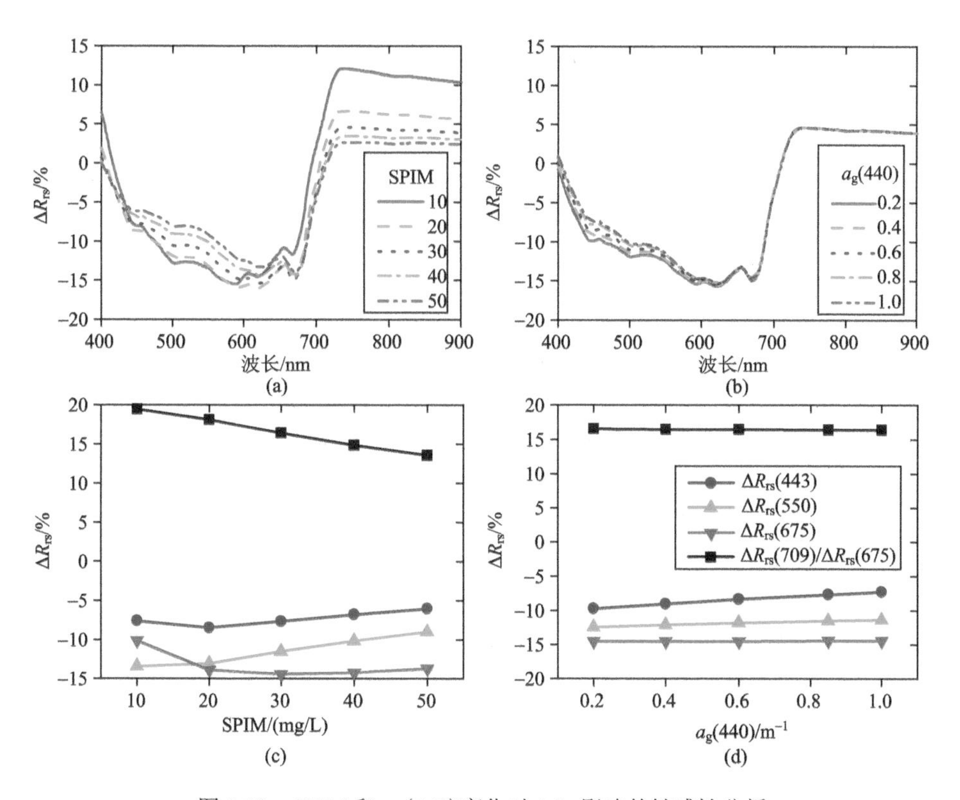

图 5-29　SPIM 和 $a_g(440)$ 变化对 ΔR_{rs} 影响的敏感性分析

藻类垂向非均匀水体的遥感反射比校正模型是在辐射传输模拟数据的基础上建立起来的，对水下光场的边界条件进行了较多的假设，把自然水体抽象化为具有巢湖水体固有光学特性的水体。这个过程中也会进行误差传递，导致校正后的叶绿素 a 浓度与实测的叶绿素 a 浓度不能完全吻合。

携带水中藻类垂向非均匀分布信息的遥感反射比与表层叶绿素 a 浓度建立的模型，在应用时会引起误差。这个误差是不可控的，主要是因为在数据采集和模型应用过程中藻类垂向非均匀分布对遥感反射比的影响未知，产生了不可估量的误差。仔细挑选某个区域和季节的实测数据用于建模可能会降低这种误差，但这个过程对野外采样要求较高并且不能从根本上解决问题。藻类非均匀水体的遥感反射比校正模型可以把这种误差定量化，并且消除这种误差。目前，这种校正模型是正演模型，需要已知 Chla(z)的垂向分布曲线，结合遥感反射比方能进行。在未知藻类垂向分布情况下的遥感反射比的校正模型是未来研究的目标之一。

参考文献

安强, 龙天渝, 刘春静, 等. 2012. 雷诺数对藻类垂向分布特性的影响. 湖泊科学, (05): 717-722.

成芳. 2010. 太湖水体富营养化与水生生物群落结构的研究. 苏州: 苏州大学.

成慧敏, 邱保胜. 2006. 蓝藻的伪空泡及其对蓝藻在水体中垂直分布的调节. 植物生理学通讯, 05: 974-980.

冯春晶. 2004. 基于人工神经网络的海中叶绿素浓度垂直分布特征研究. 青岛: 中国海洋大学.

胡鸿钧, 魏印心. 2006. 中国淡水藻类——系统分类及生态. 北京: 科学出版社.

胡毅, 陈坚. 2008. 夏季台湾浅滩周边海域叶绿素 a 荧光垂直分布对温盐的响应分析. 热带海洋学报, (02): 18-24.

姜霞, 王书航, 钟立香, 等. 2010. 巢湖藻类生物量季节性变化特征. 环境科学, 31(09): 2056-2062.

孔繁翔, 宋立荣. 2011. 蓝藻水华形成过程及其环境特征研究. 北京: 科学出版社.

刘斌. 2009. 一类水域中从海面反射比反演叶绿素浓度垂直分布初探. 青岛: 中国海洋大学.

马孟枭, 张玉超, 钱新等. 2014. 巢湖水体组分垂向分布特征及其对水下光场的影响. 环境科学, 35(05): 1698-1707.

齐雨藻, 黄长江, 钟彦, 等. 1997. 甲藻塔玛亚历山大藻昼夜垂直迁移特性的研究. 海洋与湖沼, 05: 458-467.

唐汇娟, 谢平, 陈非洲. 2003. 微囊藻的昼夜垂直变化及其迁移. 中山大学学报(自然科学版), (S2): 236-239.

王云飞, 贺明霞. 2010. 东海赤潮多发区非均匀叶绿素浓度剖面对遥感反射比的影响. 中国海洋大学学报(自然科学版), 40(10): 100-104.

席颖, 杜克平, 张丽华, 等. 2010. 叶绿素浓度垂直不均一分布对于分层水体表观光学特性的影响. 光谱学与光谱分析, 30(02): 489-494.

杨正健. 2010. 基于藻类垂直迁移的香溪河水华暴发模型及三峡水库调控方案研究. 宜昌: 三峡大学.

余涛. 2010. 巢湖浮游植物群落结构研究. 合肥: 安徽大学.

朱永春, 蔡启铭. 1997. 风场对藻类在太湖中迁移影响的动力学研究. 湖泊科学, 9(02): 152-158.

André J M. 1992. Ocean color remote-sensing and the subsurface vertical structure of phytoplankton pigments. Deep Sea Research Part A. Oceanographic Research Papers, 39(5): 763-779.

Ballestero D. 1999. Remote sensing of vertically structured phytoplankton pigments. Top. Meteor. Oceanogr, 6(1): 14-23.

Beaver J R, Casamatta D A, East T L, et al. 2013. Extreme weather events influence the phytoplankton community structure in a large lowland subtropical lake (Lake Okeechobee Florida USA). Hydrobiologia, 709(1): 213-226.

Bengio Y, Grandvalet Y. 2003. No unbiased estimator of the variance of k-fold cross-validation. Journal of

Machine Learning Research, 5 (3) : 1089-1105.

Blottière L, Rossi M, Madricardo F, et al. 2013. Modeling the role of wind and warming on microcystis aeruginosa blooms in shallow lakes with different trophic status. Theoretical Ecology , 7 (1) : 35-52.

Breiman L, Friedman J, Stone C J, et al. 1984. Classification and Regression Trees. CRC Press.

Cao H F, Kong L, Luo X, et al. 2006. Effects of wind and wind-induced waves on vertical phytoplankton distribution and surface blooms of microcystis aeruginosa in Lake Taihu. Journal of Freshwater Ecology, 21 (2) : 231-238.

Carvalho D A, Rocha M, Gómez-Gesteira I, et al. 2013. Comparison between CCMP QuikSCAT and buoy winds along the Iberian Peninsula coast. Remote Sensing of Environment, 137 (4) : 173-183.

Cullen J J, Eppley R W. 1981. Chlorophyll maximum layers of the Southern California Bight and possible mechanisms of their formation and maintenance. Oceanologica Acta, 4 (1) : 23-32.

D'Alimonte D G, Kajiyama Z T, Berthon J F. 2014. Comparison between MERIS and regional high-level products in European seas. Remote Sensing of Environment, 140 (1) : 378-395.

Frette ø, Erga S R, Stamnes J J, et al. 2001. Optical remote sensing of waters with vertical structure. Applied Optics, 40 (9) : 1478-1487.

Frolov S J, Ryan P, Chavez F P. 2012. Predicting euphotic-depth-integrated chlorophyll-afrom discrete-depth and satellite-observable chlorophyll-aoff central California. Journal of Geophysical Research, 117 (C5) : 247-253.

Gordon H R, Clark D K. 1980. Remote sensing optical properties of a stratified ocean: an improved interpretation. Applied Optics, 19 (20) : 3428-3430.

Gordon H R, McCluney W R. 1975. Estimation of the depth of sunlight penetration in the sea for remote sensing. Applied Optics, 14 (2) : 413-416.

Hidalgo-González R M, Alvarez-Borrego S. 2001. Chlorophyll profiles and the water column structure in the Gulf of California. Oceanologica Acta, 24 (1) : 19-28.

Hu C. 2009. A novel ocean color index to detect floating algae in the global oceans. Remote Sensing of Environment, 113 (10) : 2118-2129.

Kutser T, Metsamaa L, Dekker A G. 2008. Influence of the vertical distribution of cyanobacteria in the water column on the remote sensing signal. Estuarine Coastal and Shelf Science, 78 (4) : 649-654.

Letelier R M , Abbott M R. 1996. An analysis of chlorophyll fluorescence algorithms for the moderate resolution imaging spectrometer (MODIS) . Remote Sensing of Environment, 58 (2) : 215-223.

Lewis M R, Cullen J J, Platt T. 1983. Phytoplankton and thermal structure in the upper ocean: Consequences of nonuniformity in chlorophyll profile. Journal of Geophysical Research Oceans, 88 (C4) : 2565-2570.

Li J D, Wu Y, Wu H, et al. 2009. Identification of algae-bloom and aquatic macrophytes in Lake Taihu from in-situ measured spectra data. Journal of Lake Sciences, 21 (2) : 215-222.

Lin H, Xu Q, Zheng Q. 2008. An overview on SAR measurements of sea surface wind. Progress in Natural Science, 18 (8) : 913-919.

Lodhi M A, Rundquist D C. 2001. A spectral analysis of bottom-induced variation in the colour of Sand Hills lakes Nebraska USA. International Journal of Remote Sensing volume, 22 (9) : 1665-1682.

Lou X, Hu C. 2014. Diurnal changes of a harmful algal bloom in the East China Sea: Observations from GOCI. Remote Sensing of Environment, 140: 562-572.

Millán-Núñez R, Alvarez-Borrego S, Trees C C. 1997. Modeling the vertical distribution of chlorophyll in the California Current System. Journal of Geophysical Research: Oceans, 102 (C4) : 8587-8595.

Morel A , Berthon J F. 1989. Surface pigments algal biomass profiles and potential production of the euphotic layer: relationships reinvestigated in view of remote-sensing applications. Limnology and Oceanography,

34: 1545-1562.

Nanu L, Robertson C. 1993. The effect of suspended sediment depth distribution on coastal water spectral reflectance: theoretical simulation. International Journal of Remote Sensing, 14(2): 225-239.

Ndong M D, Bird T, Nguyen-Quang M L, et al. 2014. Estimating the risk of cyanobacterial occurrence using an index integrating meteorological factors: application to drinking water production. Water Research, 56: 98-108.

Odermatt D F, Pomati J, Pitarch J, et al. 2012. MERIS observations of phytoplankton blooms in a stratified eutrophic lake. Remote Sensing of Environment, 126: 232-239.

Piskozub J, Neumann T, Wozniak L. 2008. Ocean color remote sensing: choosing the correct depth weighting function. Optics Express, 16(19): 14683-14688.

Pitarch J, Odermatt D, Kawka M, et al. 2014. Retrieval of vertical particle concentration profiles by optical remote sensing: a model study. Optics Express, 22(103): A947-A959.

Razi M A, Athappilly K. 2005. A comparative predictive analysis of neural networks (NNs) nonlinear regression and classification and regression tree (CART) models. Expert Systems with Applications, 29(1): 65-74.

Rouse J W, Haas R H, Schell J A, et al. 1974. Monitoring vegetation systems in the great plains with ERTS. NASA special publication, 351: 309.

Sathyendranath S, Platt T. 1989. Remote sensing of ocean chlorophyll: consequence of nonuniform pigment profile. Applied Optics, 28(3): 490-495.

Sathyendranath S T, Platt C M, Caverhill R E, et al. 1989. Remote sensing of oceanic primary production: computations using a spectral model. Deep Sea Research Part A. Oceanographic Research Papers, 36(3): 431-453.

Shi K, Li Y, Li L, et al. 2013. Absorption characteristics of optically complex inland waters: Implications for water optical classification. Journal of Geophysical Research: Biogeosciences, 118(2): 860-874.

Silulwane N F, Richardson A J, Shillington F A, et al. 2010. Identification and classification of vertical chlorophyll patterns in the Benguela upwelling system and Angola-Benguela front using an artificial neural network. South African Journal of Marine Science, 23(1): 37-51.

Sokoletsky L G, Yacobi Y Z. 2011. Comparison of chlorophyll a concentration detected by remote sensors and other chlorophyll indices in inhomogeneous turbid waters. Applied Optics, 50(30): 5770-5779.

Stramska M, Stramski D. 2005. Effects of a nonuniform vertical profile of chlorophyll concentration on remote-sensing reflectance of the ocean. Applied Optics, 44(9): 1735-1747.

Susana A, Phlips E J. 1992. Light absorption by cyanobacteria: Implications of the colonial growth form. Limnology & Oceanography, 37(2): 434-441.

Uitz J, Claustre H, Morel A, et al. 2006. Vertical distribution of phytoplankton communities in open ocean: An assessment based on surface chlorophyll. Journal of Geophysical Research, 111(C8): 275-303.

Wang J, Zhang K, Liang B. 2012. Tracing urban sewage pollution in Chaohu Lake (China) using linear alkylbenzenes (LABs) as a molecular marker. Science of the Total Environment, 414(1): 356-363.

Xiu P, Liu Y, Tang J. 2008. Variations of ocean colour parameters with nonuniform vertical profiles of chlorophyll concentration. International Journal of Remote Sensing, 29(3): 831-849.

Yang L, Lei K, Meng W, et al. 2013a. Temporal and spatial changes in nutrients and chlorophyll-α in a shallow lake Lake Chaohu China: An 11-year investigation. Journal of Environmental Sciences, 25(6): 1117-1123.

Yang Q, Stramski D, He M X. 2013b. Modeling the effects of near-surface plumes of suspended particulate matter on remote-sensing reflectance of coastal waters. Applied Optics, 52(3): 359-374.

Zaneveld J R, Barnard V A H, Boss E. 2005. Theoretical derivation of the depth average of remotely sensed optical parameters. Optics Express, 13(22): 9052-9061.

Zhang Y, Ma R, Zhang M, et al. 2015. Fourteen-year record (2000–2013) of the spatial and temporal dynamics of floating algae blooms in Lake Chao Hu observed from time series of MODIS images. Remote Sensing, 7(8): 10523-10542.

第6章　湖泊藻总量遥感估算及其应用

我国湖泊富营养化问题严重，浮游藻类大量繁殖，蓝藻水华频繁暴发，严重影响了人们的生产生活和饮用水安全，且对整个流域生态系统带来较大危害。基于卫星影像反演的水华覆盖度及表层色素(叶绿素a、藻蓝素)浓度，已成为实施蓝藻水华预测预警的重要指标，并已基本实现了业务化运行。但藻华面积和表层色素浓度，在连续几日甚至数小时内会出现剧烈变化。造成这一现象的主要原因是，受自身浮力条件及对外界环境条件的响应，藻颗粒会在单元水柱内发生垂向迁移，导致水体中藻颗粒的垂向呈现非均匀分布。藻总量的遥感估算对综合反映湖泊富营养化状态具有重要意义。

6.1　藻总量遥感估算方法研究进展

对于大洋水体，藻总量估算方法主要通过获取藻类垂向分布的结构参数，再将对应参数积分的结果作为单元水柱内的藻总量。通常是利用水体的生物光学参量(如表层叶绿素含量、叶绿素荧光特性)、外环境因子(如风速、海表温度)等与叶绿素垂向结构参数之间的定量关系进行反演(Demarcq et al.，2008；Uitz et al.，2006a；Robinson et al.，2017；Souto et al.，2017；Wojtasiewicz et al.，2018)。该定量关系构建的方法主要包括统计回归法、神经网络法等。

叶绿素垂向分布模型由Lewis在1983年提出(Lewis et al.，1983)，它将海水中叶绿素浓度的垂向分布模型定义为一个旋转90°的高斯正态分布模型，其具体表达式为

$$\mathrm{Chla}(z)=C_0+\frac{h}{\sigma\sqrt{2\pi}}\exp\left[-\frac{1}{2}\frac{(z-z_{\mathrm{m}})^2}{\sigma^2}\right] \tag{6-1}$$

式中，$\mathrm{Chla}(z)$为深度z处的叶绿素a浓度，单位：mg/m^3；C_0是叶绿素a浓度的背景值，通常也称为“本底值”；h是超过C_0的叶绿素a浓度值；σ为标准偏差，是与分层中叶绿素极大值宽度相关的参数；z_{m}是叶绿素极大值处的深度。

很多学者据此开展叶绿素垂向分布的高斯模型参数和卫星可反演的海洋参数、海洋表面信息之间关系的研究。Morel和Berthon(Morel and Berthon，1989)利用Lewis的高斯分布模型拟合了超过4 000条实际观测的叶绿素垂向分布值，并得出了叶绿素垂向分布模型参数和透光层深度22%水体的平均叶绿素浓度之间的经验关系。Millán-Núñez等(1997)在California Current System利用统计回归的方法，分别建立了每个海区的叶绿素垂向分布高斯模型的平均参数与平均表层叶绿素之间的定量关系。Hidalgo-Gonzalez等(2001)利用与Millán-Núñez类似的方法，采用1973年至1993年的268个巡航实测值，基于修正后的高斯模型，在加州湾将高斯模型参数与遥感获取到的信号(如表面叶绿素浓度和表面温度)相关联，同时也建立了这些参数与物理特性参数(如混合层深度、分层指

数等)的相关关系，通过回归模型建立了垂向结构参数与遥感影像反演的表层参数之间的关系。Siswanto 等(2005)也采用了统计回归方法，针对于中国东海的黑潮水体，建立了海洋表面温度、叶绿素表面浓度与高斯分布模型四参数的关系，从而构建了叶绿素的垂向分布结构进而推导出该区域的初级生产力。

在此基础上，许多学者针对于特定的研究区对该模型进行了改进。如 Kameda 和 Matsumura(1988)使用了高斯修正模型建立了 35 个回归等式，研究了 Sanriku 海域的叶绿素垂向分布特征，该模型相对于 Lewis 的模型增加了一个梯度参数，成为五模型参数。Muñoz 等(2015)则于 2015 年针对加州湾地区对原有高斯模型进行了补充，增加了水下存在两个叶绿素最大值的改进高斯模型项，利用叶绿素的荧光效应来进行垂向结构参数的反演(Muñoz-Anderson et al.，2015)。类似的方法还被广泛应用于墨西哥湾(Fommervault et al.，2017)、北大西洋(Hemsley et al.，2015)、地中海(Lavigne et al.，2015)、欧洲和北美的部分小型湖泊(Leach et al.，2017)。Uitz 等(2006)改进了源于 Morel 和 Berthon 的算法，通过采集一类水体的 2 419 个实测叶绿素浓度值，将表面叶绿素浓度与垂向分布的叶绿素浓度相关联，采用了幂指数的方法，构建了真光层叶绿素浓度与叶绿素表层浓度间的关系。Frolov 等(2012)将 Uitz 等(2006)的方法拓展到了高营养成分的大洋边缘地区。

但统计回归模型往往过于复杂，应用困难，因此也有学者尝试用人工神经网络方法，进行叶绿素垂向结构参数的反演。Silulwane(2001)将人工神经网络方法运用到叶绿素的垂向分布模式描述中，他提出一种 SOM 算法用于高斯模型四参数的计算，得出较为直观的叶绿素分布模式。冯春晶等(2004)利用了人工神经网络方法建立了卫星反演的海表参数和日本岛周围海域叶绿素垂向分布模型参数之间的复杂非线性关系，并取得了较好的结果。Sauzede 提出利用多层感知器的神经网络法用于反演可适用于全球水体范围内的叶绿素垂向结构参数(Sauzede et al.，2015)。主要的神经网络方法包括多层感知器(Cortivo et al.，2017；Sauzede et al.，2017)、隐形马尔克夫链(Charantonis et al.，2015)、蚁群算法(Souto et al.，2017)等。

针对内陆富营养化水体，藻类垂向分布类型更为多样，光学信号来源更为复杂，加之未有长时间积累的实测数据，因而已有的适用于一类水体的藻总量估算方法并不能直接应用于内陆湖泊的藻总量计算。内陆湖泊水体藻总量可以根据水体表层叶绿素 a 浓度与单元水柱内藻量的经验关系来估算(Li et al.，2017)。Hu 等(2021)基于巢湖野外实测和 Ecolight 辐射传输模拟数据集，分析了不同垂向分布类型下水体固有及表观光学特点，采用基线差值法构建了藻总量指数 ABI(algal bloom index)，通过分析水体表面遥感反射比对真光层内藻总量的响应关系，以及真光层内外藻总量之间的相互关系，构建了真光层内外藻总量的遥感估算方法，算法精度验证结果表明，基于 R_{rs} 的真光层内藻总量估算结果与实际存在显著的相关性(R^2=0.74, P<0.01, N=52)，均方根误差为 14.46 mg/m^2，相对误差为 22.03%，真光层外藻总量估算结果与实际同样存在较好的相关性(R^2=0.81, P<0.01, N=52)，均方根误差为 11.38 mg/m^2，相对误差为 21.50%，估算结果较为准确。

6.2　基于查找表的藻总量估算模型

基于查找表的藻总量估算模型思路为：根据研究区内藻类不同垂向分布类型，分别构建基于遥感反射比的藻类结构参数查找表，从而完成单元水柱内藻总量的遥感估算。基于已有的巢湖藻类垂向分布类型与函数表达，通过野外实测数据确定藻类垂向结构参数和水体固有光学特性，据此确立辐射传输模型的模拟方案，利用 EcoLight 辐射传输模型，分别建立藻类不同垂向分布类型下的 R_{rs} 光谱库，通过筛选得到最优光谱匹配算法，完成应用于高光谱数据的巢湖藻类垂向结构参数反演查找表的构建，并将该查找表应用于多源遥感数据进行藻总量的估算。

1. EcoLight 辐射传输模拟数据集

1) 模拟输入参数设置

假设巢湖水体的 SPIM 和 CDOM 呈垂向均匀分布，藻类非均一垂向分布类型共包括三种：高斯、指数、幂函数(Xue et al.，2017)。选用 EcoLight(Version 5，Sequoia Sci Inc)水体辐射传输模型，选取包括纯水、叶绿素 a、SPIM 和 CDOM 的水体四组分模块。设置 SPIM 和 CDOM 垂向均匀分布、叶绿素 a 浓度[Chla(z)]呈现垂向非均匀分布，模拟对应条件下的遥感反射比 R_{rs} 数据集。输入参数，包括水体各组分的吸收系数、散射系数和散射相函数，以及边界条件(大气、太阳角度、水气界面、水底反射、拉曼散射等)，模拟波段范围是 400～900 nm(间隔 5 nm)。

边界条件的设定包括：入射到水面的太阳光和天空光的分布采用 EcoLight 自带的 RADTRAN 子程序模拟得到，太阳天顶角设为 60°，假设天空晴朗无云。模拟设置的深度间隔为 0.01 m。对高斯及指数垂向分布类型，输入风速设置为巢湖全年平均观测风速 2.25 m/s；对于幂函数垂向分布类型，输入风速为该分布类型下野外实测风速的统计平均值 0.69 m/s，风速仅用于计算水体表面粗糙度造成的入射光线的角度，对水体组分垂向的影响暂不考虑。水体的折射率选择默认值 1.34，用于计算水气界面的 Fresnel 反射率。根据巢湖的水深(平均值为 3.3 m)及透明度(<60 cm)，假设水体为光学深水，忽略水底反射对遥感反射比的影响(Lodhi and Rundquist，2001)。模拟过程考虑了水分子的拉曼散射。

2) 模拟结果验证

根据以上输入设置，在实测数据集中选取了每种藻类垂向分布类型下单元水柱内藻量最小、最大点位进行了模拟过程的验证，比较了利用 ASD 双通道光谱仪测量的遥感反射比光谱和由 EcoLight 模拟得到的遥感反射比的差异。将所选取采样点的实测 Chla、SPIM、$a_g(440)$、S_g、风速等作为模拟输入参数，模拟过程中输入的 $E_d(\lambda)$ 值是采用 ASD 测量的结果，用以减少大气模型可能带来的误差。

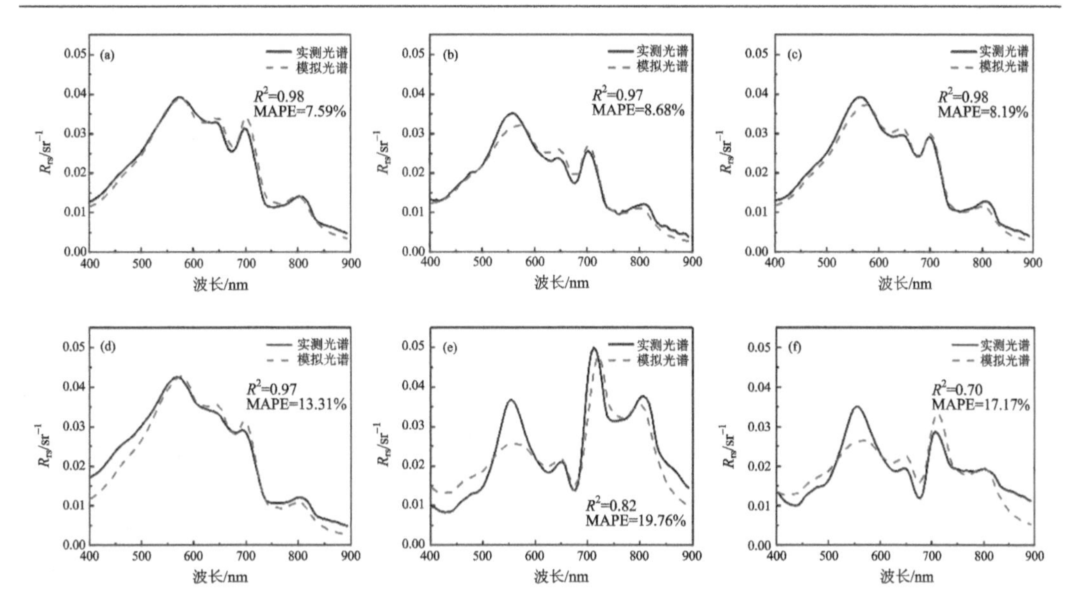

图 6-1　实测与 EcoLight 模拟的遥感反射比结果对比：上列、下列三幅图分别代表了最小、最大藻量的点位结果。(a)(d)属于高斯分布；(b)(e)是指数分布类型；(c)(f)代表幂指数分类。实线和虚线分别代表了实测与模拟的遥感反射比

从图 6-1 可以看出，6 个点位的模拟结果总体效果较好。其中，低藻量点位的模拟精度高于高藻量点位，低藻量点的 R^2 均在 0.97 以上，MAPE 最大值为 8.68%；高藻量点位的 R^2 在高斯条件下仍能达到 0.97，但在表层叶绿素含量较高的指数及幂指数分布下 R^2 会有所下降(最低至 0.7)，对应的 MAPE 最大值为 17.17%。在波长 500 nm 至 600 nm 范围内，模拟光谱与实测光谱在量级上出现一定差异，尤其是在指数与幂函数类型下较为明显，但模拟与实测光谱在形态上(波峰及波谷位置)仍较为一致。这其中的误差来源主要包括：首先，对于每种垂向分布类型模拟过程采用了统一的浮游植物、无机悬浮物的比吸收、比散射系数文件，并假设它们为垂向均一；其次，野外实测的遥感反射比及数据后处理过程中也存在不可避免的误差。

3)遥感反射比光谱库模拟方案

在完成 EcoLight 模拟结果有效性的验证后，可以依据上述模拟参数针对巢湖藻类不同垂向分布类型下的水体进行大规模批量模拟。巢湖藻类所呈现的三类非均匀垂向分布：高斯、指数、幂函数分别与对应水体的富营养化程度相关联：高斯分布类型多出现于非藻华条件下，而且其表层叶绿素含量值相较于其他类型较低；指数和幂函数分布一般出现于藻华条件下。其中，幂函数多出现于表层叶绿素极高的条件下，如叶绿素含量超过 400 μg/L。

依据实测采样数据结果，确定了三种垂向分布类型下的 Chla(z)参数的模拟范围，共计 5 706 337 组数据(表 6-1)，分别进行藻类不同垂向分布类型下(高斯、指数、幂函数)的水下光场辐射传输模拟，完成大规模的遥感反射比 R_{rs} 光谱数据库的构建。

表 6-1 藻类垂向分布的不同类型的 Chla(z)、a_g(440)和 SPIM 的参数设置

类型	参数	最小值	最大值	步长	数目	总数
高斯	C_0	2.81	55.81	2	28	5 442 260
	σ	0.058	1.058	0.1	11	
	h	2.88	29.88	1	38	
	$a_g(440)$ /m^{-1}	0.508	1.908	0.1	15	
	SPIM/(mg/L)	4	64	2	31	
指数	m_1	15.69	613.69	10	61	161 040
	m_2	−9.76	−0.76	1	11	
	$a_g(440)$ /m^{-1}	0.47	1.57	0.1	15	
	SPIM/(mg/L)	16	47	2	16	
幂函数	n_1	5.48	60.48	2	29	103 037
	n_2	−1.08	−0.28	0.05	17	
	$a_g(440)$ /m^{-1}	0.43	1.43	0.1	11	
	SPIM/(mg/L)	18	36	1	19	

2. 查找表的应用与分析

将实测的遥感反射比通过三种不同的光谱匹配算法(最小二乘法 LSQ、光谱角度法 SAM、光谱信息散度匹配法 SID)运用到已构建的 R_{rs} 光谱库中，进行单元水柱藻量的反演。

首先，统计了所有实测点位 R_{rs} 与每个点位对应的最佳匹配 R_{rs} 值的范围及均值(图 6-2)。LSQ 算法在光谱数值量级及范围上与实测结果更为接近，而 SAM 和 SID 算法在光谱形态(波峰、波谷位置)上与实测光谱更为吻合。然而，三种算法在波长 520 nm 至 600 nm 处都不能与实测光谱完全重合，其原因可能是受限于已构建的光谱库范围。在 EcoLight 辐射传输模拟过程中，仅设置了一组统一的浮游植物、无机悬浮物的比吸收、比散射系数文件，并假设它们为垂向均一，因而对于一些富营养化程度极高的极值情况(尤其是水体表层有高密度藻华覆盖的条件下)，均值输入的模拟 R_{rs} 可能并不能涵盖该类情况。此外，该波段范围内遥感反射比是受到纯水吸收、颗粒物散射及叶绿素的吸收荧光效应共同影响(Gower et al.，2003)，使得该范围内遥感反射比的精确匹配更为复杂。

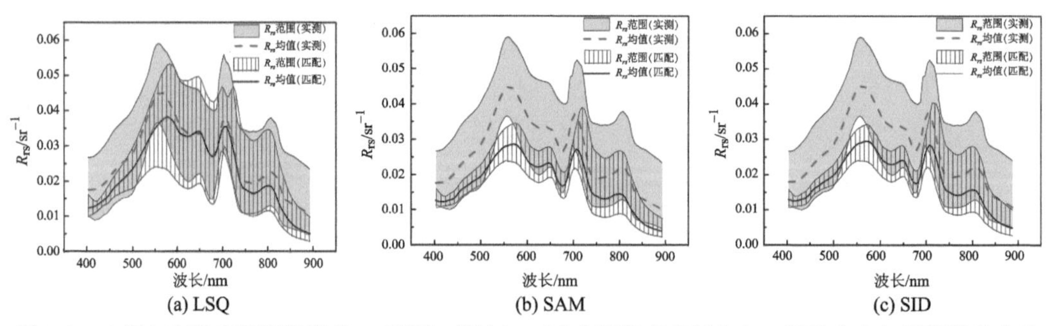

图 6-2 实测与查找表匹配得到的 R_{rs} 范围，图(a)～(c)分别代表高斯分布、指数分布与幂指数分布的结果。黑色虚线是从 400 nm 到 900 nm 的所有实测的 R_{rs} 平均值，黑色粗线表现最佳拟合光谱的平均值。黑色、蓝色阴影区域分别显示了最佳匹配 R_{rs}、对应实测光谱光谱的范围

将四期野外实测遥感反射比作为输入，利用查找表法反演得到的藻量与实测藻量的对比结果见图 6-3。总体上，三种匹配方法都取得了较好的反演结果。其中，SAM 和 SID 算法的结果优于 LSQ。LSQ 在高藻量的四个点位估算中存在明显的高估现象，而通过 SAM 和 SID 算法则取得了更为理想的估算结果。这四个藻量高估点位属于高度富营养化水体，即幂函数分布，其表层叶绿素含量范围为 180.04～1 443.97 μg/L。对于该种极端条件，其水表通常会伴有藻颗粒的聚集，进而增加了近红外波段的遥感反射比，使之出现类似于植被光谱的近红外抬升。遥感反射比量级的增加进而使得 LSQ 算法的估算误差增大。此外，三种算法在单元水柱藻量极高的情况下(表层叶绿素含量为在 567.23～1 443.97 μg/L)都不能取得很好的估算结果，可能原因是 EcoLight 辐射传输模型本身不能准确模拟出对应于该类叶绿素极值条件下的光谱数据。在这种情况下，使用查找表方法可能并不能获取理想结果。针对该种表层叶绿素值极高的情况下的藻总量反演工作，更需要考虑多的光学参数和其他外环境因子，例如通过其他遥感参数和补充水文条件来获取藻类的厚度和密度等(Li et al.，2017)。

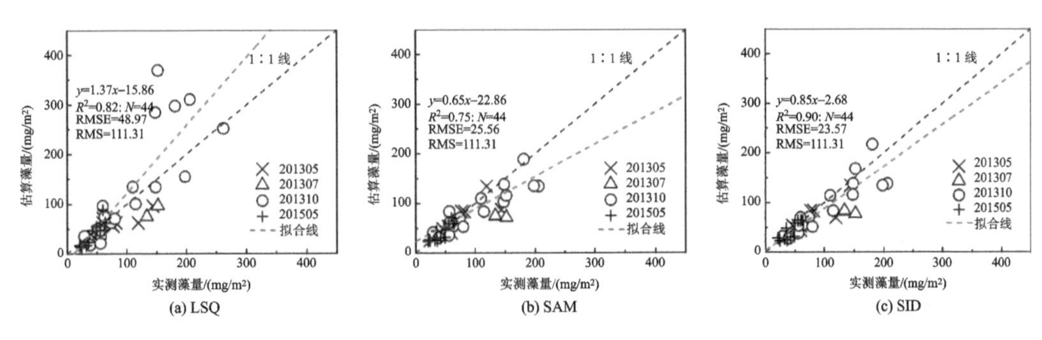

(a) LSQ　　(b) SAM　　(c) SID

图 6-3　实测点位数据与查找表估算的藻量结果对比图

图中黑线为 1∶1 线，红线为数据拟合线

3. 基于 OLCI 数据的查找表应用

为了检验该查找表法在卫星影像上的应用能力，选取了 Sentinel-3A OLCI 数据作为算法的应用目标。首先，将实测的高光谱遥感反射比数据依据 OLCI 传感器的波段设置得到模拟的 OLCI 遥感反射比数据；其次，将模拟的遥感反射比光谱库依据 OLCI 传感器的波段设置生成一个适用于 OLCI 的遥感反射比光谱库。实测光谱与标准光谱库内每一条光谱曲线都已乘以 OLCI 波段的光谱响应函数。

图 6-4 给出了以模拟的 OLCI 实测光谱为输入，应用于新生成的基于 OLCI 的查找表得到的单元水柱藻量与实测点位藻量的对比。结果表明，三种匹配算法在该输入数据条件下均取得了较好的反演结果，其中 R^2 最低值为 0.62，源于 LSQ 算法。这一结果也表明，该查找表方法可以适用于较大的藻量范围内遥感估算，且估算精度较高。此外，在 LSQ 算法中出现三个显著的高估点，这也说明当波段输入数减少时，该算法精度会随之下降。这主要是因为宽波段设置会降低遥感反射比的量级，进而引起基于距离匹配的算法精度降低。从三种匹配算法的反演结果可以看出，SAM 算法的精度最高，虽然 SID

算法反演结果有着更高的 R^2，但 SAM 算法整体更接近于 1∶1 线（RMSE 更低），因而 SAM 算法被应用于 OLCI 卫星影像。

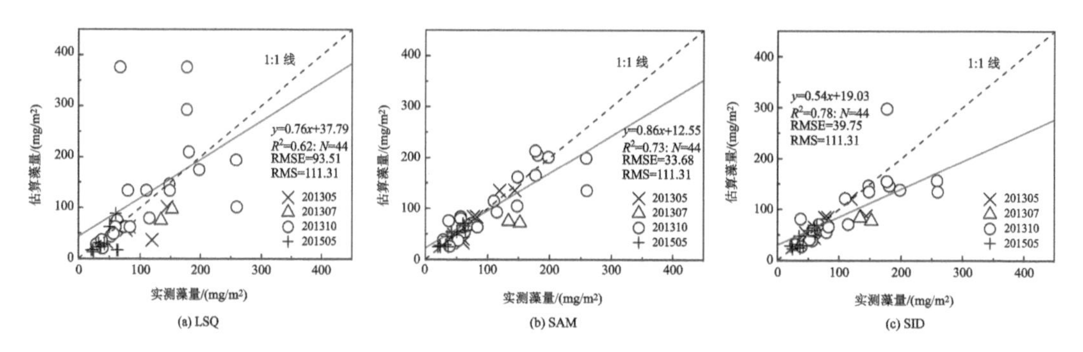

图 6-4　野外实测数据与模拟得到的基于 OLCI 的 R_{rs} 数据藻总量估算结果验证图

(a)～(c) 分别对应着 LSQ、SAM、SID 算法反演结果。黑色虚线表示 1∶1 线，红线表示拟合线

选取两景有实测光谱数据的 OLCI 同步影像（2016 年 12 月 7 日与 2017 年 4 月 27 日），采用基线校正法对遥感影像进行大气校正。按照 Concha（Concha and Schott，2016；Concha and Schott，2016）提出的明暗像元选取方法，在全湖采样点中选取富营养化程度极高的点位作为明像元；根据已有研究表明，巢湖的 SPIM 含量是 8.45～68.4 mg/L，CDOM 范围是 0.472～1.094 m^{-1}。据此选择 Chla、CDOM 和 SPIM 含量都较低的点位作为暗像元。共有 12 组实测光谱数据被用于确定基线校正法的系数，整个影像大气校正过程利用 Matlab（2015a）完成。

通过比较实测遥感反射比与校正后的影像遥感反射比来验证大气校正过程的正确性。在影像上随机选取了三个点位进行大气校正结果检验，如图 6-5 所示。总体上在所有波段上，大气校正后的影像遥感反射比与实测遥感反射比具有很好的一致性。结果表明，该基线校正法可以适用于 OLCI 影像的大气校正用以获取巢湖水体的可靠的遥感反射比。

基于查找表法的 OLCI 影像反演的藻总量结果如图 6-6 所示。据 12 月的影像反演结果显示，西巢湖湖区的生物量明显高于其他两个湖区［图 6-6（a）］。这一不均匀空间分布是与不同湖区的富营养化程度相关联的。由于西巢湖紧邻安徽省省会合肥市，因而由人类生产生活所带来的大量污染源通过直接或间接（输入相近其他河流）的方式汇入西巢湖湖区 ，而这些污染物通常含有大量利于藻类生长的营养盐，从而使西湖区的富营养化程度高于其他湖区（Zhang et al.，2015）。此外在季节性尺度上，湖区夏季的优势藻种生长速率在 8 月份达到峰值，并于深秋季节开始降解。由于西巢湖的富营养化程度最高，多为夏季藻华暴发的集中地区，因而其需要降解的藻量也会明显高于其他湖区，这也是在该影像中藻总量呈现西巢湖高于其他湖区的重要原因。

2017 年 4 月的影像结果显示，藻总量在全湖呈现出近似均匀的空间分布［图 6-6（b）］。这一均匀的空间分布主要原因是 4 月是巢湖不同优势藻种的生长更替时期。巢湖共存有三类优势藻种：蓝藻、硅藻和绿藻。其中，蓝藻在夏季和秋季占主导地位（约占总藻种的 95%）；在冬季和春季，湖区以硅藻为主要优势藻种；在春季和秋季湖区的优势藻种为绿藻。根据以前的影像结果，全湖区藻总量于 2 月达到全季节的次高峰，这一峰值主要来源于绿藻和硅藻的贡献。此外，蓝藻多分布于西巢湖而其他两个藻种多分布于东部湖区（Yang et al.，2006）。因此，4 月处于蓝藻开始生长而绿藻和硅藻开始降解的时期，加之不同的藻种其空间分布差异性，从而使得藻总量在该季节内呈现较为均匀的空间分布。

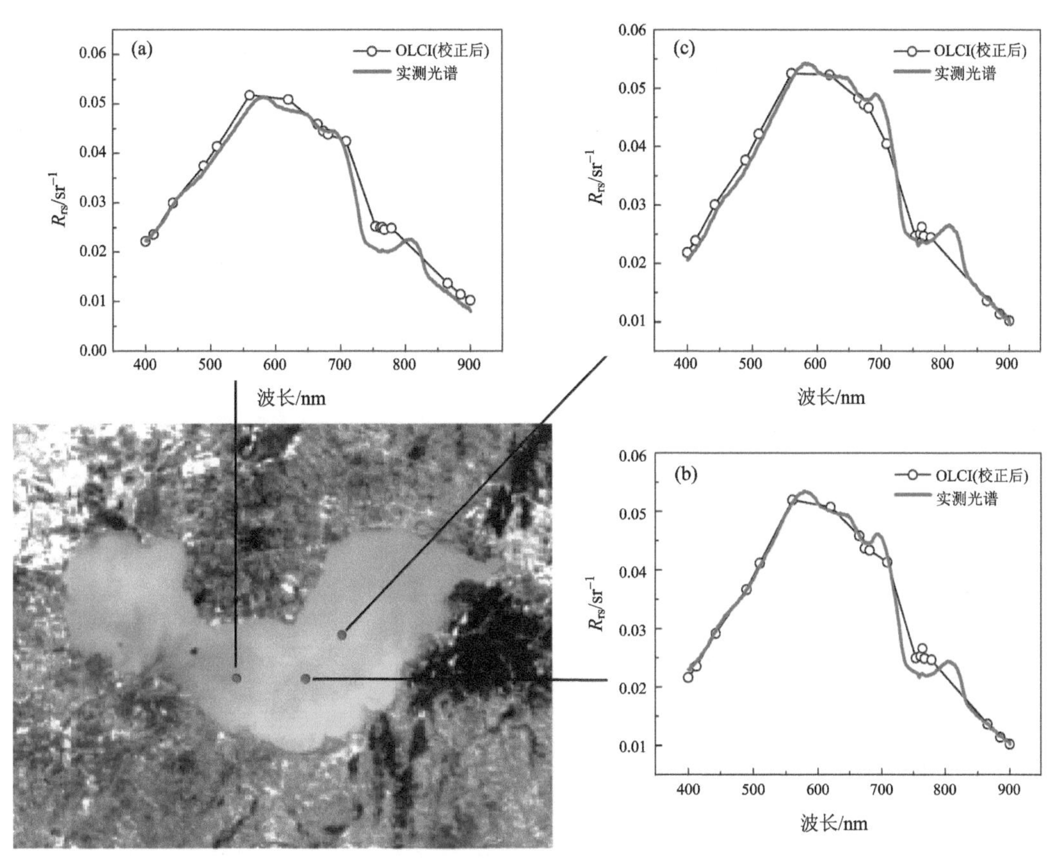

图 6-5　基于 OLCI 的大气校正后的遥感反射比与实测遥感反射比对比图

其中蓝线代表实测光谱曲线，黑色圆圈表示校正后的 OLCI 波段对应的遥感反射比值

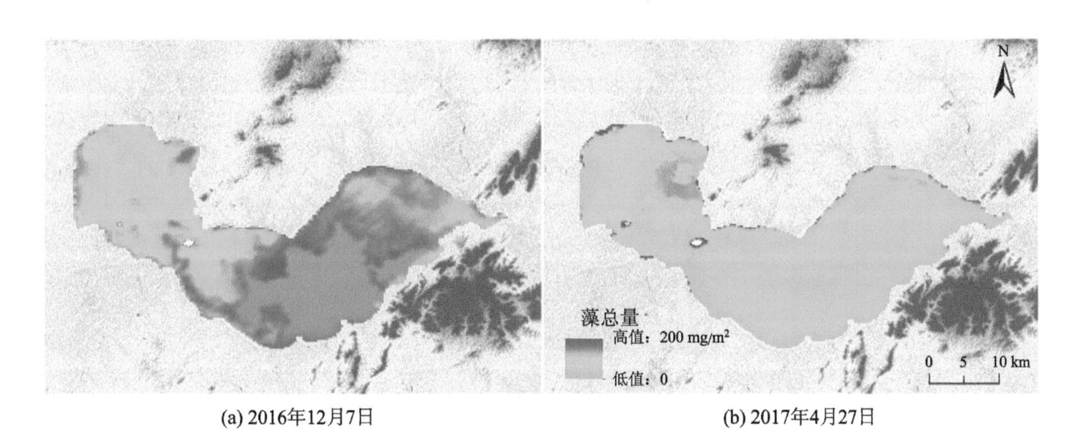

图 6-6　巢湖藻总量 OLCI 影像反演结果

6.3　基于 MODIS 数据的藻总量估算模型

1. 野外试验方案

在巢湖共开展了 4 次野外垂向试验，分别为 2013 年 5 月 28 日、2013 年 7 月 19～24 日、2013 年 10 月 10～12 日，2015 年 5 月 25 日，共采集了 82 组垂向数据(图 6-7)。在每个点位采集 9 层水样，深度分别设置为水体表层、0.1 m、0.2 m、0.4 m、0.7 m、1.0 m、1.5 m、2.0 m 和 3.0 m。垂向分层水样采集使用自制的垂向水样采集器，该仪器由直径 10 cm 的抽水泵、链接管、标尺构成。进水口的位置和深度由标尺标定。表层水样直接用采水瓶采集。现场采集的水样放在装有冰块的保温箱内遮光保存，当天进行过滤处理。在野外测量中同步记录水体透明度、风速、风向等相应的环境参数。水体透明度利用塞克盘(Secchi disc)测定，每次测量人员固定，测量位置尽量选择在船体的阴影处。水深由水深仪测定得到，利用风速、风向仪测量同步的风速、风向数据。此外，于 2016 年 12 月 7 日、2017 年 4 月 27 日进行了两次星地同步光谱数据采样试验(图 6-7)。室内分析数据包括水色三要素(叶绿素、无机悬浮物、有色溶解有机物)浓度及其对应的组分吸收系数。遥感反射比光谱数据、后向散射系数、水下光场数据等由相应仪器测量并经后处理得到。

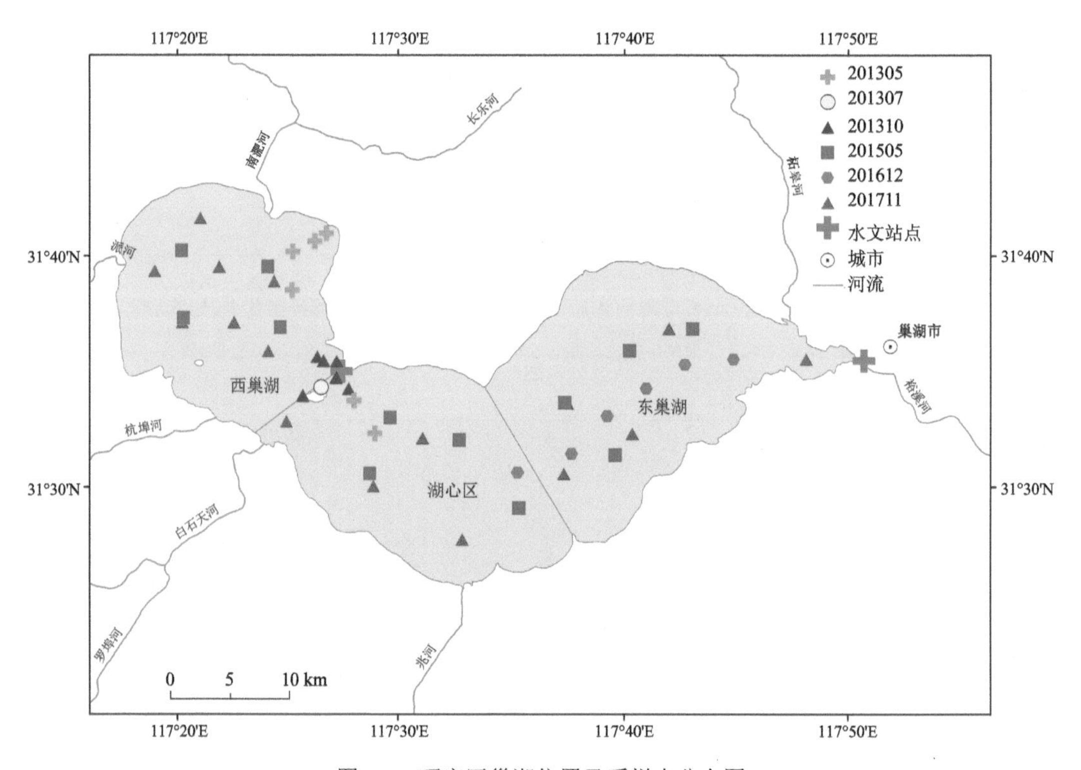

图 6-7　研究区巢湖位置及采样点分布图

2. 巢湖水体藻华遥感阈值的确立

首先，选用浮游藻类指数(floating algae index，FAI)(Hu，2009)进行巢湖藻华水体的阈值划分，其具体公式如下：

$$
\begin{aligned}
&\mathrm{FAI} = R_{\mathrm{rc}}(859) - R'_{\mathrm{rc}}(859) \\
&R'_{\mathrm{rc}}(859) = R_{\mathrm{rc}}(645) + \frac{(859-645)}{(1240-645)} \times [R_{\mathrm{rc}}(1240) - R_{\mathrm{rc}}(645)]
\end{aligned}
\tag{6-2}
$$

式中，$R_{\mathrm{rc}}(645)$、$R_{\mathrm{rc}}(859)$、$R_{\mathrm{rc}}(1\,240)$ 分别为中心波长位于 645 nm、859 nm 和 1 240 nm 处的经瑞利校正后的遥感反射比数据，分别对应于 MODIS 的第 1、2、5 波段。

在识别藻华与非藻华水体中最为关键的步骤是确定藻华识别的 FAI 阈值，参考 Hu(2010)，针对太湖藻华水体 FAI 阈值的方法用于确定巢湖水体的 FAI 阈值。其中，利用 FAI< –0.01 排除水体含高浓度颗粒物(藻华或者悬浮物)的像元，利用 FAI>0.02 排除含厚浮游藻类的像元，将梯度影像中剩余像元的梯度值进行统计，做出梯度直方图，并确定最大梯度值对应像元的 FAI 值。将 2000～2013 年以来巢湖 466 景 MODIS 藻华影像的 FAI 阈值进行统计，做出直方图并计算均值和标准差。利用均值减去两倍的标准差得到通用(与时间序列无关)的 FAI 阈值(图 6-8)，约为 0.000 44。

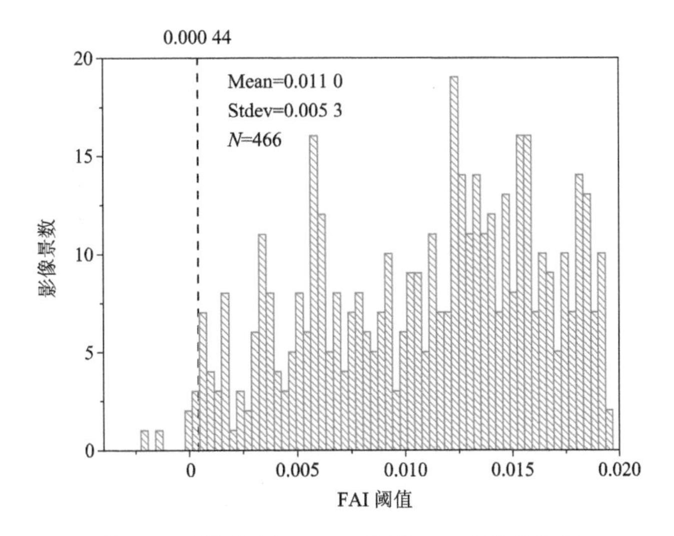

图 6-8　巢湖湖区 MODIS 影像 FAI 阈值统计图

3. 非藻华条件下的藻总量遥感估算

1) 算法的建立

依据野外试验观测结果发现，在非藻华条件下，单元水柱内的藻总量与水体表层叶绿素 a 含量有良好的相关性，因而在此基础上构建了表层叶绿素与不同深度内藻总量的经验关系。由于巢湖水体水深小于 6 m，因而只分析了 6 m 内藻总量与水体表层叶绿素的关系(图 6-9)。依据野外采样结果，当深度超过 2 m 时，叶绿素在垂向上基本呈均匀分布，因而对于采样数据未涉及的大于 3 m 深度内的叶绿素值采用 2 m 至 3 m 内的叶绿素含量平均值加以代替。选取了包括线性、指数、幂函数等多种拟合表达式，用以描述表层叶绿素与不同深度内藻总量的关系，选取表达式类型中最高的 R^2 和最低 RMSE 的线性关系模型，具体公式如下：

$$\mathrm{AI} = a_1 \times \mathrm{Chla} + b_1 \tag{6-3}$$

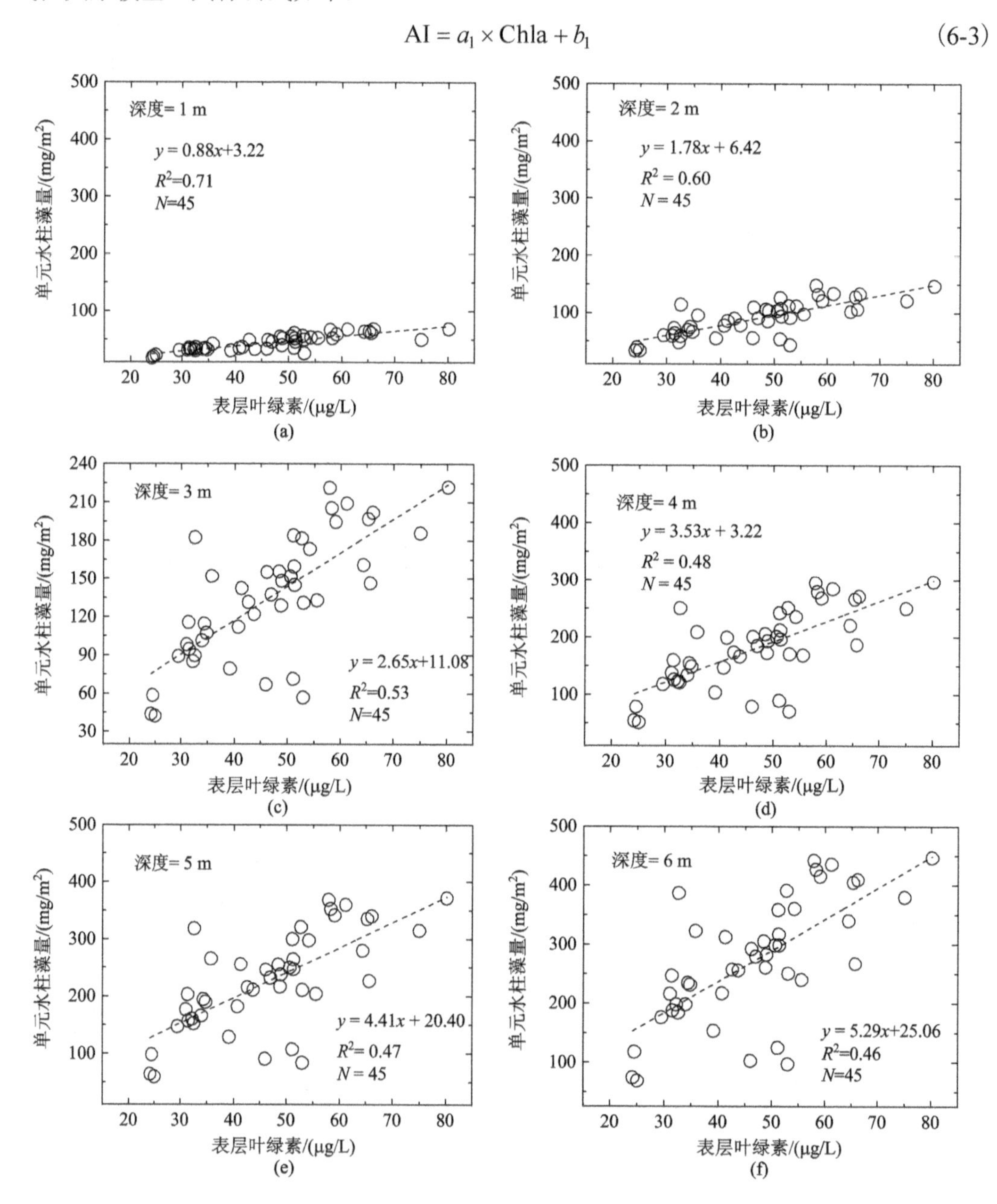

图 6-9 表层叶绿素 a 与不同深度内藻量的关系图

(a)～(f) 分别代表了深度 1～6 m 内的藻总量与表层叶绿素的关系

式中，AI(mg/m^2)为单元水柱内的藻总量；Chla(μg/L)为表层叶绿素含量；a_1、b_1为无量纲的经验系数，用于描述对应线性关系的斜率和截距，是与水深相关的参数。例如图6-9(b)中，水体表层积分至 2 m 内的单元水柱藻量与表层叶绿素含量的关系可以定量表达为：$y = 1.78x + 6.42$（$R^2 = 0.6$），其中$a_1 = 1.78$，$b_2 = 6.42$。在公式中共包括四个未知量(叶绿素含量、经验系数a_1、b_1及水深)，未知参数的具体获取方法如下。

(1)表层叶绿素含量的遥感反演。在本研究中，采用 Zhang(2016)提出的适用于巢湖的 BNDBI(baseline normalized difference bloom index)叶绿素反演算法，该算法基于实测数据建立的，由于叶绿素 a 在 550 nm 附近存在一个吸收谷，而在 675 nm 附近存在一个吸收峰，而无机悬浮物 570 nm 附近存在有反射峰。该算法基于叶绿素的光谱特点而建立，利用 469 nm、859 nm 处的遥感反射比构建基线用于消除大气和悬浮物的影响，具体表达式如下。

$$
\begin{aligned}
&\mathrm{BNDBI} = [R_{\mathrm{rs}}(555)' - R_{\mathrm{rc}}(645)'] / [R_{\mathrm{rs}}(555)' + R_{\mathrm{rs}}(645)'] \\
&R_{\mathrm{rs}}(555)' = R_{\mathrm{rs}}(555) - [R_{\mathrm{rs}}(469) \times \frac{(859-555)}{(859-469)} + R_{\mathrm{rs}}(859) \times \frac{(555-469)}{(859-469)}] \\
&R_{\mathrm{rs}}(645)' = R_{\mathrm{rs}}(645) - [R_{\mathrm{rs}}(469) \times \frac{(859-645)}{(859-469)} + R_{\mathrm{rs}}(859) \times \frac{(645-469)}{(859-469)}]
\end{aligned}
\tag{6-4}
$$

式中，$R_{\mathrm{rs}}(469)$、$R_{\mathrm{rs}}(555)$、$R_{\mathrm{rs}}(645)$、$R_{\mathrm{rs}}(859)$分别为 469 nm、555 nm、645 nm 和 859 nm 处的遥感反射比，分别对应于 MODIS 影像的第 3 波段、第 4 波段、第 1 波段和第 2 波段。

水体表层叶绿素与 BNDBI 指数的关系可以表达为：

$$
\mathrm{Chla} = 982.3 * \mathrm{BNDBI}^4 + 71.86 * \mathrm{BNDBI}^3 + 562.4 * \mathrm{BNDBI}^2 + 79.05 * \mathrm{BNDBI} + 6.6 \tag{6-5}
$$

该算法在巢湖得到了较好的验证结果，星地同步数据的验证结果为$\mathrm{RMSE} = 64.40$，$\mathrm{URMSE} = 47.90$（$R^2 = 0.941$，$p < 0.01$）。

(2)经验系数a_1、b_1的获取。依据实测采样数据，对每一个深度z都能获取到对应的经验系数a_1、b_1，用于描述该深度内的藻总量与表层叶绿素间的相关关系(图 6-10)。通过尝试利用不同的函数类型来拟合经验系数a_1、b_1与水深z的关系，最终确定了使用线性拟合的方法，因为该方法的拟合相关系数最高。具体公式如下：

$$
\begin{aligned}
a_1 &= 0.8114z + 0.021 \\
b_2 &= 4.479z - 2.0978
\end{aligned}
\tag{6-6}
$$

(3)水深计算。水深是用于计算湖区藻总量的重要输入参数，通过水位及水底地形数据来计算水深：

$$
H_{\mathrm{p}}(m) = H_{\mathrm{w}}(m) - H_{\mathrm{b}}(m) \tag{6-7}
$$

式中，$H_{\mathrm{p}}(m)$代表特定点位的水深数据；$H_{\mathrm{w}}(m)$为对应的水位数据；$H_{\mathrm{b}}(m)$是对应点位的湖底地形的高程值(图 6-11)。

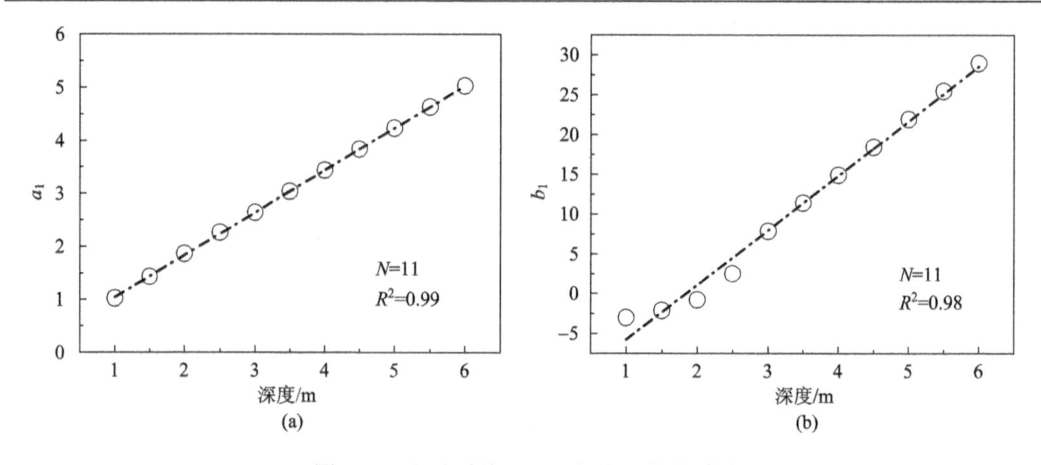

图 6-10　经验系数 a_1、b_2 与水深的关系图

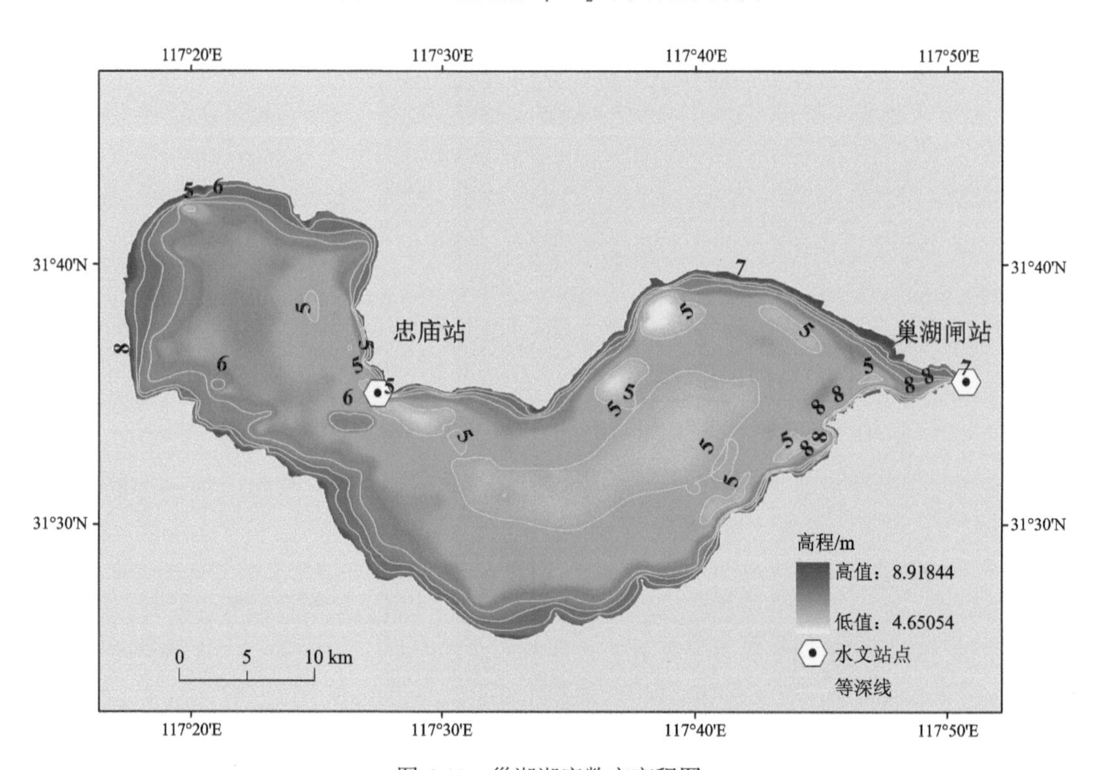

图 6-11　巢湖湖底数字高程图

巢湖的两个水文站点，提供了实时的湖区水位数据。由于巢湖水位呈现自西向东下降的趋势，因而可以利用基于水位坡度的沿经度方向插值的方法得到覆盖全湖区的水深数据。两个水文站点间的水位坡度可以定义为

$$\text{slope} = \tan\left(\frac{h_1(m) - h_2(m)}{\Delta s(m)}\right) \tag{6-8}$$

式中，$h_1(m)$、$h_2(m)$ 分别代表了忠庙站与巢湖闸站的水位数据；$\Delta s(m)$ 代表两个水文站

点间的水平距离。对于仅有一个水文站点提供水位数据的条件下，该水位坡度值由年平均水位坡度来代替：

$$\text{slope}_{\text{mean}} = \frac{\sum_{i=1}^{n} \text{slope}_i}{n} \tag{6-9}$$

式中，slope_i 代表对应年份的有效的坡度值；$\text{slope}_{\text{mean}}$ 是对应年份的年平均坡度值；n 为对应年份的有效坡度值总值。

对于两个水文站点的水位数据都缺失的条件下，则采用多年平均水位坡度值加以代替(表 6-2)。

表 6-2　年平均水位坡度统计表

项目	2006	2007	2008	2009	2010	2011	2012	2013	多年平均值
均值	0.272	0.190	0.196	0.197	0.324	0.216	0.368	0.283	0.256
SD	0.209	0.273	0.347	0.403	0.274	0.296	0.651	0.375	0.353
最小值	0.000	1.030	2.330	5.210	0.542	2.870	1.250	2.840	–2.010
最大值	1.080	1.300	1.680	1.630	1.410	1.190	6.400	3.030	2.220

2) 算法的验证

该算法的验证主要通过星地同步数据的点位验证和影像反演结果的逻辑自洽验证两个方面来展开。

(1) 星地同步数据的点位验证。在实测点位验证工作中，本研究在全湖三个湖区共设置了 16 个固定采样点，从 2013 年 1 月至 12 月逐月采集样点的藻总量，共获取了 192 组水质数据，结合 MODIS 卫星过境情况，选取了 106 组非藻华条件下的星地同步数据用来验证单元水柱的藻总量估算精度(图 6-12)。总体来说，遥感估算的单元水柱的藻总量和野外实测的结果的相关性较好($R^2 = 0.89$)，但反演结果出现整体样点低估现象(MAPE = 44.4%)。造成这一现象的主要原因是：验证点数据的采样方法与算法建模数据集存在一定差异。验证点数据集主要采集三层(表层、1.5 m、3 m)水样，取三层水样的平均值作为整个单元水柱内的叶绿素均值，用于藻总量的计算，而本算法建立的采样数据是来自于 9 个不同深度的积分结果。为了减少采样方法带来的结果差异，我们基于野外 9 层垂向采样的结果，分析了由 9 层采样积分得到的藻总量与利用其中三层叶绿素平均值得到的藻总量的经验关系如下：

$$\text{AI}_9 = 0.7571 \cdot \text{AI}_3 - 12.87 \tag{6-10}$$

基于这个经验关系，我们将 106 组三层混合采样的藻总量数据校正至 9 层采样所对应的藻总量数据上，得到校正后的验证结果[见图 6-12(b)]，从图中可以看出，校正后的平均绝对误差减少至 22.2%，RMSE 降至 7.1，反演精度大幅提高。

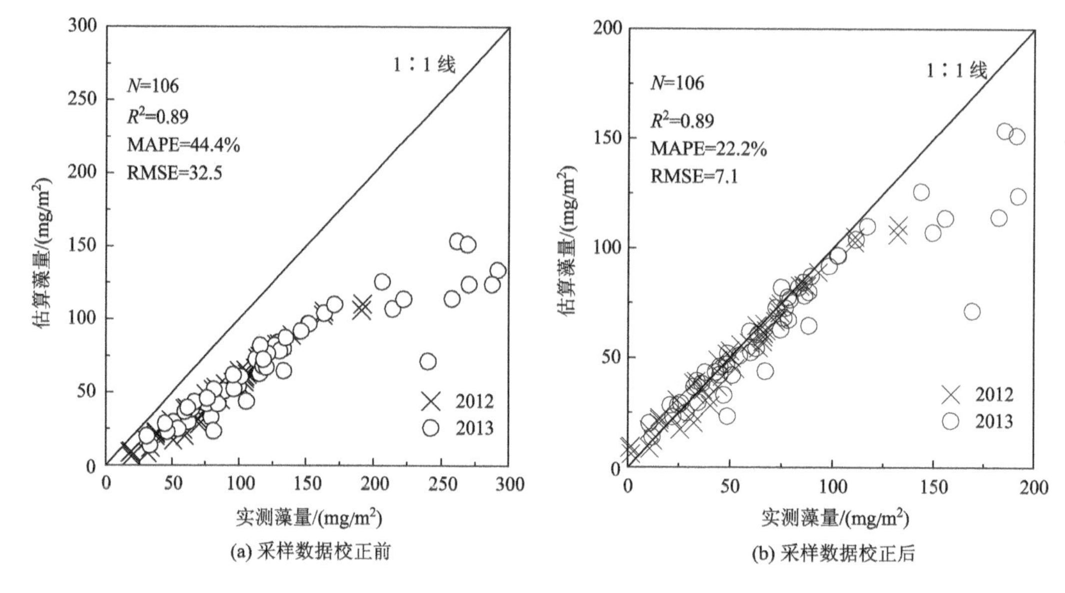

(a) 采样数据校正前　　(b) 采样数据校正后

图 6-12　星地同步数据验证结果图

对比发现，随着藻总量的升高，实测结果逐渐高于遥感估算结果，主要原因包括：一是遥感估算单元水柱的藻总量是基于水体表层叶绿素 a 浓度反演结果以及表层叶绿素与水柱藻总量间的关系得到的，若水体表层叶绿素浓度偏高，尤其是由非藻华过渡到藻华情况下，将导致表层叶绿素与水柱藻总量间的估算关系变差，造成一定的估算误差；二是野外巡测得到的水样并非剖面均匀采集混合样，是表层、中层和底层三层混合样，若表层叶绿素浓度偏大时，将导致混合样叶绿素浓度偏高，因此，藻总量较高时，可以发现实测结果要略高于遥感估算结果；三是 MODIS 数据的空间分辨率是 250 m×250 m 范围，而野外实测数据水平面上就是一个点，因此两种数据间的空间尺度差异也会带来一定误差。

(2)影像逻辑自洽验证。采用了影像反演结果的逻辑自洽方式进行算法验证，因为考虑到藻类的生长速度，湖区藻总量不会像表层叶绿素含量一样在较短时间内发生较大的改变。因而特选取不同时间段内的影像反演结果进行自洽比对。

图 6-13 给出了同一天内利用 MODIS 上午星(Terra)及下午星(Aqua)得到的藻量结果，在同一天内藻量由 30.29 t 下降至 29.32 t，变化量为 0.97 t，MAPE=3.20%。图 6-14 给出了利用 MODIS Terra 数据得到的连续多日内的藻总量结果，多日内的藻总量变化大于同日内的藻总量变化值，藻总量由 15.15 t 增加至 15.74 t，变化量为 0.59 t，MAPE = 3.70%。影像自洽验证的平均绝对误差小于实测样点的误差结果。由此可以看出，无论是星地同步点位验证结果，还是影像自洽验证结果，都表明本算法可以较好地反演非藻华条件下的湖区藻总量信息。

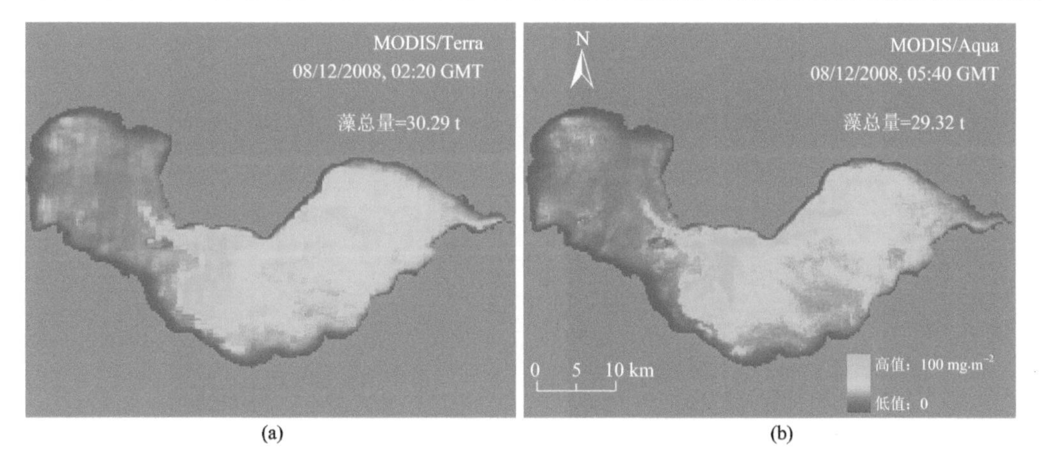

图 6-13　同一天内 MODIS 上下午星反演的藻总量变化结果

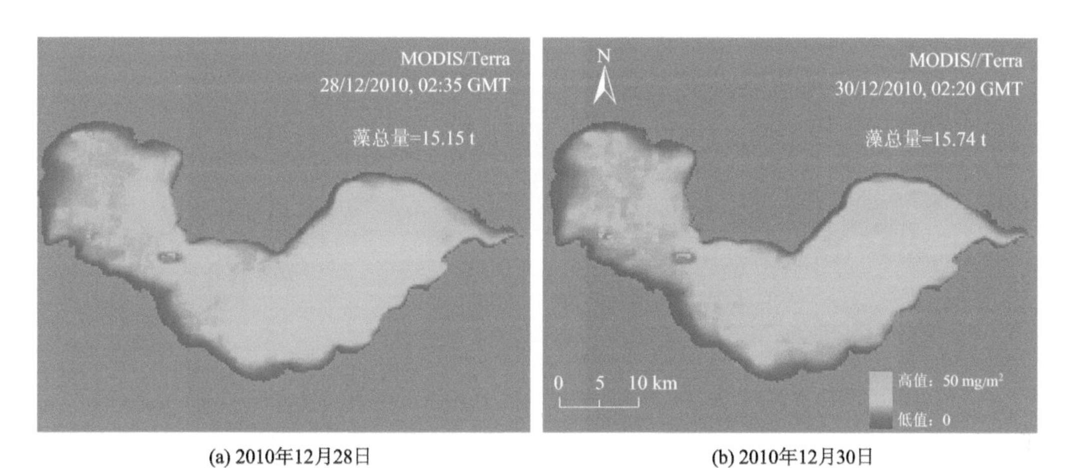

图 6-14　相邻多日内 MODIS 藻总量反演结果

4. 藻华条件下的藻总量遥感估算

1) 算法的建立

根据野外实测数据统计与分析发现，在藻华条件下，BNDBI 指数与水体表层一定深度内藻量总和有着较好的相关性。因而首先分析了水体表层积分至 10 cm、20 cm、40 cm 内的藻总量与 BNDBI 遥感指数的关系(图 6-15)。对比发现，水体表层积分至 40cm 内的藻总量与 BNDBI 指数相关性最好（$R^2=0.85$），两者关系可以定量表达为

$$\text{Bio}(40)=4.217\times\exp(10.771\times\text{BNDBI}) \tag{6-11}$$

进一步基于实测数据，分析了水体表层积分至水下 40cm 的藻量 Bio(40) 与不同深度内的单元水柱藻量之间的关系(图 6-16)。从图中可以看出，各深度内的藻量与 Bio(40) 均存在很好的线性关系。例如图 6-16(c)，Bio(40) 与积分至 3 m 内的藻总量的定量关系可以

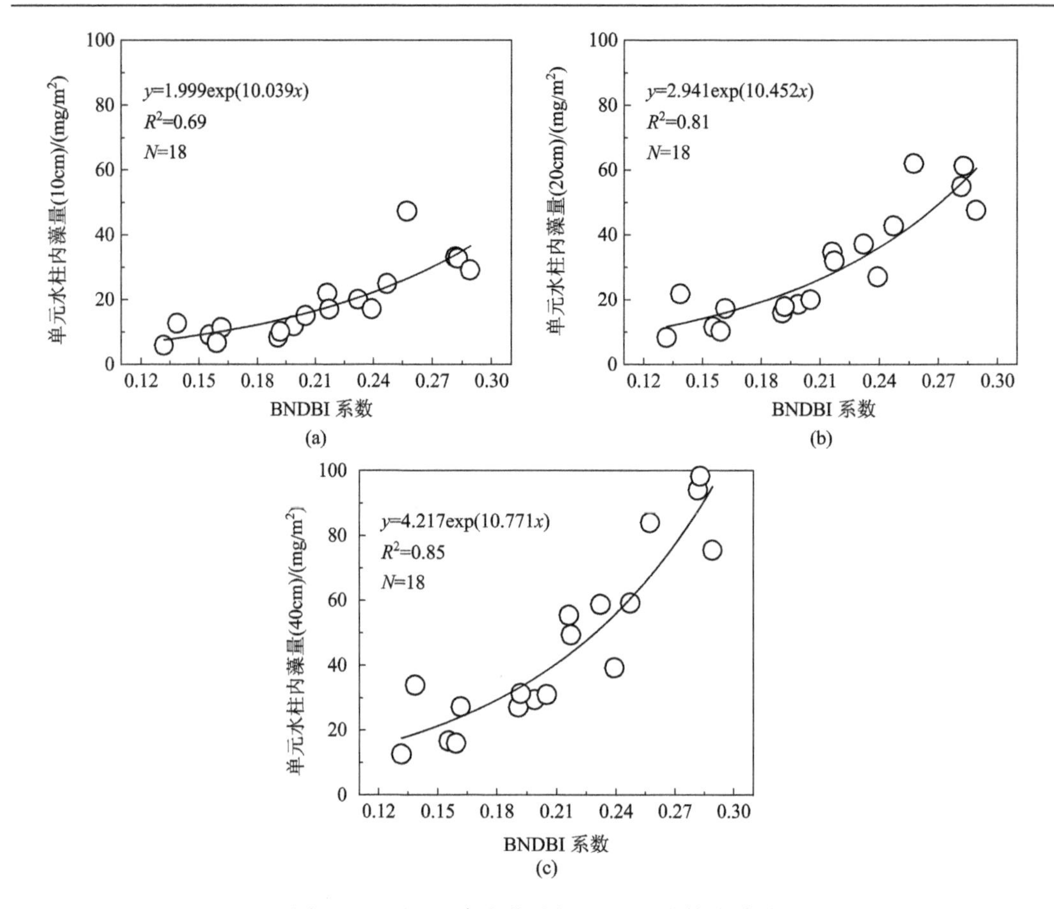

图 6-15　不同深度内藻量与 BNDBI 指数关系图

表达为：$y = 1.702x + 16.740$（$R^2 = 0.82$），两者的线性相关性随深度而递减。因而可以选取 Bio(40) 用于估算不同深度内的单元水柱藻量：

$$\mathrm{AI} = a_2 \times \mathrm{Bio}(40) + b_2 \tag{6-12}$$

式中，AI 是单元水柱内的藻总量，单位：mg/m²；Bio(40) 为水体表层积分至 40 cm 内的藻总量；a_2、b_2 是无量纲的经验系数。

由图 6-16 可以看出，a_2、b_2 是与深度相关的变量，因而基于野外实测数据，分析了深度 0～6 m 内 a_2、b_2 与深度 z 的相关关系(图 6-17)，其中对于实测点未能覆盖的深度(深度＞3 m)则采用线性插值的方法进行数据扩充。对于 a_2、b_2 与 z 的关系，通过线性函数、二次多项式、高斯函数、指数函数、幂函数多种回归函数进行拟合，选取了其中相关系数最高的函数，结果见图 6-17。最终选取了对数函数和线性关系式分别来表达参数 a_2、b_2 与深度 z 的关系，其中参数 a_2 与深度 z 呈对数关系，主要归因于在藻华条件下 Chla 的垂向分布形态：在该条件下，Chla 通常在水体表层含量极高，而在深度 1 m 至 1.5 m 处含量发生锐减。而参数 b_2 与深度 z 较好的线性关系则归因于在藻华条件下，参数 b_2 主要描述了叶绿素垂向分布的背景值，该值在不同的深度间隔内相对稳定，因而两者关系可以很好地用线性函数加以表达。综上，参数 a_2、b_2 与深度 z 的定量关系可以表达为

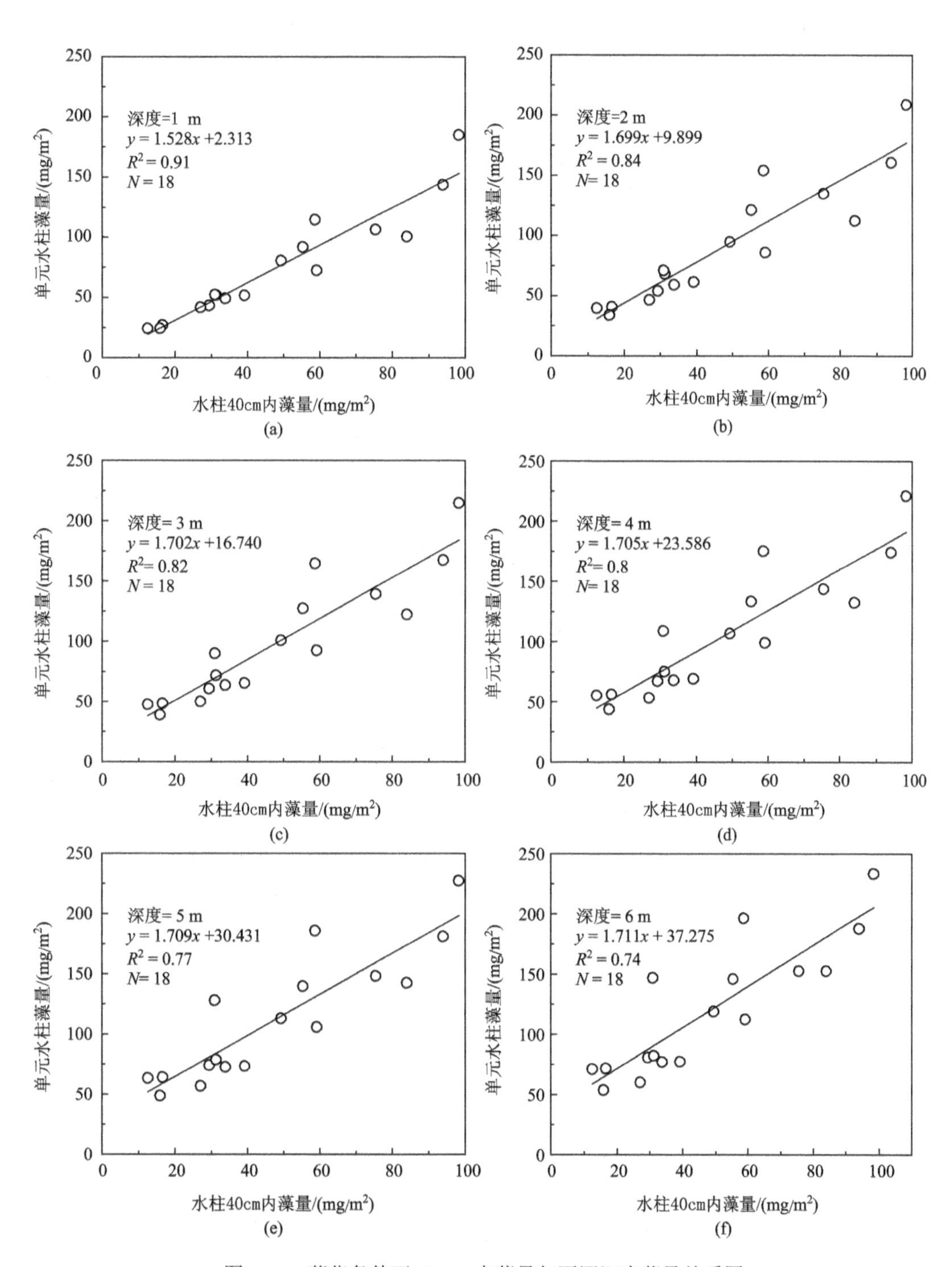

图 6-16　藻华条件下 40 cm 内藻量与不同深度藻量关系图

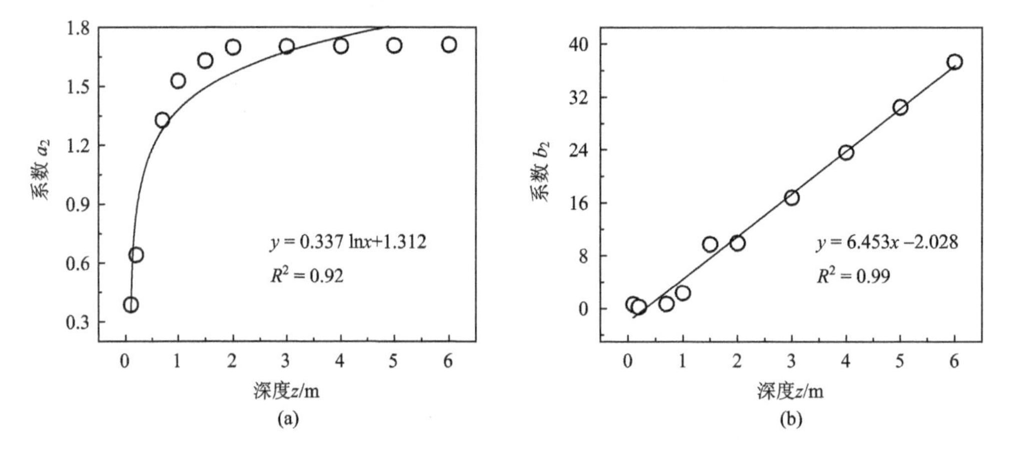

图 6-17　系数 a_2、b_2 与深度的关系图

$$\begin{aligned} a_2 &= 0.337\times \ln z+1.312 \\ b_2 &= 6.453\times z-2.028 \end{aligned} \tag{6-13}$$

2) 算法的验证

对藻华条件下的遥感算法，采用类似于非藻华条件下算法的验证方法，通过实测点位与影像自洽两种方式加以验证。

基于已构建的算法，另选取了 24 组含有单元水柱内藻量的测量数据的野外实测样点，利用同步的卫星影像数据计算 BNDBI 指数并进一步推导出对应采样点的单元水柱内藻量。遥感估算与实测藻总量的对比结果如图 6-18(a) 所示。可以看出点位验证结果

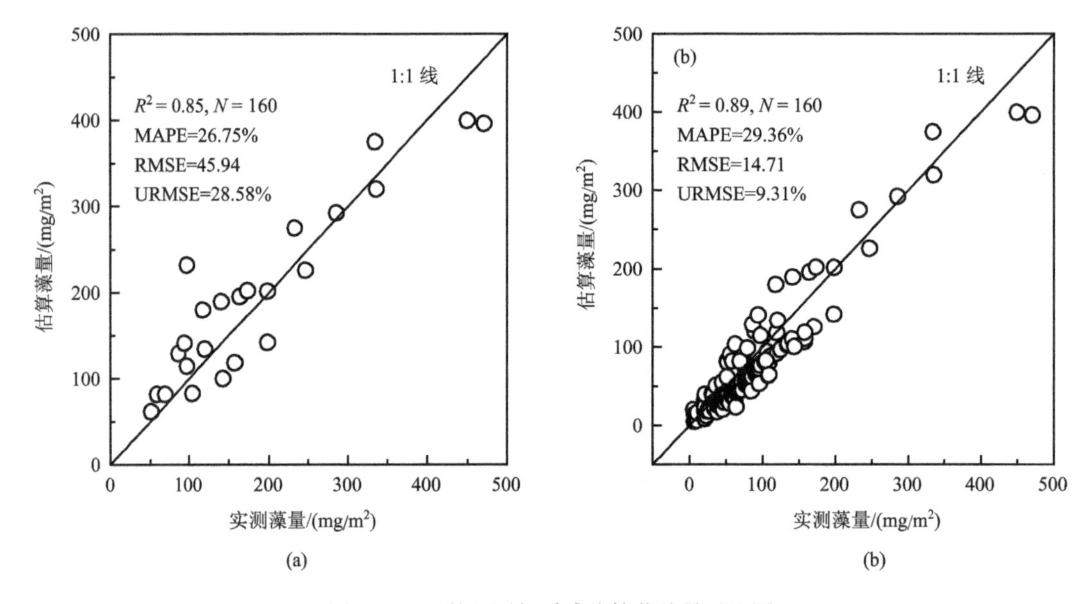

图 6-18　野外巡测与遥感估算藻总量对比图

较好，$R^2 = 0.85$，RMSE = 45.94，URMSE = 28.58%。对于藻量极高的情况下，该算法会存在低估。综合上一节非藻华条件下的验证数据集，适用于巢湖所有水体条件下的藻总量估算方法的验证结果见图 6-18(b)，可以看出，算法反演效果较好，$R^2 = 0.89$，RMSE = 14.71，URMSE = 9.31%。

此外，考虑到藻类生长规律，在短期内(一天或几天)湖泊内的藻总量不可能出现飞跃式增长，因此在本研究中利用 MODIS 不同时间段(连续两日、相邻多日)遥感数据进行藻总量估算的逻辑自洽验证。

不同时间段内的湖区藻总量遥感反演结果显示出较好的一致性(图 6-19)。2004 年 2 月相邻两天藻总量从 25.91 t 变为 23.99 t，MAPE=7.41%；类似的结果同样出现于 2016 年 5 月，藻总量在 14 日为 26.76 t，19 日的反演结果为 28.63 t，相邻多日藻量变化量为 1.87 t，MAPE = 6.98%。

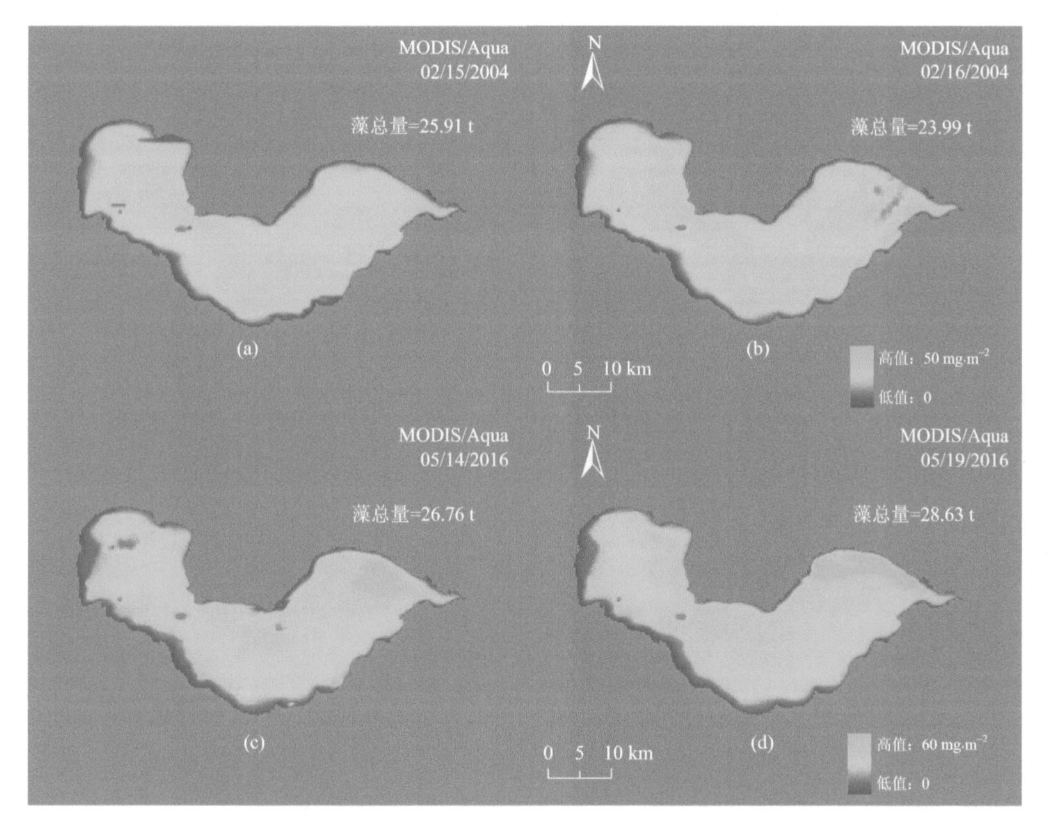

图 6-19　相邻天数内藻总量估算结果自洽对比：(a)2004 年 2 月 15 日；(b)2004 年 2 月 16 日，两天内藻量差值为 1.08 t，MAPE=7.41%。邻近多天内藻总量估算结果对比：(c)2016 年 5 月 14 日；(d)2016 年 5 月 19 日，两天内藻量差值为 1.87 t，MAPE=6.98%

6.4 巢湖藻总量时空变化及驱动力分析

1. 巢湖藻总量月际变化

选取了 2003～2016 年 MODIS 影像数据，根据已确立的 FAI 阈值，对每景影像进行藻华与非藻华水体的类型划分，对于每种类型水体结合应用于卫星多光谱数据的藻总量经验估算方法，重构了巢湖过去 14 年的藻总量时空分布数据。由 MODIS 反演得到的巢湖湖区藻总量呈现出明显的季节性及空间性差异(图 6-20)。其中，8 月藻总量最高(116.54 t)，4 月藻总量最低(30.84 t)。在季节性尺度，三个湖区的藻总量呈现相同的变化趋势，藻总量在夏季达到最高值，并从秋季开始逐渐下降；而在冬季出现缓慢增长趋势，并于 2 月达到该季节内藻总量的最高峰；随后直至 5 月藻总量呈递减趋势，自 5 月末起，藻总量呈现逐月递增，且在 6 月至 7 月间达到全年藻总量增长速率的最高值。

藻总量在各湖区也呈现出一定空间分布差异性。除夏季外，东巢湖藻总量最高，其次分别为湖心区和西巢湖湖区；而在夏季，大部分湖区都被藻华覆盖，其中以西巢湖藻总量值最高。因而，西巢湖藻总量的月际变化量最大(8.78±42.81 t)；其次为东巢湖(11.24±36.76 t)和湖心区(10.40±34.91 t)。

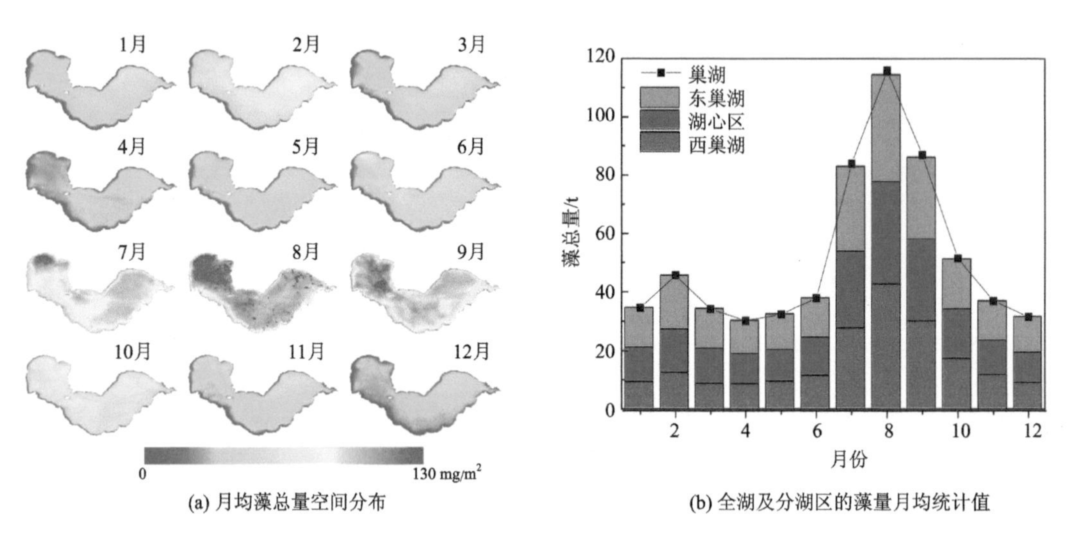

(a) 月均藻总量空间分布 (b) 全湖及分湖区的藻量月均统计值

图 6-20 巢湖藻总量月际变化结果

藻总量的月际变化主要源于巢湖湖区不同季节优势藻种的演替。夏季湖区的优势藻种为蓝藻，在全湖的覆盖率超过 95%。而夏季是蓝藻的集中大规模暴发式增长时期，据 2000 年以来的卫星影像数据显示，每年夏季为巢湖蓝藻水华的频发时间段(Zhang et al.，2015)。随后自秋季起，蓝藻开始出现大量的降解、死亡。此时湖区的优势藻种更替为绿藻和硅藻。其中，绿藻则是在秋季和春季占主导，而硅藻主要在深冬和春季占湖区藻种的主导(Deng et al.，2007)。因而这两个藻种在秋冬季的生长也是造成 2 月份湖区藻总量出现全年次高峰的主要原因。

巢湖各个湖区的藻总量峰值出现于夏季的西巢湖，主要原因是西巢湖受人类活动影响较大。由于西巢湖紧邻安徽省最发达的城市——合肥市，其受到大量工业污染及人类生活污水排放的影响，这些污染源通过南淝河、派河等流入巢湖西湖区。这些污染源通常含有大量的、有利于藻类生长的营养盐，从而造成该湖区在夏季的藻总量明显高于其他湖区。而在其他季节，由于湖区的优势藻种更替为绿藻和硅藻，而这两种藻类更多的分布于东巢湖地区(Jiang et al.，2014)，加之东巢湖的面积大于其他湖区，因而在其他季节，使得东巢湖藻总量高于其他湖区。

此外，为了更好地分析藻总量的月际变化，计算了湖区逐像元的藻总量的逐月相对标准偏差(relative standard deviation，RSD)，全湖区的藻总量变异系数如图6-21所示。全湖区的变异系数范围为7.24%至14.37%，藻总量主要的变化区域集中于西巢湖及湖心区南部，湖心区其他部分及东巢湖地区变化异常值相对较低。

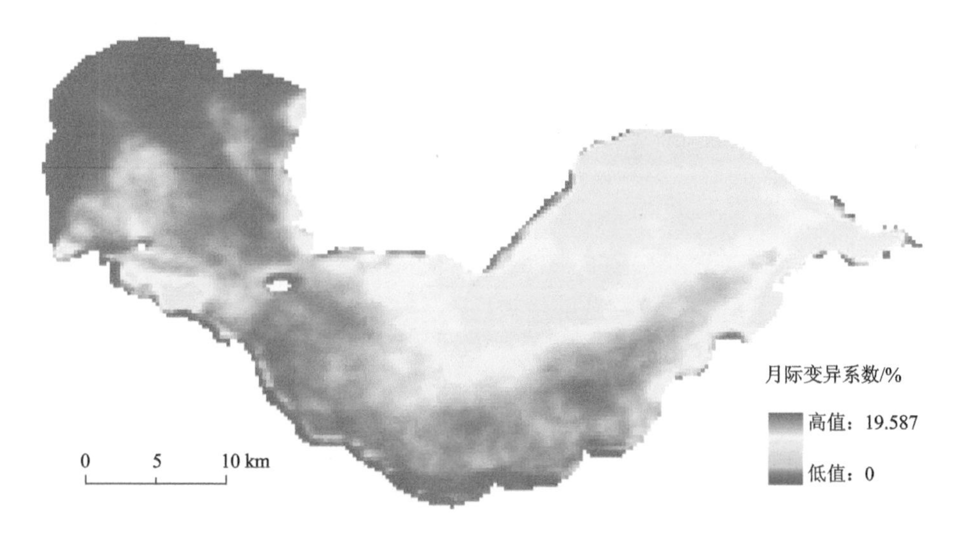

图6-21　2003～2016年湖区藻总量变异系数

利用Census X-11时间序列分解方法(Brown et al.，2014；Loisel et al.，2014；Delgado et al.，2015)对藻总量的长时间序列变化进行分解，分别分析了季节变化组分、趋势性变化组分和不规则变化组分对藻总量整体变化的贡献百分比。

对整个湖区逐像元将长时间序列数据$X(t)$(藻总量)分解为三个组分的加和：

$$X(t)=S(t)+T(t)+I(t) \tag{6-14}$$

式中，$S(t)$为季节性变化组分；$T(t)$为趋势性变化组分；$I(t)$为不规则组分变化。

将长时间序列藻总量变化进行组分分解，得到各组分的贡献比如图6-22所示。结果表明，约40%～70%的季节性变化组分贡献分布于西巢湖和湖心区，而东巢湖的季节性组分相对于其他湖区贡献较小(约占30%)；约14%～20%的趋势性变化组分贡献分布于东巢湖与湖心区交界处的南部湖区，除此以外，整个湖区趋势性组分贡献不显著。较高的不规则组分贡献多分布于西巢湖的北部及东巢湖湖区(占40%～80%)。西巢湖的高不规则组分贡献主要原因是大量营养盐的输入，由于受人类活动影响，大量污染从南淝河汇入西巢湖湖区，引起藻类的大量集中式爆发，从而使得藻总量会在某一时间段发生急剧变化；另一个高不规则组分贡献区域位于东巢湖，主要原因是该区域的优势藻种在月际尺度上不稳定，如绿藻和蓝藻受到不同的外环境因子(气温、营养盐含量等)会在该湖区交替成为优势藻种，而不同藻类的生长速率也不尽相同，因而导致了该区域的季节性变化和趋势性变化不明显，从而增加了不规则变化组分的贡献百分比。

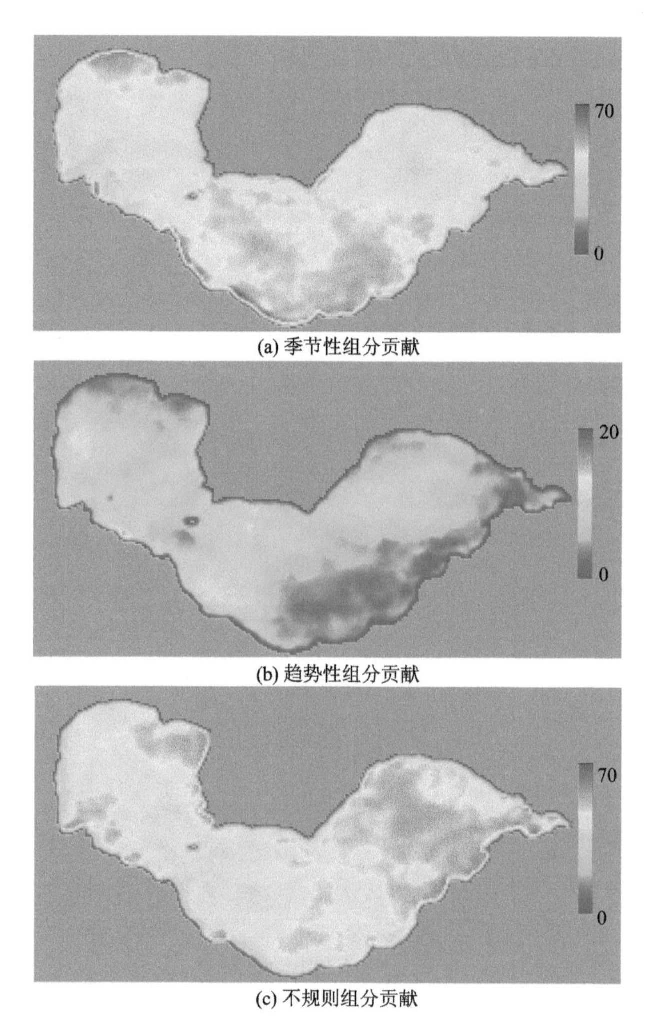

图 6-22　运用 CensusX-11 方法得到的 2003 年至 2016 年各组分对藻总量变化的贡献百分比

2. 巢湖藻总量年际变化

巢湖藻总量的年际最高值观测于 2016 年为 73.15 t，藻总量最低值观测于 2004 年为 34.09 t，14 年的藻总量均值为 50.03±9.25 t(图 6-23)。据 14 年的反演结果显示，藻总量有两次显著的增长趋势：一个是自 2004 年至 2010 年；另一个是 2011 年至 2014 年藻总量呈现逐年抬升的趋势；相应地，在 2004 年、2011 年及 2015 年观测到藻总量有明显下降。

从空间尺度来看，不同湖区的藻总量年际变化也不尽相同，其中东巢湖湖区藻总量最高，范围在 11.69 t(2004 年)至 21.09 t(2016 年)之间，年平均值为 17.26±2.38 t；湖心区的藻总量范围在 12.16 t(2004 年)至 20.37 t(2016 年)之间，年平均值为 16.03±2.29 t；西巢湖的藻总量范围在 9.76 t(2004 年)至 30.67 t(2016 年)之间年平均值为 5.99±4.96 t。其中藻总量年际变化值最大的为西巢湖，其标准差为 4.96 t；其次为东巢湖和湖心区，标准差分别为 2.38 t 和 2.29 t。

在 2010 年以前，相较于其他湖区，东巢湖具有最高的高藻量的覆盖面积；而其他两个湖区，对应的高藻量覆盖面积自 2005 年至 2009 年呈逐年增加的趋势，尤其是西巢湖增加趋势更为明显。自 2012 年起，西巢湖的高藻量覆盖面积超过其他两个湖区，该面积于 2016 年达到最高峰。

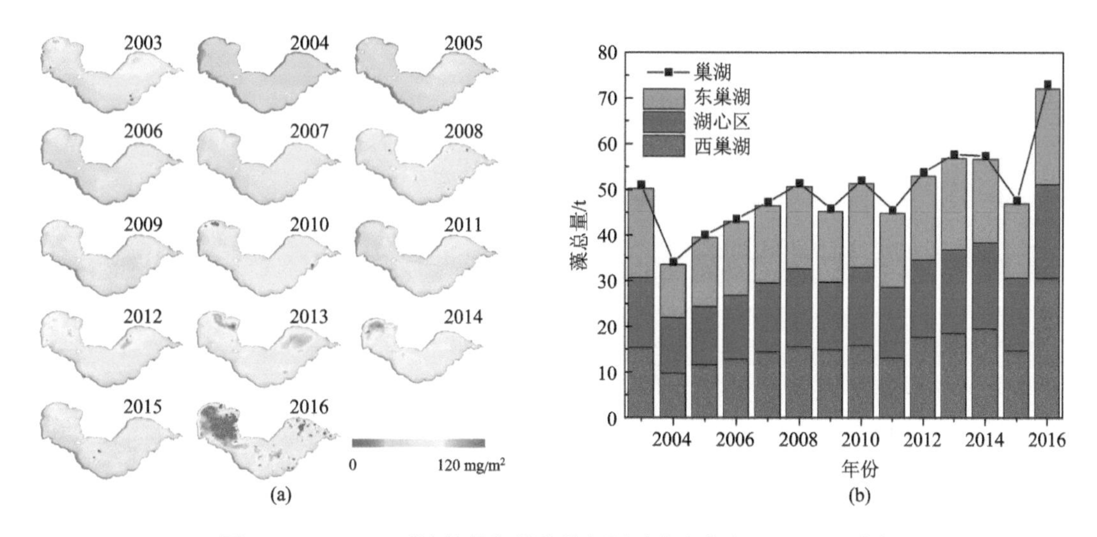

图 6-23　MODIS 反演的巢湖藻总量年际时空变化(2003～2016 年)

运用 Census X-11 方法对藻总量长时间序列数据进行季节性变化组分、趋势性变化组分以及不规则变化组分的分解，图 6-24(a)显示了藻总量的观测值；图 6-24(b)则为分解后的藻总量趋势性变化组分，由该图可以看出，藻总量在 2004 年、2011 年、2013 年和 2015 年有较明显的下降；而在 2005 年、2010 年、2012 年、2014 年和 2016 年藻总量都有较显著的增加；在其他时间段内，藻总量趋势性变化不明显。图 6-24(c)显示了藻总量在季节性变化上的基本规律，如上一节所述，湖区藻总量的峰值出现于夏季，而由于优势藻种的演替，2 月则是全年藻总量的一个次高峰。图 6-24(d)表达了藻总量的不规则变化组分，是在初始藻总量观测值的基础上去除了季节性及趋势性变化组分的结果，在 2005 年、2011 年、2012 年、2013 年及 2014 年存在有短期的较明显的不规则组分变化，而在其他时间段内，该组分信号并不明显。

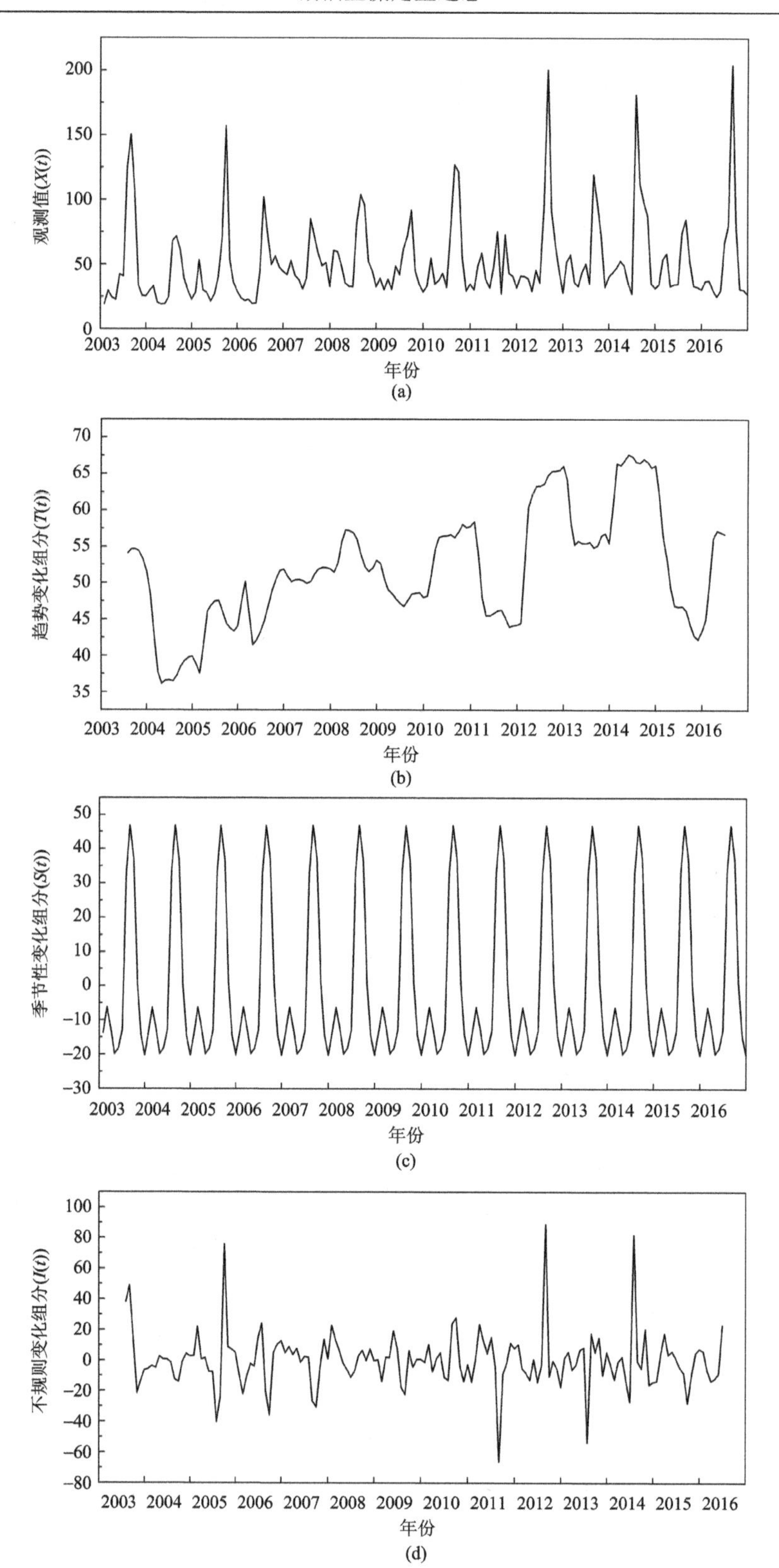

图 6-24　(a)巢湖藻总量长时间变化规律以及(b)趋势性变化、(c)季节性变化与(d)不规则变化

3. 不同外环境因子对藻量变化的影响分析

1) 重要环境因子选取

根据实测数据选取了 9 个环境因子变量，包括：总氮、总磷浓度、氮磷比、水温、pH、气温、降水量、风速和日照时长，共收集了 2003 年至 2015 年逐月的来自 14 个点位的 154 组环境因子数据，并将与采样点同步的卫星反演藻总量作为回归统计的因变量。

首先，利用最大似然法对所有的变量进行数值变换(Box and Cox，1964)，使得每个变量保持正态分布；其次，应用主成分分析法(PCA)来分析每组自变量之间的相关性，以保证下一步多元线性回归过程中各个自变量完全独立；最后，将筛选后的自变量进行多元回归，得到对应的预测藻总量模型。然后将模拟的藻总量结果与实测藻总量进行比较来验证所选取的环境因子的有效性。

根据各个环境因子的相关性结果显示，降水量、日照时长都与温度有显著的相关性(r 分别为 0.658 和–0.433)，因而这两个环境因子未参与多元线性回归，其他选取的环境因子与藻总量的 T 检验统计结果见表 6-3。利用所选取的环境因子建模得到的藻总量与实测藻总量的关系见图 6-25，这一结果也表明，在建模过程中所选取的环境因子与藻总量变化有着较好的相关性。

表 6-3 显著相关的环境因子和 *T* 检验统计结果

环境因子	水温	pH	温差	平均风速	磷含量
t 值	–6.774	–1.441	3.109	2.82	1.976
p 值	2.71e-10 ***	0.15166	0.00225 **	0.00545 **	0.04998 *

***显著性(0.1%置信区间)；** 显著性(1%置信区间)；*显著性(5%置信区间)；其余代表不显著。

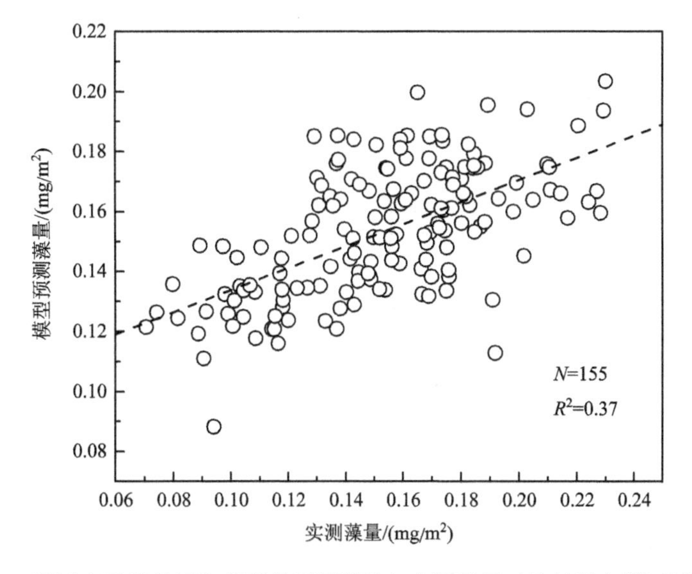

图 6-25 通过多元线性回归得到的预测藻量与实测藻量对比结果(对数变换结果)

对筛选得到的环境因子对藻类生长的影响也做了初步分析。水温是藻类生长的重要条件，水温与藻总量呈显著相关。这是因为水温的升高会促进藻类细胞的生长速度；反之，较低的温度会抑制藻类细胞的生长速度，同时会减少水体内磷的释放，延缓磷的循环速度进而影响藻类的生长(Xu et al.，2010)。此外，由于不同的藻类具有不同的温度耐受性，因而水温的变化也可以引起藻种的转变，进而引起水体内藻量的变化(Nalewajko and Murphy，2001)。

风速与藻总量间也存在着较显著的相关性。低风速可以使得藻类发生水平方向上的移动(George and Edwards，1976)，而高风速时，则会带动底泥内营养物质的释放与再悬浮(George and Edwards，1976；Webster and Hutchinson，1994)。此外，高风速还能将浮游藻类转移至水面的次优层，从而刺激藻类的生长(Webster and Hutchinson，1994；Paerl et al.，2011)。

磷浓度同样与藻总量有着显著的相关性。在多项湖泊研究中，磷被认为是限制藻类生长的主要因素，较高的磷浓度有利于藻类的快速生长(Hecky and Kilham，1988；Schindler，1977)。此外，磷浓度的变化也会导致湖区的优势藻种发生改变(Watson et al.，1997)。例如，当湖体的总磷含量超过 1 000 mg/m^3 时，蓝藻通常会被绿藻所取代(Jensen et al.，1994)。在太湖(中国的另一个典型富营养化湖泊，与巢湖纬度相近，且两个湖泊间距离仅 300 km 左右)的研究结果表明，磷浓度对藻种更替的阈值约在 150～200 mg/m^3 之间(Chen et al.，2003)。

此外，水体 pH 也与藻总量有着较好的相关性，其原因主要来自于：一方面，增加水体 pH 会促进沉积物中大量的磷释放，为藻类生长提供重要营养来源(Gao et al.，2006)；另一方面，藻类的快速生长会消耗更多的二氧化碳，进而导致水体 pH 的正向增加(Jiang et al.，2014)。此外，pH 升高引起的磷释放通常多发生于夏季，而这是磷含量季节性变化的一个重要驱动因素(Xie et al.，2003)。

综上，从实测点位数据的分析结果来看，温度、风速和营养盐与藻总量有显著的相关性。下一节在长时间序列尺度上，分析外环境因子对藻总量的影响主要结合现有的外环境因子数据而展开，因此营养盐和温度被视为影响藻总量的首要考虑因素。

2)外环境因子对藻总量年际变化的影响分析

野外实测的结果显示总氮、总磷具有不同的季节变化特点：总氮在夏季、秋季的值较低，而其峰值出现在冬季和春季；相反，总磷含量的峰值出现在于夏、秋季节，而在冬季和春季则是较低值，因而氮磷比有着较为明显的季节性变化。从整体上看，藻总量的季节性变化与氮磷比的季节性变化有很好的一致性(图 6-26)。但在年际尺度上，尤其是在 2009 年以后，总氮总磷呈下降趋势，而这一趋势与藻总量的变化趋势并不完全一致。

Census X-11 方法比较了各个湖区的藻总量与营养盐的趋势性变化组分(图 6-27)。对于西巢湖，结果显示总氮与总磷含量都与藻总量有较好的一致性，而且总氮与总磷含量的变化对藻总量的影响存在有一个月的滞后。除 2009 年外，氮磷比与藻总量都呈现良好的正相关趋势。2009 年的观测结果显示，藻总量与总氮含量、氮磷比皆呈负相关关系，主要是因为在 2009 年，西巢湖总磷含量明显下降，而在湖泊水体中，磷含量是限制藻类

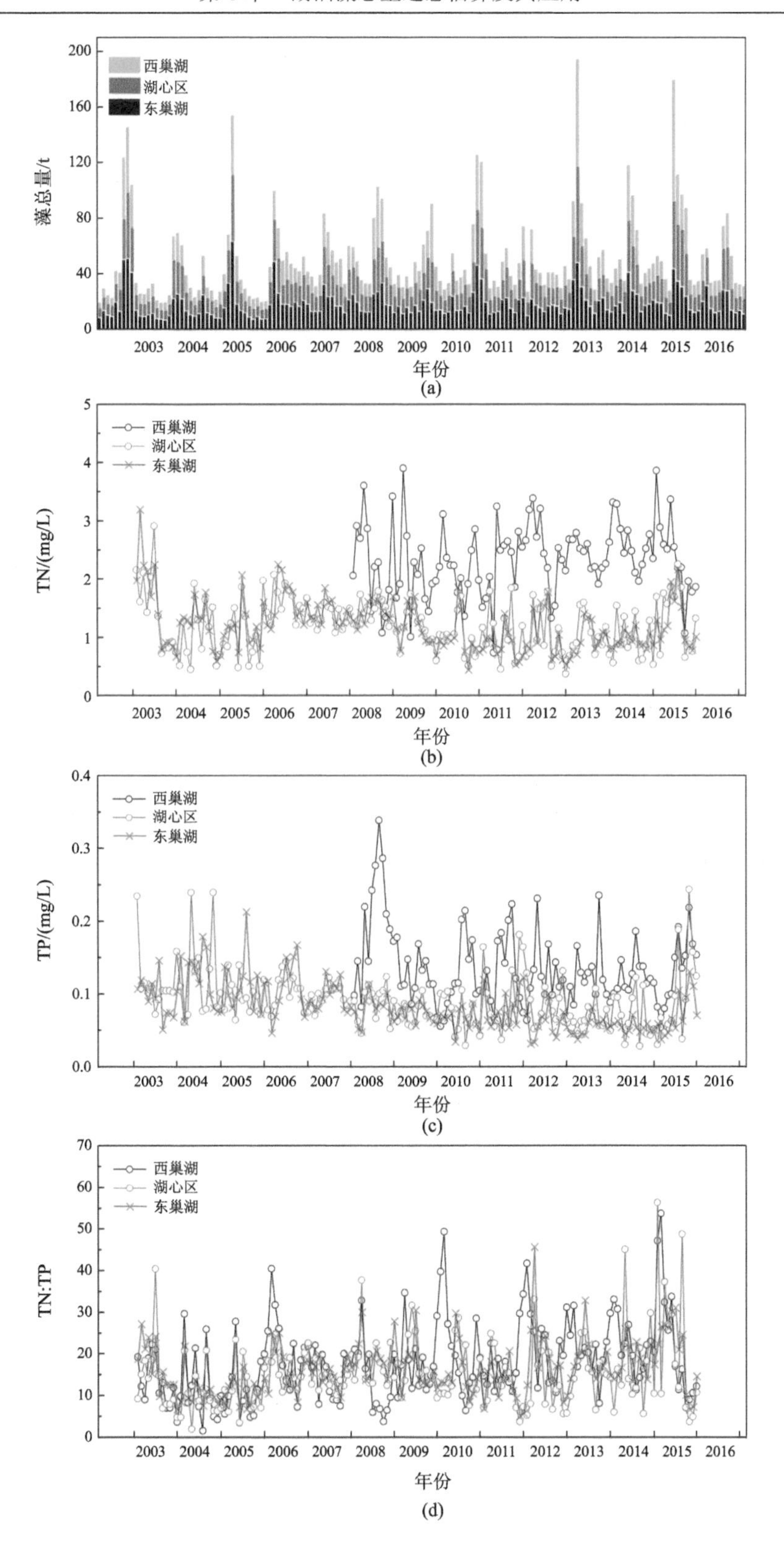

图 6-26　MODIS 观测的藻总量长时间序列变化与营养盐的关系图

生长的主要因子(Guildford and Hecky，2000)，这也表明西巢湖是处于磷含量限制的状态。类似的研究结果也在 2013 年的太湖湖区被发现(Paerl et al.，2011)。因而在该时期，湖区藻总量与总氮及氮磷比呈负相关，与总磷含量呈现明显正相关。这一研究结果也进一步表明，减少磷含量的输入可能是控制湖泊水体富营养化的有效途径。

对于湖心区，藻总量的变化也与氮磷比有着很好的一致性，总磷含量与藻总量变化趋势也相一致，除了 2011 年末以外。在该时间段内，中湖区总磷含量达到 0.181 mg/L，已接近于满足藻类生长的磷含量阈值。根据太湖的研究表明，满足浮游植物最大生长速率的总磷含量阈值为 0.2 mg/L (Xu et al.，2010)。在该条件下，湖区磷含量对藻类生长已近为饱和状态，因而磷含量不再成为藻类生长的主要影响因子。因此，在该情况下，磷含量对藻类的生长影响较低，而氮和磷的含量会共同对藻类生长产生较大影响。

类似的营养盐与藻总量的关系也存在于东巢湖湖区，整体上氮磷比与藻总量有较好的一致性，除 2011 年秋季与 2014 年冬季以外。2011 年，湖区氮磷比约为 15，湖区的总氮含量较低，由于巢湖处于磷含量受限的条件下，此时磷含量仍是藻类生长的主要控制因子(Dillon and Rigler，1974)，在促进浮游植物生长的影响中，氮只是作为磷的协同因素(Elser et al.，1990)，所以藻总量与总磷含量相关性更好。2014 年初，湖区总氮总磷含量整体较低，这表明此时的藻总量的主要影响因素并不是营养盐条件。

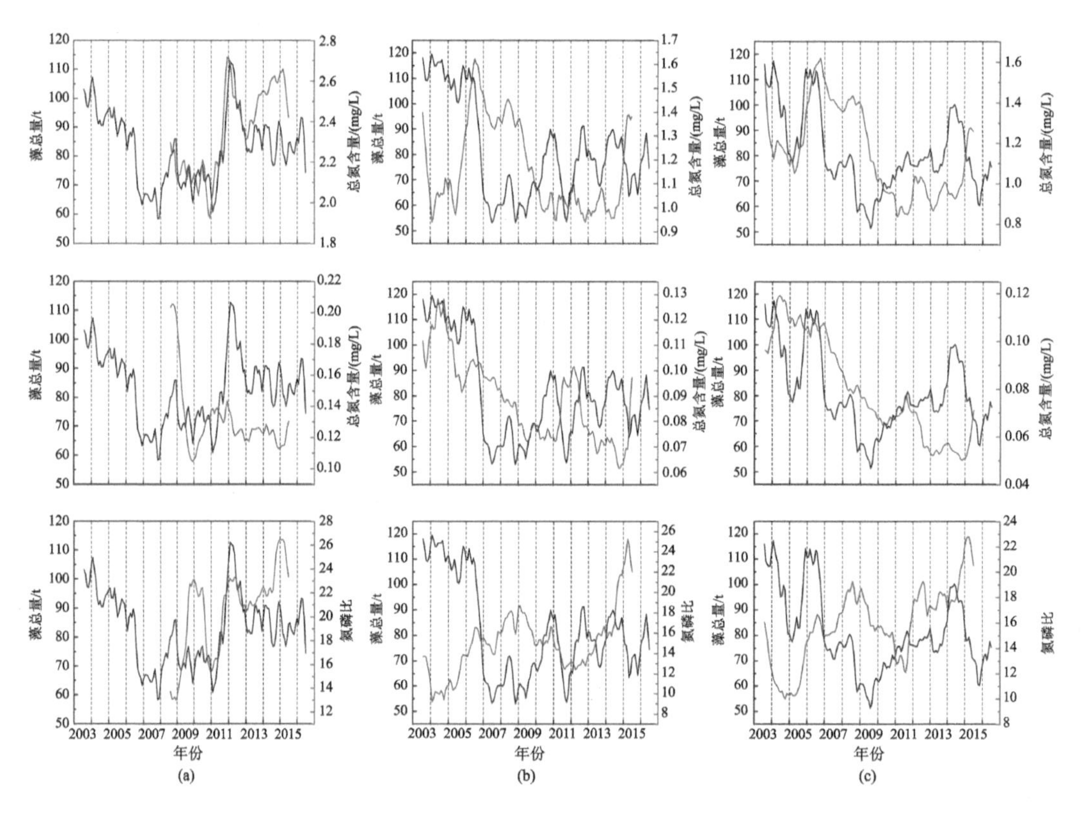

图 6-27　各湖区藻总量与营养盐关系图(仅保留趋势性变化组分)

(a)～(c)分别代表西巢湖、湖心区和东巢湖温度也是影响藻类生长的重要环境因素。据前文所述，在巢湖有着很显著的藻种的季节性更替，温度也是促进优势藻种更替的重要原因(Jiang et al.，2010)。野外实测数据研究表明，在冬季和春季巢湖的优势藻种为绿藻，其适宜的生长温度通常低于 15℃；而在夏季和秋季，湖区的优势藻种为蓝藻，其更适宜生长于较高的温度条件下(Wood，1991)，因而在夏季蓝藻相较于其他藻种有着更为明显的竞争力(Elliott et al.，2006；Joehnk et al.，2008)，使得其在该季节可以覆盖大面积湖区范围。因而夏季湖区藻量与温度的相关性更为明显(图 6-28)，利用 MODIS 观测的藻蓝素与叶绿素含量也验证了这一关系(Duan et al.，2017)。

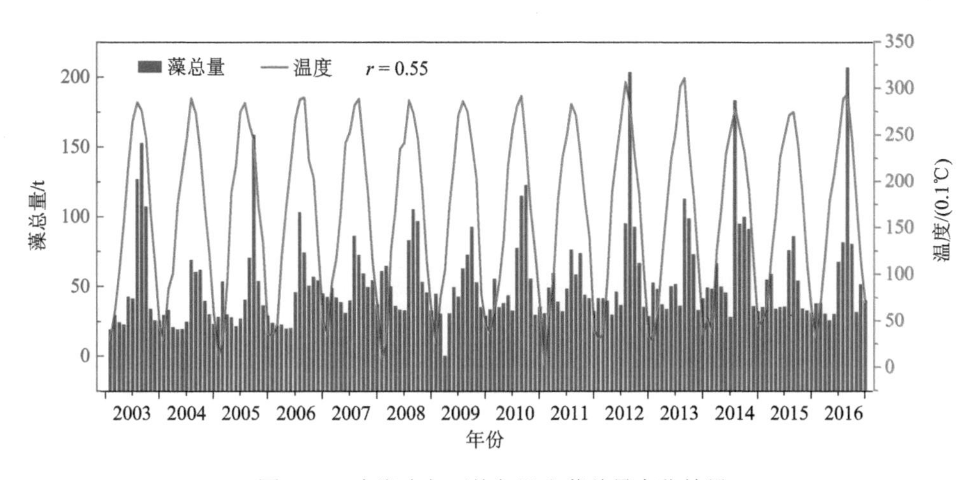

图 6-28　全湖多年平均气温和藻总量变化结果

3)外环境因子对藻总量变化异常点的影响分析

藻总量的长时间序列变化上存在有五个明显异常的不规则组分变化[图 6-29(a)]，进一步分析发现，这些藻总量异常变化可能与气候变化相关。选用了 MEI(multivariate ENSO index)指数来探求两者之间可能存在的相关性。MEI 指数主要用于检测 ENSO 现象，而这一现象也是造成全球气候变化的主要原因(Wolter and Timlin，2011)。其中 MEI 正值表示处于暖期的厄尔尼诺现象，MEI 负值表示处于冷期的拉尼娜现象(Wolter and Timlin，1993；Wolter and Timlin，1998)。ENSO 现象可以进一步反映至温度、降水等因素的异常情况：20 世纪 90 年代初至今发生的 9 次厄尔尼诺年中，气温以保持稳定和偏高为主，表明 ENSO 事件对长江流域温度的升高起到了一定的推动作用；在厄尔尼诺发生的次年夏季，西北太平洋副热带高压偏北偏强，从而导致长江流域和江南北部降水偏多，而江淮流域降水偏少(黄荣辉和陈文，2002)。

图 6-29 给出了藻总量不规则变化组分与 MEI 指数、气温及降水月距平之间的关系。2012 年厄尔尼诺现象结束后，藻总量出现明显抬升的异常变化，这主要是因为在此期间巢湖处于高气温及低降水的状态下，为藻类生长提供了非常有利的环境条件。这也与之前观测到的由厄尔尼诺引起的沿海水域水体内藻量和叶绿素含量增加现象的研究结果是一致的(Carr et al.，2002)。而 2011 年藻总量的大幅减少则是与拉尼娜现象相关，在这一时

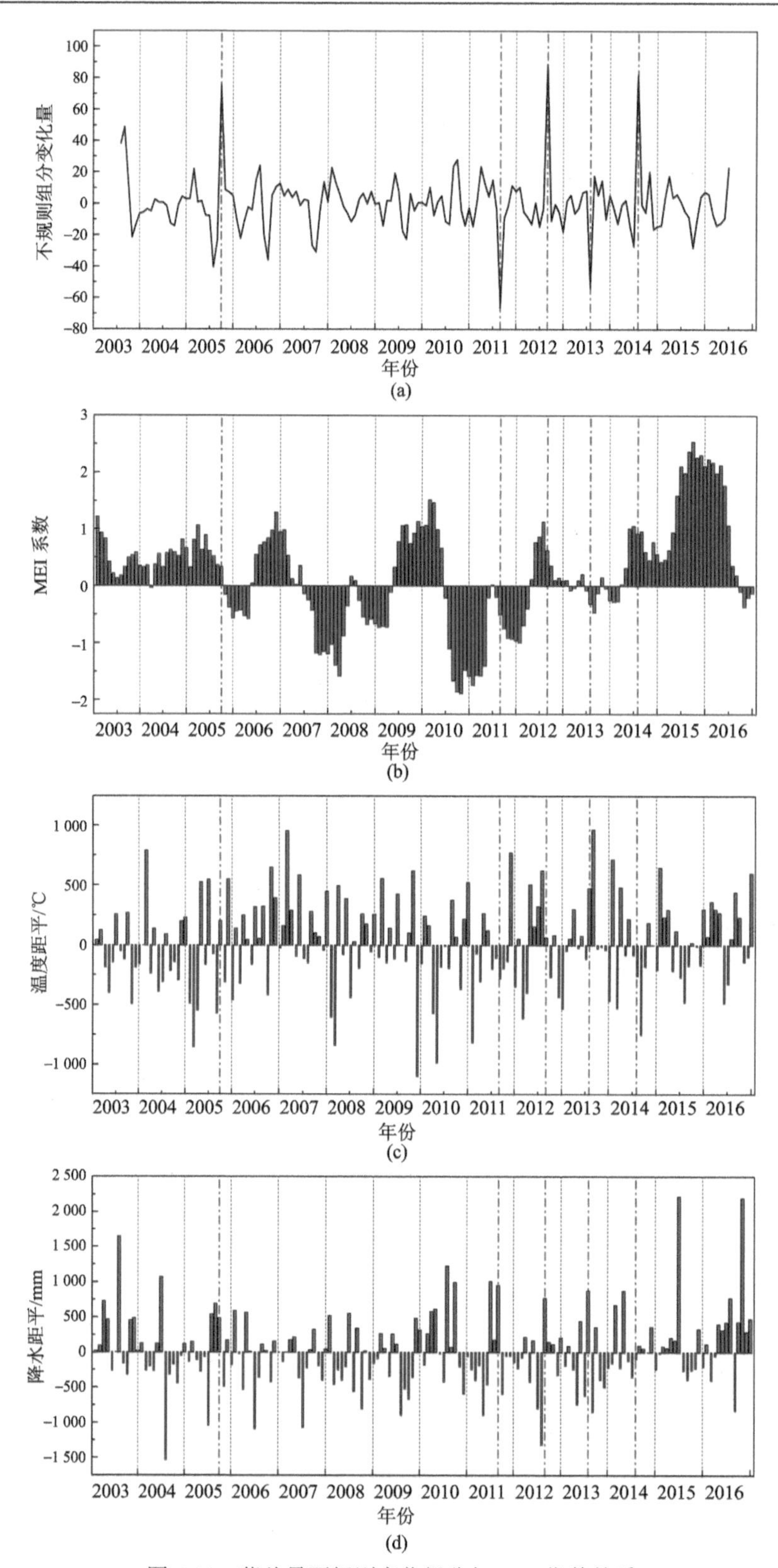

图 6-29　藻总量不规则变化组分与 MEI 指数关系

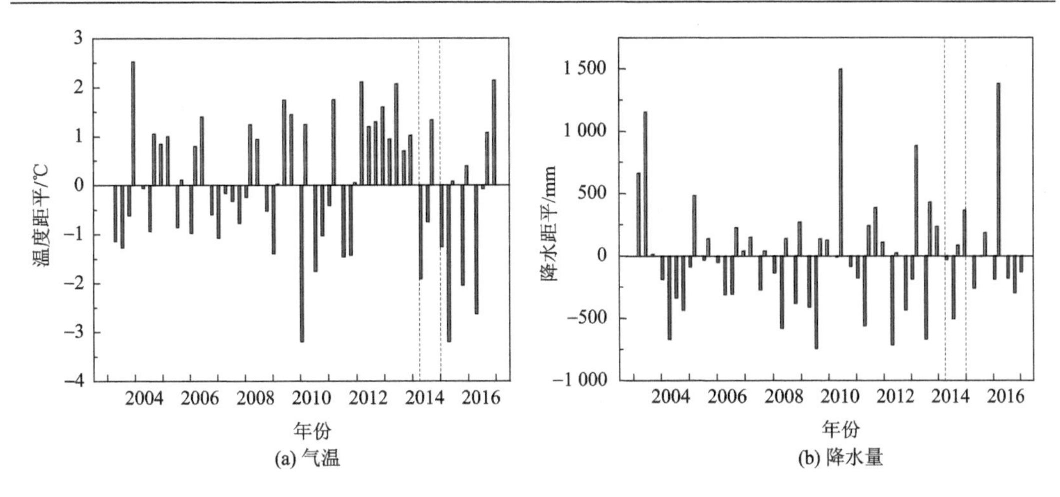

图 6-30　7 月(2003～2016 年)的(a)气温及(b)降水量的周距平统计结果

间有大量的累积降水，并且湖区处于持续的低温条件下，从而抑制了藻类的生长，使得藻总量出现明显下降。这一观测结果也说明，ENSO 现象可以调节巢湖的短期和长期的藻总量变化。在厄尔尼诺现象期间，温度升高和降水量的减少可以促进藻总量的增加；反之，拉尼娜现象会导致藻总量的减少。

然而，其他三个藻总量异常变化点与前两次的气温、降水异常情况并不完全相同。2013 年观测到藻总量明显减少，而伴随的环境条件则为高降水和高气温。进一步分析发现在这一期间观测到较大的温度异常，说明这一时期的温度已超过藻类的最佳生长温度，因此藻类的增长速度可能会降低(Eppley，1972)。因而，在这一时期内大量降水成为了影响藻量生长的主要控制因素。2005 年观测到另一个藻总量的异常增加点，对应的环境条件为低温和低降水。根据图 6-29 的结果显示，在这段时间内湖区的总磷含量有着明显增加，而磷是限制藻类生长的主要因子，因而这段时间藻量的异常增加主要是归因于湖区总磷含量的显著增加。

此外，还有一个藻总量异常点发生在 2014 年 7 月，其伴随的环境条件为低温和低降水，而且湖区内营养盐含量并没有明显变化，藻总量却出现异常增加。通过对该月藻总量反演数据的复核发现，大部分的可用卫星影像数据都分布于该月的第二周和第三周。因此，重新计算了 2003 年至 2016 年所有 7 月的降水量及气温的周距平值(图 6-30)。从图中可以看出，2014 年 7 月的前两周内，湖区处于极低的气温状态下，这极大地抑制了藻类的生长速度，因而对应第二周的藻总量明显低于同期平均藻总量。然而自第三周开始，湖区气温迅速抬升且降水量较小，为藻类生长提供了极有利的环境条件。加之 7 月是蓝藻集中生长的时期，后期更为适宜的外环境加速了藻类的生长，使得藻总量迅速增加。因而，这一个异常变化点主要是藻类生长周期内前后时间段内温差变化较大所导致的。

6.5　太湖藻总量时空分布变化

选取了 2018～2019 年 MODIS 影像数据，根据已确立的 FAI 阈值对每景影像进行藻华与非藻华水体的类型划分，对于每种类型水体结合应用于卫星多光谱数据的藻总量经验估算方法，计算了太湖 2018～2019 年藻总量时空分布(图 6-31、图 6-32、图 6-33)。2019 年 7 月 29 日藻总量最高(560.24 t)，2018 年 1 月 12 日藻总量最低(96.44 t)。太湖湖区藻总量呈现出明显的季节及空间差异。在季节性尺度，藻总量在夏季达到最高值，整个湖区藻总量普遍较高，从秋季开始逐渐下降，冬季最低，主要集中在太湖的竺山湾、梅梁湾及中心湖区的西北部。从 2018 年到 2019 年的藻总量年均空间分布来看，2019 年明显高于 2018 年，平均藻总量分别为 119.63±54.06 t 和 238.81±77.82 t。

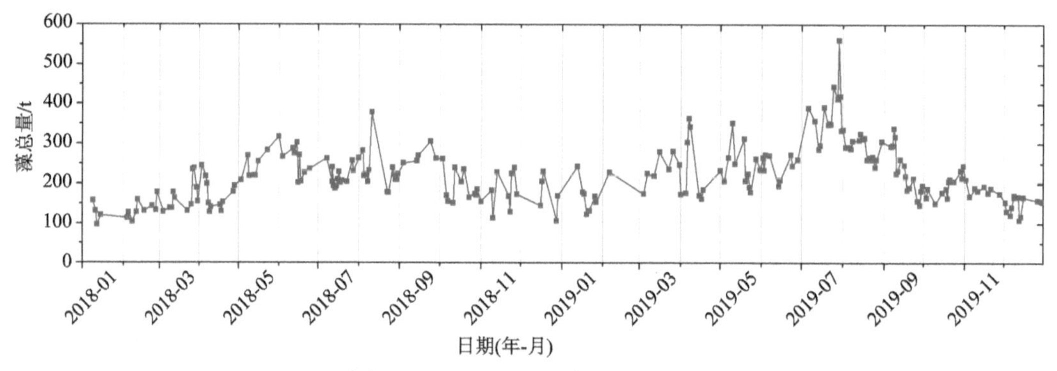

图 6-31　2018～2019 年太湖藻总量

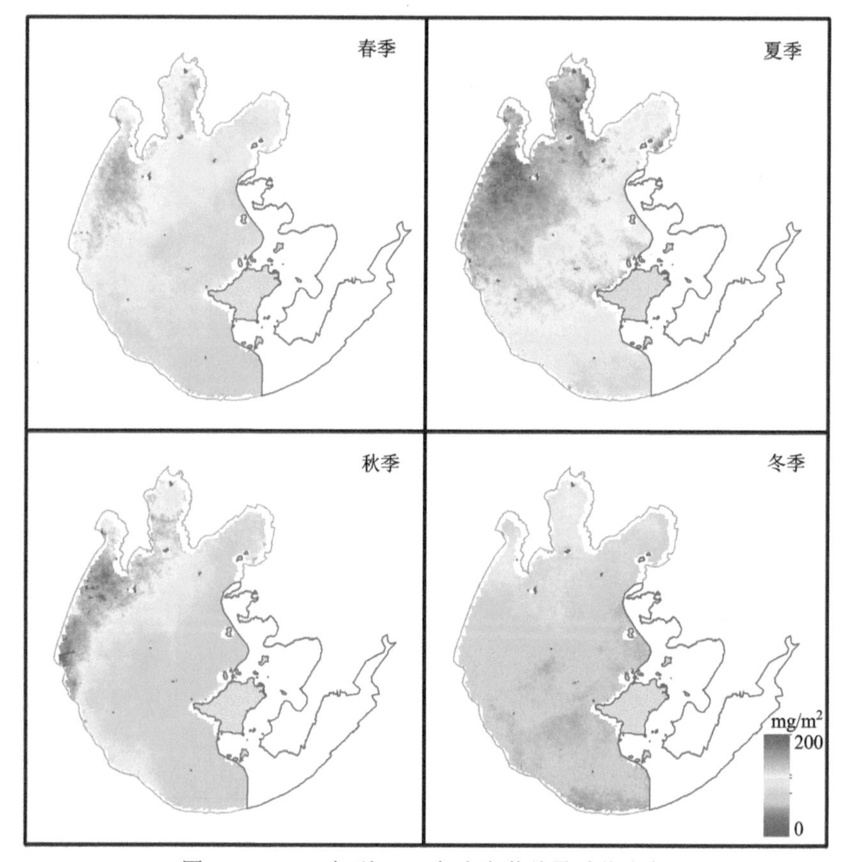

图 6-32　2018 年到 2019 年太湖藻总量季节分布

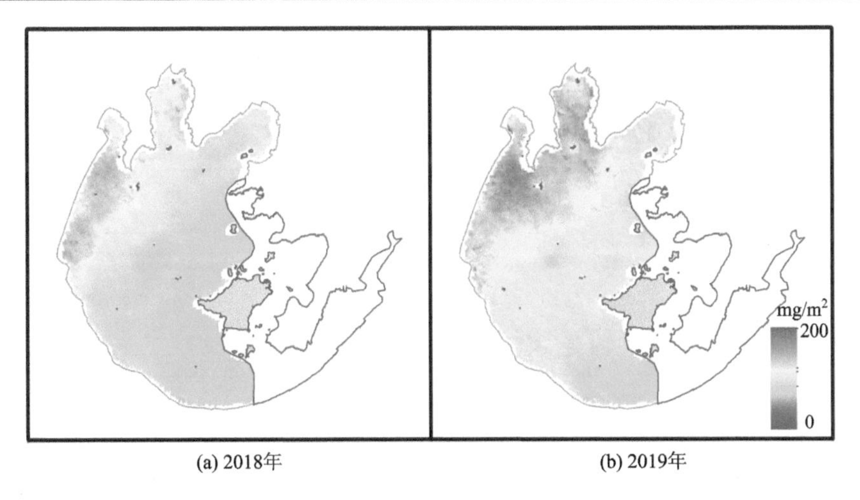

图 6-33　2018 年和 2019 年太湖藻总量年均分布

参考文献

冯春晶, 赵朝方. 2004. 基于人工神经网络研究海水中叶绿素浓度的垂直分布. 中国海洋大学学报(自然科学版), 34(3): 497-505.

黄荣辉, 陈文. 2002. 关于亚洲季风与 ENSO 循环相互作用研究最近的进展. 气候与环境研究, 7(2): 146-159.

Box G E, Cox D R. 1964. An analysis of transformations. Journal of the Royal Statistical Society, Series B (Methodological): 211-252.

Brown C W, Uz S S, Corliss B H. 2014. Seasonality of oceanic primary production and its interannual variability from 1998 to 2007. Deep Sea Research Part I: Oceanographic Research Papers, 90: 166-175.

Carr M E, Strub P T, Thomas A C, et al. 2002. Evolution of 1996–1999 La Niña and El Niño conditions off the western coast of South America: a remote sensing perspective. Journal of Geophysical Research: Oceans, 107(C12).

Charantonis A A, Badran F, Thiria S. 2015. Retrieving the evolution of vertical profiles of Chlorophyll-a from satellite observations using Hidden Markov Models and Self-Organizing Topological Maps. Remote Sensing of Environment, 163: 229-239.

Chen Y, Qin B, Teubner K, et al. 2003. Long-term dynamics of phytoplankton assemblages: Microcystis-domination in Taihu Lake a large shallow lake in China. Journal of Plankton Research, 25(4): 445-453.

Concha J A, Schott J R. 2016. Retrieval of color producing agents in Case 2 waters using Landsat 8. Remote Sensing of Environment, 185: 95-107.

Cortivo F D, Chalhoub E S, Velho H F C, et al. 2017. Chlorophyll profile estimation in ocean waters by a set of artificial neural networks. Computer Assisted Methods in Engineering and Science, 22(1): 63-88.

De Fommervault O P, Perez-Brunius P, Pierre D, et al. 2017. Temporal variability of chlorophyll distribution in the Gulf of Mexico: bio-optical data from profiling floats. Biogeosciences, 14(24): 5647.

Delgado A L, Loisel H, Jamet C, et al. 2015. Seasonal and inter-annual analysis of chlorophyll-a and inherent optical properties from satellite observations in the inner and mid-shelves of the south of Buenos Aires Province (Argentina). Remote Sensing, 7(9): 11821-11847.

Demarcq H, Richardson A J, Field J G. 2008. Generalised model of primary production in the southern

Benguela upwelling system. Marine Ecology Progress Series, 354: 59-74.

Deng D G, Xie P, Zhou Q, et al. 2007. Studies on temporal and spatial variations of phytoplankton in Lake Chaohu. Journal of Integrative Plant Biology, 49 (4) : 409-418.

Dillon P J, Rigler F. 1974. The phosphorus - chlorophyll relationship in lakes. Limnology and oceanography, 19 (5) : 767-773.

Duan H, Tao M, Loiselle S A, et al. 2017. MODIS observations of cyanobacterial risks in a eutrophic lake: Implications for long-term safety evaluation in drinking-water source. Water Research, 122: 455-470.

Edwards George C. 1976. Presidential influence in the House: Presidential prestige as a source of presidential power. American Political Science Review, 70 (1) : 101-113.

Elliott J, Jones I, Thackeray S. 2006. Testing the sensitivity of phytoplankton communities to changes in water temperature and nutrient load in a temperate lake. Hydrobiologia, 559 (1) : 401-411.

Elser J J, Marzolf E R, Goldman C R. 1990. Phosphorus and nitrogen limitation of phytoplankton growth in the freshwaters of North America: a review and critique of experimental enrichments. Canadian Journal of Fisheries and Aquatic sciences, 47 (7) : 1468-1477.

Eppley R W. 1972. Temperature and phytoplankton growth in the sea. Fish. Bull, 70 (4) : 1063-1085.

Frolov S, Ryan J, Chavez F. 2012. Predicting euphotic-depth-integrated chlorophyll-a from discrete-depth and satellite-observable chlorophyll-a off central California. Journal of Geophysical Research, 117 (C5) : C05042.

Gao G, Zhu G, Qin B, et al. 2006. Alkaline phosphatase activity and the phosphorus mineralization rate of Lake Taihu. Science in China Series D: Earth Sciences, 49: 176-185.

Gower J, King S, Yan W, et al. 2003. Use of the 709 nm band of MERIS to detect intense plankton blooms and other conditions in coastal waters. Proc. MERIS User Workshop Frascati Italy: 10-13.

Guildford S J, Hecky R E. 2000. Total nitrogen total phosphorus and nutrient limitation in lakes and oceans: is there a common relationship? Limnology and Oceanography, 45 (6) : 1213-1223.

Hecky R, Kilham P. 1988. Nutrient limitation of phytoplankton in freshwater and marine environments: a review of recent evidence on the effects of enrichment. Limnology and Oceanography, 33 (4part2) : 796-822.

Hemsley V S, Smyth T J, Martin A P, et al. 2015. Estimating oceanic primary production using vertical irradiance and chlorophyll profiles from ocean gliders in the North Atlantic. Environmental Science & Technology, 49 (19) : 11612-11621.

Hidalgo-Gonzalez R M, Alvarez-Borrego S. 2001. Chlorophyll profiles and the water column structure in the Gulf of California. Oceanologica Acta, 24 (1) : 19-28.

Hoepffner N, Sathyendranath S. 1991. Effect of pigment composition on absorption properties of phytoplankton. Marine Ecology Progress Series, 73 (1) : 11-23.

Hu C, Lee Z, Ma R, et al. 2010. Moderate resolution imaging spectroradiometer (MODIS) observations of cyanobacteria blooms in Taihu Lake China. Journal of Geophysical Research: Oceans, 115 (C4).

Hu C. 2009. A novel ocean color index to detect floating algae in the global oceans. Remote Sensing of Environment, 113 (10) : 2118-2129.

Hu M, Zhang Y, Ma R, et al. 2021. Optimized remote sensing estimation of the lake algal biomass by considering the vertically heterogeneous chlorophyll distribution: Study case in Lake Chaohu of China. Science of the Total Environment, 771 (6) : 144811.

Jensen J, Jeppesen E, Olrik K, et al. 1994. Impact of nutrients and physical factors on the shift from cyanobacterial to chlorophyte dominance in shallow Danish lakes. Canadian Journal of Fisheries and Aquatic Sciences, 51 (8) : 1692-1699.

Jiang X, Wang S, Zhong L, et al. 2010. Seasonal variation characteristics of algae biomass in Chaohu Lake. Environmental Science, 31(9): 2056-2062.

Jiang Y J, He W, Liu W X, et al. 2014. The seasonal and spatial variations of phytoplankton community and their correlation with environmental factors in a large eutrophic Chinese lake (Lake Chaohu). Ecological Indicators, 40: 58-67.

Joehnk K D, Huisman J, Sharples J, et al. 2008. Summer heatwaves promote blooms of harmful cyanobacteria. Global Change Biology, 14(3): 495-512.

Kameda T, Matsumura S. 1998. Chlorophyll biomass off Sanriku northwestern Pacific estimated by Ocean Color and Temperature Scanner (OCTS) and a vertical distribution model. Journal of Oceanography, 54(5): 509-516.

Kirk J. 1986. Optical properties of picoplankton suspensions. Canadian Bulletin Fisheries and Aquatic Sciences, 214: 501-520.

Lavigne H, D'ortenzio F, Ribera D'alcalà M, et al. 2015. On the vertical distribution of the chlorophyll a concentration in the Mediterranean Sea: a basin-scale and seasonal approach. Biogeosciences, 12(16): 5021-5039.

Leach T H, Beisner B E, Carey C C, et al. 2017. Patterns and drivers of deep chlorophyll maxima structure in 100 lakes: The relative importance of light and thermal stratification. Limnology and Oceanography, 63: 628-646.

Lewis M R, Cullen J J , Platt T. 1983. Phytoplankton and thermal structure in the upper ocean: consequences of nonuniformity in chlorophyll profile. Journal of Geophysical Research: Oceans, 88(C4): 2565-2570.

Li J, Zhang Y, Ma R, et al. 2017. Satellite-based estimation of column-integrated algal biomass in nonalgae bloom conditions: A case study of Lake Chaohu China. IEEE Journal of Selected Topics in Applied Earth Observations and Remote Sensing, 10(2): 450-462.

Lodhi M, Rundquist D. 2001. A spectral analysis of bottom-induced variation in the colour of Sand Hills lakes Nebraska USA. International Journal of Remote Sensing, 22(9): 1665-1682.

Loisel H, Mangin A, Vantrepotte V, et al. 2014. Variability of suspended particulate matter concentration in coastal waters under the Mekong's influence from ocean color (MERIS) remote sensing over the last decade. Remote Sensing of Environment, 150: 218-230.

Millán-Núñez R, Alvarez-Borrego S, Trees C C. 1997. Modeling the vertical distribution of chlorophyll in the California Current System. Journal of Geophysical Research, 102(C4): 8587-8595.

Morel A, Berthon J F. 1989. Surface pigments algal biomass profiles and potential production of the euphotic layer: Relationships reinvestigated in view of remote - sensing applications. Limnology and Oceanography, 34(8): 1545-1562.

Muñoz - Anderson M, Millán - Núñez R, Hernández - Walls R, et al. 2015. Fitting vertical chlorophyll profiles in the California Current using two Gaussian curves. Limnology and Oceanography: Methods, 13(8): 416-424.

Nalewajko C, Murphy T P. 2001. Effects of temperature and availability of nitrogen and phosphorus on the abundance of Anabaena and Microcystis in Lake Biwa Japan: an experimental approach. Limnology, 2(1): 45-48.

Paerl H W, Xu H, Mccarthy M J, et al. 2011. Controlling harmful cyanobacterial blooms in a hyper-eutrophic lake (Lake Taihu China): the need for a dual nutrient (N & P) management strategy. Water Research, 45(5): 1973-1983.

Robinson C, Cherukuru N, Hardman-Mountford N, et al. 2017. Phytoplankton absorption predicts patterns in primary productivity in Australian coastal shelf waters. Estuarine Coastal and Shelf Science, 192: 1-16.

Sauzède R, Bittig H C, Claustre H, et al. 2017. Estimates of water-column nutrient concentrations and carbonate system parameters in the global ocean: A novel approach based on neural networks. Frontiers in Marine Science, 4: 128.

Sauzède R, Claustre H, Jamet C, et al. 2015. Retrieving the vertical distribution of chlorophyll a concentration and phytoplankton community composition from in situ fluorescence profiles: A method based on a neural network with potential forglobal - scale applications. Journal of Geophysical Research: Oceans, 120(1): 451-470.

Schindler D. 1977. Evolution of phosphorus limitation in lakes. Science, 195(4275): 260-262.

Silulwane N, Richardson A, Shillington F, et al. 2001. Identification and classification of vertical chlorophyll patterns in the Benguela upwelling system and Angola-Benguela Front using an artificial neural network. South African Journal of Marine Science, 23(1): 37-51.

Siswanto E, Ishizaka , J Yokouchi K. 2005. Estimating chlorophyll-a vertical profiles from satellite data and the implication for primary production in the Kuroshio front of the East China Sea. Journal of Oceanography, 61(3): 575-589.

Souto R P, Dias P L S, Velho H F C, et al. 2017. New developments on reconstruction of high resolution chlorophyll-a vertical profiles. Computational and Applied Mathematics, 36(3): 1195-1204.

Uitz J, Claustre H , Morel A, et al. 2006. Vertical distribution of phytoplankton communities in open ocean: An assessment based on surface chlorophyll. Journal of Geophysical Research: Oceans, 111(C8).

Watson S B, Mccauley E, Downing J A. 1977. Patterns in phytoplankton taxonomic composition across temperate lakes of differing nutrient status. Limnology and Oceanography, 42(3): 487-495.

Webster I T, Hutchinson P A. 1994. Effect of wind on the distribution of phytoplankton cells in lakes revisited. Limnology and Oceanography, 39(2): 365-373.

Wolter K, Timlin M S. 2011. El Niño/Southern Oscillation behaviour since 1871 as diagnosed in an extended multivariate ENSO index (MEI. ext). International Journal of Climatology 2011, 31(7): 1074-1087.

Wolter K, Timlin M S. 1998. Measuring the strength of ENSO events: How does 1997/98 rank? Weather, 53(9): 315-324.

Wolter K, Timlin M S. 1993. Monitoring ENSO in COADS with a seasonally adjusted principal component index. Proc. of the 17th Climate Diagnostics Workshop.

Wojtasiewica B, Nick H, Davd A, et al. 2018. Use of bio-opticalprofiling float data in validation of ocean colour satellite products in a remote oceanregion. Remote Sensing of Environment: An Interdisciplinary Journal. 209: 275-290.

Wood R. 1991. Nusiance blooms of cyanobacteria in tropical fresh-water systems. Hypertrophic and polluted freshwater ecosystems: Ecological bases for water resource management. Proceedings of International Symposium on Limnology.

Xie L, Xie P, Li S, et al. 2003. The low TN: TP ratio a cause or a result of Microcystis blooms. Water Research, 37(9): 2073-2080.

Xu H, Paerl H W, Qin B, et al. 2010. Nitrogen and phosphorus inputs control phytoplankton growth in eutrophic Lake Taihu China. Limnology and Oceanography, 55(1): 420-432.

Xue K, Zhang Y, Duan H, et al. 2015. A remote sensing approach to estimate vertical profile classes of phytoplankton in a eutrophic lake. Remote Sensing, 7(11): 14403-14427.

Xue K, Zhang Y, Duan H, et al. 2017. Variability of light absorption properties in optically complex inland waters of Lake Chaohu China. Journal of Great Lakes Research, 43(1): 17-31.

Yang H, Xie P, Xu J, et al. 2006. Seasonal variation of microcystin concentration in Lake Chaohu a shallow subtropical lake in the People's Republic of China. Bulletin of Environmental Contamination and

Toxicology, 77(3): 367-374.

Zhang Y, Ma R, Duan H, et al. 2016. A novel MODIS algorithm to estimate chlorophyll a concentration in eutrophic turbid lakes. Ecological Indicators, 69: 138-151.

Zhang Y, Ma R, Zhang M, et al. 2015. Fourteen-year record (2000–2013) of the spatial and temporal dynamics of floating algae blooms in Lake Chaohu observed from time series of MODIS images. Remote Sensing, 7(8): 10523-10542.

第 7 章　湖泊水体有机碳含量遥感估算

水体中的有机碳包括溶解性有机碳(dissolved organic carbon, DOC)和颗粒有机碳(particulate organic carbon, POC)，是水生生态系统中重要的有机物库，在生物、地质和化学过程中发挥着主要作用。因此，水体中有机碳的产生和传输利用成为生态系统物质转化和能量流动的关键环节(Amon and Benner, 1996)。DOC 是湖泊中最大的有机碳库，湖泊对 DOC 有很大的库存能力，以 DOC 沉积率 30%计算，全球范围内每年有 1.5×10^{13} g C 的 DOC 沉积在湖泊中(林万涛, 2005)。DOC 在湖泊碳循环中扮演着十分重要的角色，可以表征水体中有机物含量和生物活动水平，是湖泊生产力研究的基本参数，也是判断水体污染程度的重要参数(Carlson et al., 1994)。富营养化湖泊中生命 POC 含量较高，主要来源于生物合成(浮游生物、水生植物、光合细菌和某些化能细菌利用 CO_2 的合成)。全球范围内湖泊中存储的总生命 POC 每年大约有 3.6×10^{13} g(Downing, 1993)。POC 在湖泊碳循环和湖泊生态系统中举足轻重，在一定程度上控制着水体中溶解有机碳、胶体有机碳以及溶解无机碳的行为，并且还是生物摄食——代谢中的主体，对水生生态系统食物链的结构有重大影响(张乃星等, 2006)，与生物的生命过程、初级生产力等密切相关，是评价湖泊水体生产力的重要参量(刘占飞等, 2003)。

7.1　水体中有机碳遥感探测机理

遥感技术具有快速、大范围和周期性的特点，已成为目前大型湖泊水体水质监测有效的措施之一(潘德炉等, 2008)。通过遥感系统测量并分析水体吸收和散射太阳辐射能形成的光谱特征是遥感监测水质的基础(杨一鹏等, 2004)。水体各组分影响了水体的光学特性，在水体遥感反射率光谱上表现出不同的特征。水色遥感的最终目的就是在精确获取水体离水辐亮度或遥感反射率的情况下，通过建立其与水色参数浓度的相关关系，实现水色参数的反演，以满足水色遥感监测或预测的现实需求(马荣华等, 2010)。但是，严格意义上讲，DOC 和 POC 都不是水色参数(悬浮泥沙、浮游植物和黄色物质)，不能直接影响水体的遥感反射比，并且内陆水体光学特性复杂，时空差异显著，极大地影响了水体中有机碳的遥感估算精度。

1. 颗粒有机碳卫星遥感探测机理

POC 是总悬浮物的一部分，同时也是有机悬浮物的重要组成部分。生命 POC 和非生命 POC 在水体的遥感信号上均有表现。水体光学特性包括表观光学特性和固有光学特性，两者通过水体生物光学模型有机结合起来(唐军武等, 2000)。水体的固有光学特性是由水体组分(悬浮泥沙、浮游植物和有色溶解有机物)的吸收系数和后向散射系数构成。

POC 的浓度直接影响了水体中颗粒物的结构组成，在大洋水体中 POC 与总悬浮物的后向散射系数(b_{bp})、衰减系数(c_p)之间有较好的相关关系(Mishonov et al., 2003; Son et al., 2009; Stramski et al., 1999)。不同来源的 POC 对颗粒物的组成具有不同的贡献，例如，以浮游植物为主要来源的 POC 属于色素颗粒物，而陆源的 POC 属于非色素颗粒物(Jiang et al., 2020)。因此，基于 POC 含量与悬浮颗粒物浓度之间的定量关系，结合悬浮颗粒物浓度的遥感反演模型，间接估算水体中的 POC 含量。

2. 溶解有机碳卫星遥感探测机理

DOC 主要包括有色溶解有机物(chromophoric dissolved organic matter, CDOM)和无色溶解有机物(uncolored dissolved organic matter, UDOM)两部分。其中，CDOM 在紫外和可见光波段具有较强的吸收作用，改变水下光场在垂直和水平方向上的分布(Nieke et al., 1997)，进而影响了水体的离水辐亮度或遥感反射比，因此，可通过定量遥感方法直接或间接获得水体中的 CDOM 含量。

UDOM 是 DOC 的无色部分，不能影响水体的遥感反射比，因此，不能通过遥感技术获取水体中 UDOM 的含量。同时，CDOM 和 UDOM 之间可相互转化(Vodacek et al., 1997)，而在 DOC 的物质组成中，当两者成比例时，CDOM 与 DOC 具有较好的线性关系(Fichot et al., 2011; Spencer et al., 2009)，可通过建立 CDOM 与 UDOM 的相关关系，结合 CDOM 吸收系数的遥感反演模型，从而利用遥感技术估算水体中溶解有机碳含量。

7.2　水体中颗粒有机碳遥感估算

1. 颗粒有机碳含量对水体固有光学量的影响

以太湖为例，分别建立太湖水体表层颗粒有机碳浓度与水体组分吸收系数、后向散射系数之间的相关关系，以评估颗粒有机碳对水体固有光学特性的影响。由于颗粒有机碳是有机颗粒物的一部分，因此只考虑 POC 浓度与总颗粒物吸收系数(a_p)及其后向散射系数(b_{bp})之间的关系。而总颗粒物吸收系数可假定为色素颗粒物吸收(a_{ph})和非色素颗粒物吸收系数(a_d)两者的线性之和，因此，需要分别建立 POC 浓度与色素颗粒物吸收系数(a_{ph})、非色素颗粒物吸收系数(a_d)之间的关系，以进一步确定 POC 浓度对水体吸收的影响。

建立 400～700 nm 波段范围内 a_p 与 c_{POC} 之间的关系，发现 POC 与颗粒物吸收系数之间有很好的相关关系，特别在 600～700 nm 波段范围内，相关系数 r 在 0.5 以上($P < 0.05$)[图 7-1(a)]。在现场测量水体后向散射系数时，只测量了 6 个波长处的后向散射系数(412 nm、442 nm、470 nm、510 nm、590 nm 和 700 nm)。因此，只能建立 POC 浓度与某一波长处的后向散射系数。表 7-1 给出不同波长处总颗粒物后向散射系数 Pearson 相关系数，发现 $b_{bp}(590)$ 与其他波长的相关性较好，相关系数均在 0.56 以上，特别是与 700 nm 处的后向散射系数相关性较大($r > 0.80$)，并且在该波长处水体组分吸收变化较小(Stramska and Stramski, 2005)。因此选择 $b_{bp}(590)$ 与 c_{POC} 建立相关关系评估 POC 对水体后向散射系数的影响。结果显示，POC 与颗粒物后向散射系数[$b_{bp}(590)$]之间关系较差($R^2 = 0.03, P \geqslant 0.05$)[图 7-1(b)]。因此，太湖水体中 POC 浓度显著影响了颗粒物的吸收特性。

太湖蓝藻水华频繁暴发，蓝藻在太湖水体浮游生物群落中占主导优势(Chen et al., 2003)。藻蓝素是蓝藻特有的色素(Ruiz-Verdu et al., 2008)，并且在 620 nm 处对光有很强的吸收，因此可作为藻蓝素遥感定量反演的敏感波段(Duan et al., 2012)。同时，620 nm 又是 MERIS 的响应波段，因此选择 620 nm 处颗粒物吸收系数[$a_p(620)$]，建立其与 POC 浓度之间的关系，结果发现，两者相关关系显著($R^2 = 0.83, P < 0.01$)。

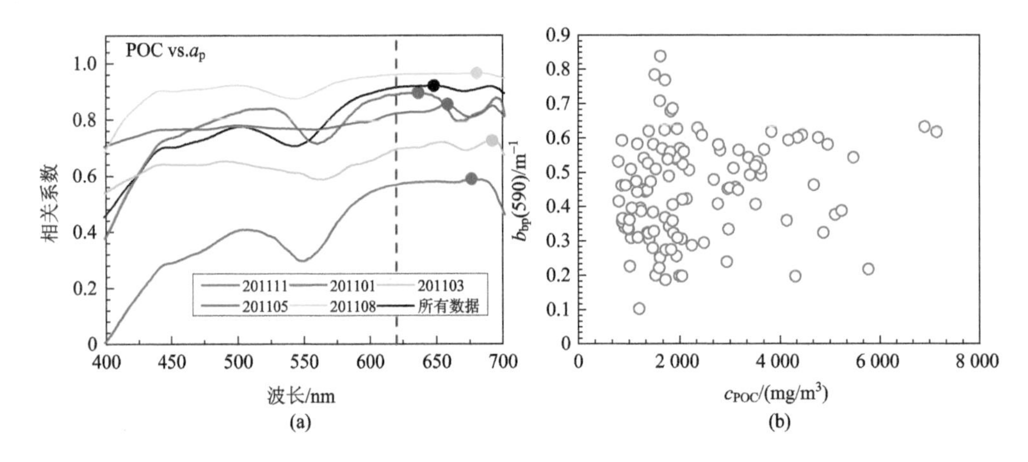

图 7-1　POC 与水体组分固有光学特性之间的关系

图(a)中，不同颜色的实心圆点代表相关系数最大时所在的波长位置，酒红色虚线代表波长 620 nm 处的吸收系数。

表 7-1　不同波长处的后向散射系数之间的相关关系(Pearson 相关)

项目	$b_{bp}(420)$	$b_{bp}(442)$	$b_{bp}(470)$	$b_{bp}(510)$	$b_{bp}(590)$	$b_{bp}(700)$
$b_{bp}(420)$	1.000	0.995**	0.974**	0.795**	0.610**	0.454**
$b_{bp}(442)$		1.000	0.980**	0.843**	0.611**	0.495**
$b_{bp}(470)$			1.000	0.846**	0.749**	0.631**
$b_{bp}(510)$				1.000	0.560**	0.651**
$b_{bp}(590)$					1.000	0.886**
$b_{bp}(700)$						1.000

** $p<0.01$ 时显著相关。

颗粒有机碳包括极微型、微型和大型的浮游植物、非自养的细菌、大型浮游动物以及动植物碎屑等(Legendre et al., 1999; Liu et al., 2005)。但是悬浮泥沙中的部分物质是非有机物，因此，总颗粒物吸收可认为是有机部分[$a_{poc}(\lambda)$]与无机部分[$a^{-}_{poc}(\lambda)$]吸收之和，即：$a_p(\lambda) = a_{poc}(\lambda) + a^{-}_{poc}(\lambda)$，而又可以进一步划分为浮游植物色素吸收、悬浮泥沙中的有机部分与无机部分这三部分之和，即：$a_p(\lambda) = a_{ph\text{-}poc}(\lambda) + a_{d\text{-}poc}(\lambda) + a^{-}_{poc}(\lambda)$。

为了进一步判定 POC 对颗粒物吸收的影响，分别建立色素和非色素吸收之间的相关关系。分别建立 $a_{ph}(620)$ 和 $a_d(620)$ 与 POC 之间的关系，发现 $a_{ph}(620)$ 与 POC 有较好的相关关系（$R^2 = 0.88, P < 0.01$），而 $a_d(620)$ 与 POC 关系不明显（$R^2 = 0.08, P > 0.05$）（图 7-2，表 7-2）。这说明太湖水体中的颗粒有机碳主要影响了色素颗粒物的吸收特性。

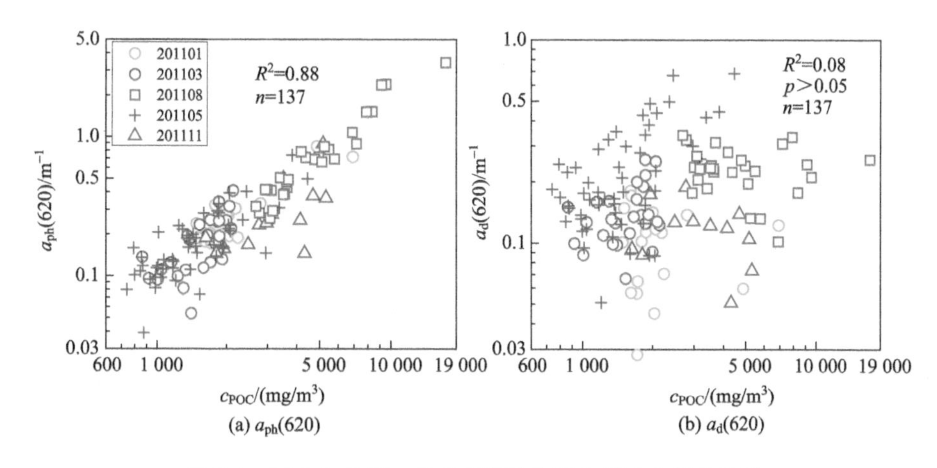

图 7-2　POC 与色素、非色素颗粒物吸收系数之间的关系

表 7-2　太湖 5 航次光学和生物化学参数的描述性统计

采样日期(年-月)	$c_{POC}/(mg/m^3)$	$a_{ph}(620)/m^{-1}$	$c_{TSS}/(mg/L)$	$c_{OSS}/(mg/L)$	$c_{Chla}/(\mu g/L)$
2011-01	2 298.34±1345.41	0.29±0.18	22.66±8.12	8.11±5.40	18.21±7.69
2011-03	1 558.06±380.59	0.18±0.09	24.08±10.48	5.25±1.89	17.07±11.53
2011-05	1 608.83±790.75	0.32±0.83	43.47±27.55	7.24±3.03	13.08±10.02
2011-08	5 281.08±3064.01	0.87±0.75	40.25±12.87	13.32±7.73	27.81±20.51
2011-11	3 391.38±1312.67	0.31±0.21	19.25±2.92	6.48±2.88	23.72±15.24
所有数据	2 601.49±2152.90	0.40±0.67	34.13±21.11	8.16±5.31	18.50±14.31

2. 颗粒有机碳含量遥感估算模型

1）模型构建

基于对太湖水体中 POC 光学特性的分析，建立色素吸收系数$[a_{ph}(620)]$与颗粒有机碳浓度（c_{POC}）之间的定量关系，可有效估算太湖水体表层的 POC 含量。而建立 $a_{ph}(620)$ 的高精度定量遥感算法是利用遥感技术估算 POC 浓度的前提和基础。

Simis 等（2005）在 Gons（1999）反演叶绿素 a 浓度遥感算法的基础上，建立了利用生物光学模型反演藻蓝素浓度的遥感算法。首先建立波长 778.75 nm 处后向散射系数的遥感估算方法[式(7-1)]，然后利用后向散射系数推出 620 nm 处的色素吸收系数[式(7-2)]。

$$b_b(778.75) = 1.61 \times \frac{R_w(778.75)}{0.082 - 0.6 \times R_w(778.75)} \tag{7-1}$$

$$a_{\mathrm{ph}}(620)=\left[\frac{R_{\mathrm{rs}}(709)}{R_{\mathrm{rs}}(620)}\times(a_{\mathrm{w}}(709)+b_{\mathrm{b}}(778.75))-b_{\mathrm{b}}(778.75)-a_{\mathrm{w}}(620)\right]\times\delta^{-1} \tag{7-2}$$

式中，R_{w} 是离水反射率；δ 为 0.84。

基于太湖现场测量的样点，对以上模型进行检验，结果表明，该模型在太湖水体中具有普适性(图 7-3)，决定系数(determination coefficient) R^2 达 0.90 以上，相对均方根误差(relative root mean square error)为 33.14%，因此可以利用该模型对太湖水体表层色素颗粒物吸收系数进行精确的遥感定量估算。

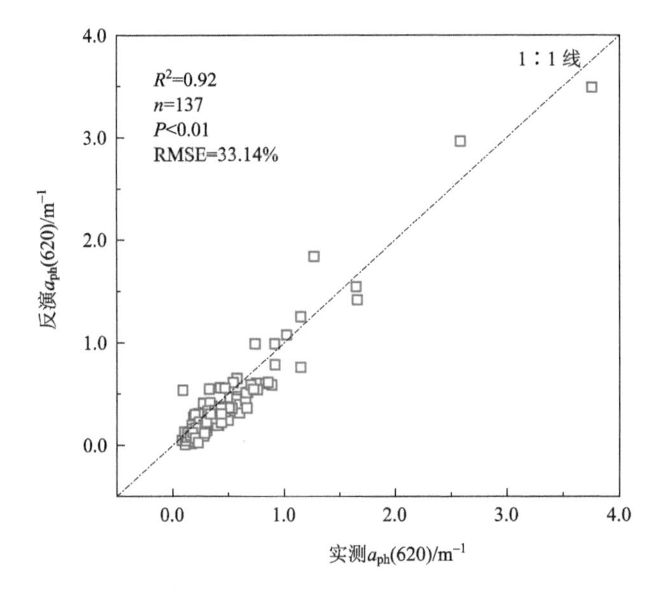

图 7-3　反演的 $a_{\mathrm{ph}}(620)$ 与实测的 $a_{\mathrm{ph}}(620)$ 之间的比较结果

选取梅梁湾、竺山湾的样点(n = 109)建立 POC 浓度与浮游植物色素吸收系数[$a_{\mathrm{ph}}(620)$]的相关关系，发现 POC 含量与 $a_{\mathrm{ph}}(620)$ 的定量关系可表示为(图 7-4)：

$$c_{\mathrm{POC}}=4405.4\times a_{\mathrm{ph}}(620)+1152 \tag{7-3}$$

结果表明，c_{POC} 与 $a_{\mathrm{ph}}(620)$ 有显著的相关关系(R^2 = 0.87, n = 109, P < 0.01)。结合 Simis 等(2005)遥感算法以及 c_{POC} 与 $a_{\mathrm{ph}}(620)$ 的定量关系，可利用遥感技术间接估算太湖水体表层 POC 浓度(式 7-4)。

$$\begin{cases} b_{\mathrm{b}}(778.75)=1.61\times\dfrac{R_{\mathrm{w}}(778.75)}{0.082-0.6\times R_{\mathrm{w}}(778.75)} \\ a_{\mathrm{ph}}(620)=\left[\dfrac{R_{\mathrm{rs}}(709)}{R_{\mathrm{rs}}(620)}\times(a_{\mathrm{w}}(709)+b_{\mathrm{b}}(778.75))-b_{\mathrm{b}}(778.75)-a_{\mathrm{w}}(620)\right]\times\delta^{-1} \\ c_{\mathrm{POC}}=4405.4\times a_{\mathrm{ph}}(620)+1152 \end{cases} \tag{7-4}$$

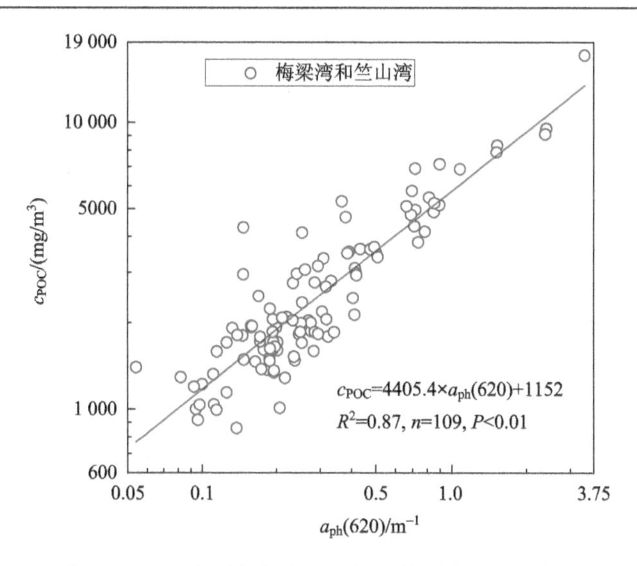

图 7-4　POC 含量与色素颗粒物吸收系数之间的关系

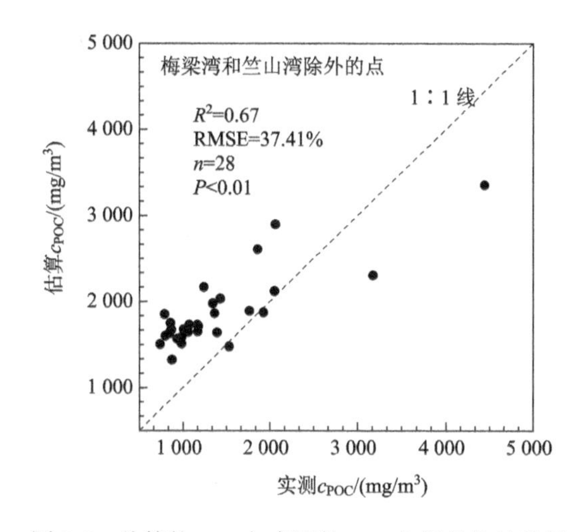

图 7-5　估算的 c_{POC} 与实测的 c_{POC} 之间的比较结果

梅梁湾和竺山湾除外的点来验证模型(2011 年 5 月)，验证结果如图 7-5 所示。该水域 POC 浓度的估算值与实测值有一定差异(R^2 = 0.67，RMSE = 37.41%)，主要是由于太湖水体光学特性时空变化差异明显(马荣华等, 2010)。但实测 POC 浓度与估算得到的 POC 浓度较为均匀地分布在 1∶1 线的周围，因此，该模型适用于太湖水体环境状况。

2) 模型评价

为了进一步评价模型在太湖水域的适用性，对比分析其他模型在太湖水体中 POC 浓度的估算精度。参与评价的遥感算法有：$K_d(490)$、$b_{bp}(590)$、$R_{rs}(443)/R_{rs}(555)$、$R_{rs}(490)/R_{rs}(555)$和归一化碳指数(normalized difference carbon index, NDCI)(图 7-6，表 7-3)。

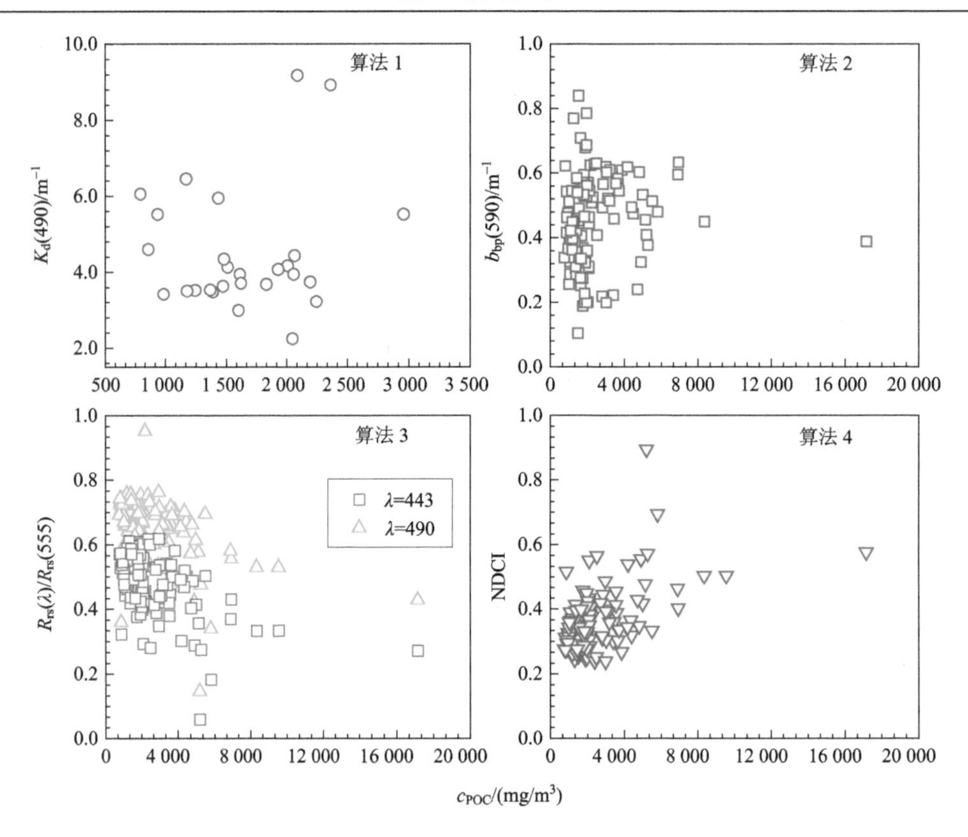

图 7-6　利用不同算法估算太湖水体表层 POC 浓度

算法一(Algorithm 1)：该算法是基于 POC 浓度与特征波长处漫衰减系数[K_d(490)]之间的关系(Gardner et al., 2006)(图 7-6)。结果显示，太湖水体中 c_{POC} 与 K_d(490)关系非常差(R^2 = 0.02, RMSE = 72%)(表 7-3)，因此该算法不能用来估算太湖水体表层的 POC 含量。

算法二(Algorithm 2)：该 POC 浓度的遥感估算算法基于两个关系：首先利用遥感反射比估算总颗粒物的后向散射系数，然后建立 POC 浓度与后向散射系数之间的关系，最终间接的估算水体中的 POC 浓度(Stramski et al., 1999)。建立 POC 浓度与 b_{bp}(590)的关系，以评估该算法的精度(图 7-6)。结果发现两者关系比较差，决定系数较低而均方根误差较高(R^2 = 0.03, RMSE = 67%)(表 7-3)。因此，该算法不适合太湖水体。

算法三(Algorithm 3)：这个算法是最简单的波段比值算法(band-ration algorithm)，在海洋水体中利用常规的叶绿素 a 浓度的遥感估算方法。采用两种常见的波段比值方法，即：$R_{rs}(443)/R_{rs}(555)$和 $R_{rs}(490)/R_{rs}(555)$(Stramska and Stramski, 2005)。该方法用于太湖水体时，效果较差，不能精确估算太湖水体表层的 POC 浓度($0.17 < R^2 < 0.21$, 67.13% < RMSE < 70.67%)。

算法四(Algorithm 4)：Son 等(2009)在波段比值算法的基础上，按照归一化植被指数的形式构建了归一化碳指数(normalized difference carbon index, NDCI)。该算法的精度有所提高，决定系数 R^2 为 0.28，但 RMSE 很低，为 85.55%。因此，该算法不能满足太湖水体 POC 遥感估算的要求。

算法五(Algorithm 5)：通过分析太湖水体中 POC 对水体固有光学特性的影响，找出 POC 浓度与浮游植物色素吸收系数的相关关系，通过 Simis 等(2005)的遥感算法定量估算了色素颗粒物的吸收系数，间接地估算太湖水体表层的 POC 含量。该方法为区域性的遥感算法，适用于太湖乃至类似太湖水体的颗粒有机碳浓度的遥感估算。算法简单，估算精度较高，效果显著(R^2 = 0.88, RMSE = 25.36%)。

通过对比分析五种算法在太湖水体的适用性，发现新构建的算法五适用于太湖水体，表层 POC 浓度的估算精度较高。分析算法一和算法二没有成功应用于太湖水体，主要是由于漫衰减系数和后向散射系数受无机颗粒物的影响。c_{ISS} 与 $K_d(490)$、$b_{bp}(590)$ 具有较好的相关关系，决定系数均在 0.70 以上(图 7-7)。同时，分析太湖水体组分的吸收(a_d、a_{ph} 和 a_g)占水体总吸收的比例，发现不同样点三者比例变化较大，但太湖水体中悬浮泥沙的吸收占主导地位，均值为 43%，而浮游植物色素和 CDOM 的吸收均值基本一致，分别为 28%和 29%(图 7-8)。因此，太湖水体的光学特性是无机悬浮泥沙主导的，大大影响了 POC 浓度的估算精度。

表 7-3　不同模型在太湖水体中的适用性

模型描述	模型方程
算法一	$POC=41.88\times K_d(490)+1453$
	$R^2 = 0.02$, RMSE = 72%, $n = 28$, $P = 0.49$
算法二	$POC=2492.90\times b_{bp}(510)^{0.26}$
	$b_{bp}(510)=8.17\times R_{rs}(555)+0.23$
	$R^2 = 0.03$, RMSE = 67%, $n = 137$, $P = 0.11$
算法三	$POC=928.99\times(R_{rs}(443)/R_{rs}(555))^{-1.00}$
	$R^2 = 0.21$, RMSE = 67.13%, $n = 137$, $P = 0.01$
	$POC=1162.80\times(R_{rs}(490)/R_{rs}(555))^{-1.21}$
	$R^2 = 0.17$, RMSE = 70.67%, $n = 137$, $P = 0.00$
算法四	$Log(POC)=-12.24\times N^3+18.31\times N^2-6.91\times N+3.97$
	$N=(R_{rs}(555)-R_{rs}(443))/(R_{rs}(555)+R_{rs}(443))$
	$R^2 = 0.28$, RMSE = 85.55%, $n = 137$, $P = 0.49$
算法五	$b_b(778.75)=1.61\times\frac{R_w(778.75)}{0.082-0.6\times R_w(778.75)}$
	$a_{ph}(620)=\left[\frac{R_{rs}(709)}{R_{rs}(620)}\times(a_w(709)+b_b(778.75))-b_b(778.75)-a_w(620)\right]\times\delta^{-1}$
	$POC=4521\times a_{ph}(620)+1013$
	$R^2 = 0.88$, RMSE = 25.36%, $n = 137$, $P = 0.00$

太湖水体中 POC 与浮游植物色素吸收的关系比较好，并且在太湖其他水域得到了验证，这主要是由于太湖水体中，浮游植物碳是 POC 的主要来源。图 7-9 给出不同采样点叶绿素 a 浓度与 POC 的比值的变化(c_{Chla} : c_{POC})，结果表明，c_{Chla} : c_{POC} 时空变化显著。比值的最高值出现在春季(201103，均值为 0.010)，最低值出现在蓝藻水华暴发的夏季

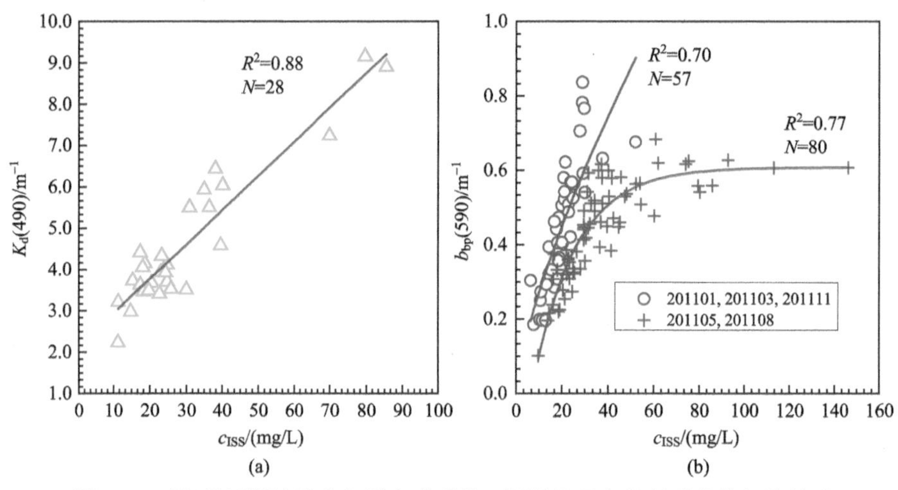

图 7-7　无机悬浮泥沙浓度与漫衰减系数、颗粒物后向散射系数的相关关系

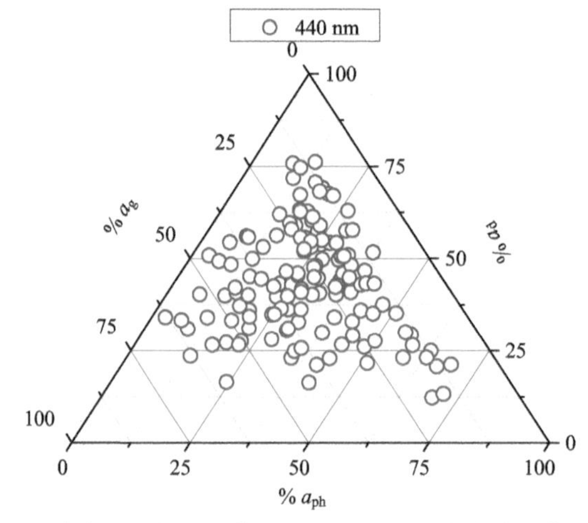

图 7-8　太湖水体组分吸收(a_d、a_{ph} 和 a_g)对水体总吸收的贡献

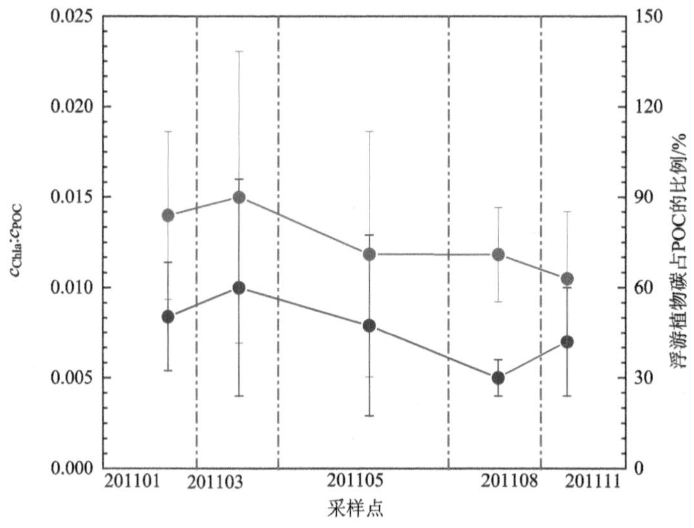

图 7-9　不同样点 c_{Chla} 与 c_{POC} 的比值、浮游植物碳占 POC 的比例关系

(201108，均值为 0.005)。该比值的变化可能与浮游植物类别相关，并且不同种类的单个细胞中叶绿素 a 浓度与有机碳的比值也不同(Cloern et al., 1995)。Zhou 等(2012)报道了 6 个主要藻门类 15 个藻种中单细胞的叶绿素 a 浓度与有机碳的比值。其中，蓝藻、硅藻和绿藻是太湖夏季、冬季和春(秋)季的优势门类(Chen et al., 2003)，采用 Zhou 等(2012)报道的 3 个藻门的叶绿素 a 浓度与有机碳比值的均值，分别为 142、100 和 90。因此，不同季节浮游植物碳对颗粒有机碳的贡献变化范围为 60%～90%，其中最大值出现在 3 月(90%)，最小值在 11 月(63%)。因此，太湖水体中的颗粒有机碳主要来源于浮游植物的贡献，建立浮游植物色素吸收系数与 POC 浓度之间的关系可有效估算太湖水体表层的 POC 含量。

3. 颗粒有机碳含量时空分布格局

基于大量的实测光学和生物化学数据，利用 Simis 等(2005)提供的模型，反演太湖水体表层浮游植物色素吸收系数[$a_{ph}(620)$]，建立 POC 含量与色素颗粒物吸收系数之间的定量关系，最终实现太湖水体表层 POC 浓度的定量估算。

将算法五应用于与实测样点准同步的 MERIS 遥感影像，以评价 POC 遥感算法的估算精度。2011 年 5 月 1 日梅梁湾水域的 12 个样点与当天的 MERIS 影像相匹配。图 7-10 给出实测 POC 含量与准同步的 MERIS 遥感影像估算的 POC 含量的对比结果，发现两者均匀地分布在 1∶1 线的周围，具有较高的 R^2(0.58)和较低的 RMSE(15.8%)。将算法五应用于 2011 年获取的 11 景 MERIS 遥感影像(8 月份全云覆盖，无影像)，以展示太湖水体表层 POC 浓度的时空变化情况。

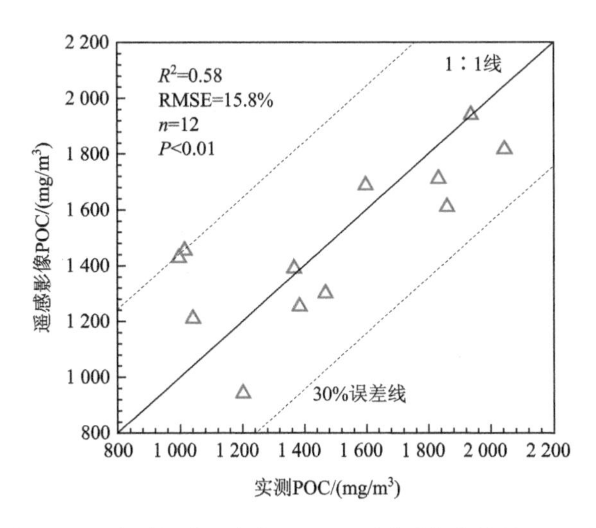

图 7-10　实测 POC 含量与准同步的 MERIS 遥感影像估算的 POC 含量的对比

将算法五应用于太湖水域的 MERIS 影像，从整体上展示了太湖水体表层 POC 含量的时空变化规律。图像中的空白区域代表有云覆盖区域或者是蓝藻覆盖区域。边缘区域 POC 含量变化剧烈，主要是由于风的原因，使得蓝藻水华大量积聚，并且遥感反射比受到陆地的影响较大。

2011 年不同时期获取的 MERIS 影像结果显示(图 7-11)，POC 浓度的变化范围在

0～6 000 mg/m^3。整体上看，4 月 20 日太湖水体 POC 浓度均值较高，大部分水域在 3 000～4 200 mg/m^3 之间变化。太湖西部水域与竺山湾、梅梁湾和贡湖湾 3 个湾口的 POC 浓度高于其他水域，主要与该水域高频次暴发蓝藻水华有关(Duan et al., 2009)。6 月 27 日太湖南部水域的 POC 浓度高于其他水域，可能是由于风的原因，将大量的藻颗粒聚集在该水域，导致 POC 浓度明显高于其他水域。

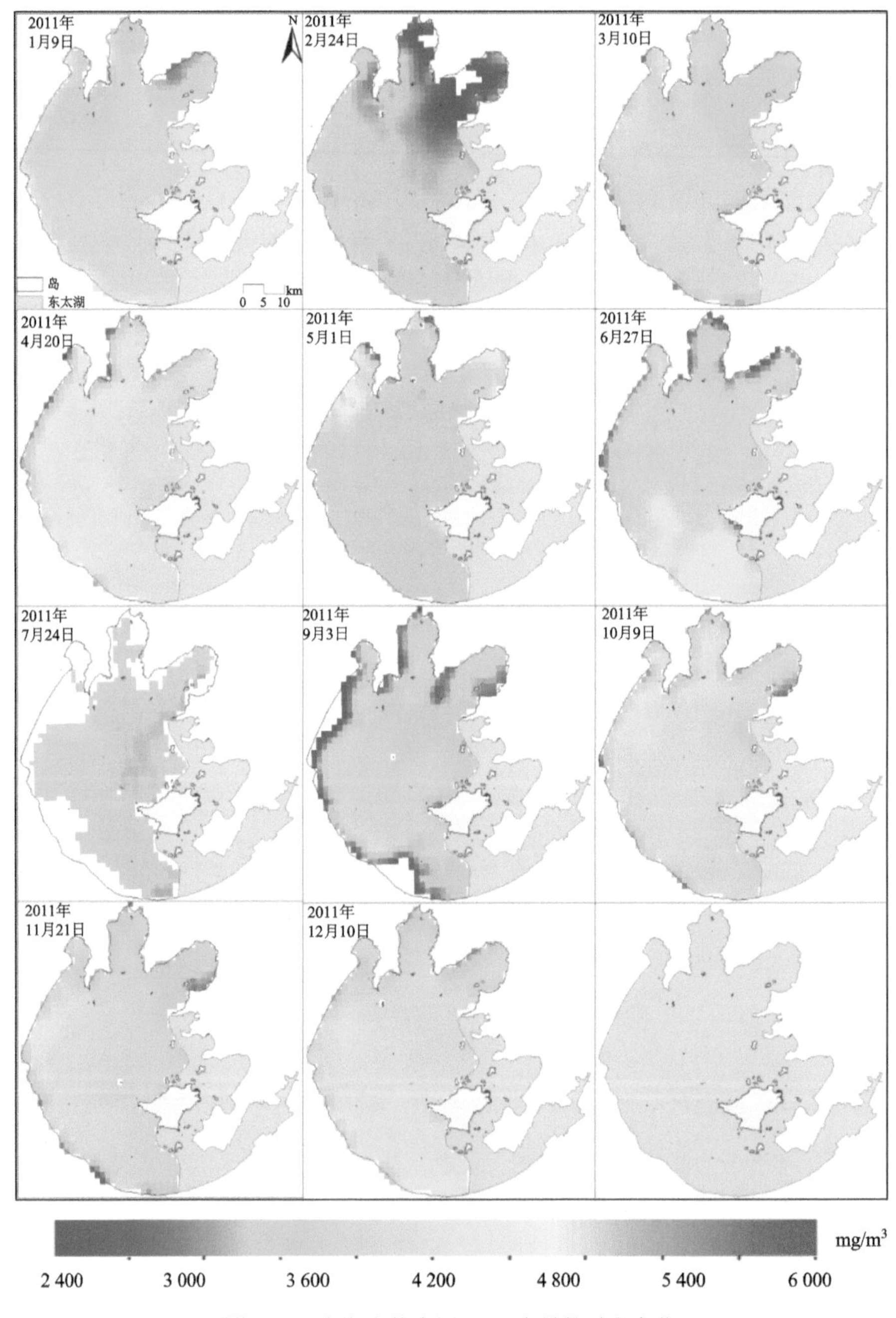

图 7-11　太湖水体表层 POC 含量的时空变化

为了深入分析 POC 含量的时空变化情况，按季节、分区域分析太湖水体表层 POC 浓度的变化情况。由于东太湖水域覆盖大量的沉水和浮水植被，大大影响了 POC 含量的估算结果，故不考虑东太湖水域(Ma et al., 2011)。

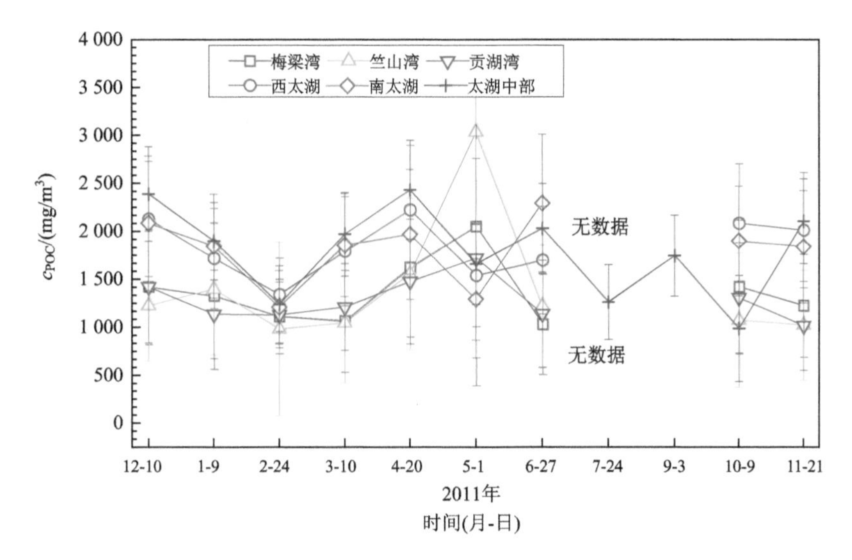

图 7-12　太湖不同水域 POC 含量随时间的变化情况

从空间上看，POC 浓度变化明显(图 7-12)，最高浓度出现在 2011 年 5 月份的梅梁湾、竺山湾和贡山湾水域。而在春季和夏季，POC 浓度最高出现在太湖的西部和南部。这与利用遥感技术估算叶绿素 a 浓度的空间分布基本吻合(Zhang et al., 2011)。不同太湖水域表层的 POC 浓度季节变化显著，POC 的最大值出现在 5 月份的竺山湾水域(大于 3 000 mg/m^3)。不同水域 POC 浓度均值随时间呈波浪式变化，均值变化范围为 1 000～3 500 mg/m^3。在 2 月 24 日，各水域 POC 浓度均值出现明显的低谷，含量较低，随着时间的推迟，到 4 月 20 日，POC 含量逐渐升高。5 月 1 日，西太湖和南太湖水域 POC 浓度呈下降趋势，而其他水域逐渐增大，并且在竺山湾水域达到最大值。在 6 月 27 日，3 个湖湾(梅梁湾、竺山湾和贡山湾)POC 含量呈下降趋势，而其他水域有缓慢增大现象。在 7 月、9 月只有太湖中心水域有数据，POC 浓度变化幅度不大。从 10 月 9 日到 11 月 21 日，除太湖中心水域 POC 含量变化剧烈外，其他水域变化不明显。

图 7-13 给出不同季节 POC 浓度在不同水域的直方图分布。在夏季和秋季，POC 浓度空间差异显著，POC 浓度的变化范围相对较大。POC 均值的最大值出现在 1 月和 5 月，并且 POC 的变化范围小，空间差异不明显。从不同月份看，12 月和 4 月 POC 值在 3 000 mg/m^3 以上分布较广，其他月份主要分布在 1 000～3 000 mg/m^3。10 月、11 月 POC 浓度分布较为一致，均在 2 800 mg/m^3 左右。

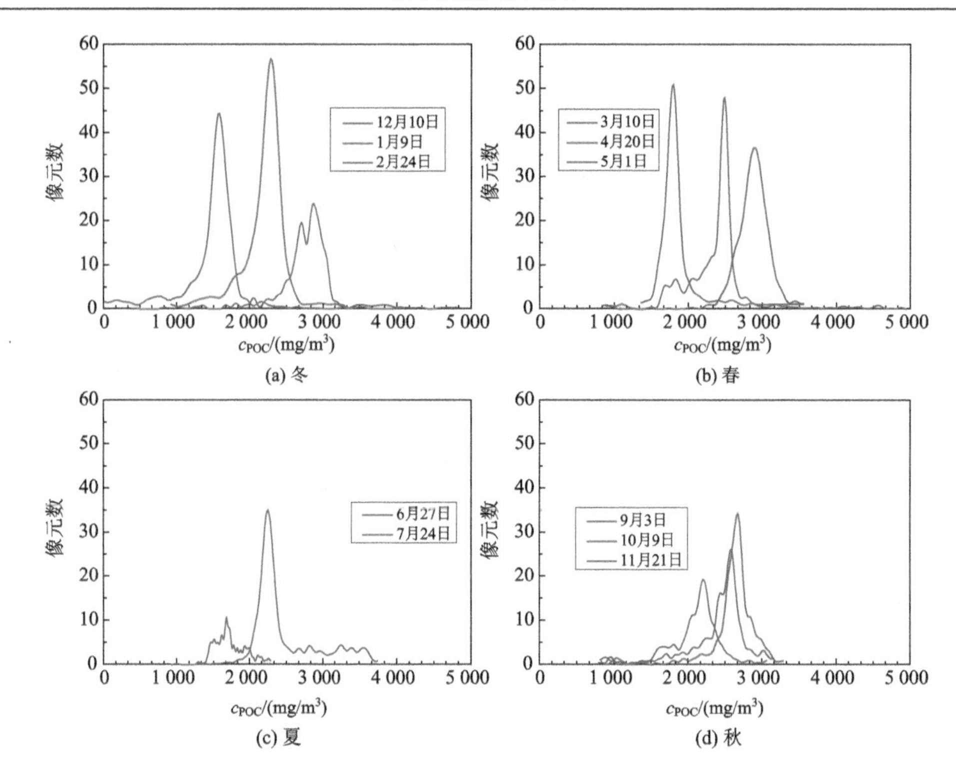

图 7-13 不同季节 POC 浓度的直方图分布

7.3 水体中溶解有机碳遥感估算

1. 溶解有机碳与有色溶解有机物定量关系

有色溶解有机物(CDOM)是溶解有机碳(DOC)的组成部分，大量研究表明，CDOM 吸收系数与 DOC 浓度之间存在较好的线性相关关系，在海岸带水体(Fichot et al., 2011; Rochelle-Newall et al., 2002)、河口(Del Castillo et al., 2008; Spencer et al., 2009)以及湖泊水体(Kutser et al., 2005)的研究中均有报道。对于湖泊水体，特别是大型浅水湖泊，水体垂直和水平交换速率均较大，并且一般有多条河流注入，因此湖泊有机碳受湖泊内源和陆域外源的共同影响，CDOM 吸收系数与 DOC 浓度之间的关系不稳定。

目前研究主要集中于水体中溶解有机物的光学特性(段洪涛等, 2009; 姜广甲等, 2009; 马荣华等, 2005)、来源(张运林等, 2007)和时空分布特征(张运林等, 2008)方面。CDOM 为水体中的光活性物质，影响水体的遥感反射率或离水辐亮度(马荣华等, 2010)。因此，利用卫星遥感技术可以定量估算水体表层 CDOM 含量。基于太湖水体的光学数据和生物化学数据，构建 CDOM 吸收系数与 DOC 浓度之间的稳定定量关系，为太湖水体表层的 DOC 浓度的定量遥感估算提供方法论支撑。

CDOM 吸收光谱特征反映了不同来源(浮游植物降解、陆源)与光学降解过程，其光谱特征的变化与水文条件、地表径流、光照、生物种类等有关(Bertilsson et al., 2000;

Loiselle et al., 2009, 2010; Rochelle-Newall and Fisher, 2002)。大量研究表明(De Hann et al., 1987)，CDOM 在 250 nm 和 365 nm 处的吸收系数比值[$a_g(250)/a_g(365)$]与溶解有机物的分子量有关，直接反映了 DOC 的光化学作用(Bertilsson et al., 2000)。当溶解有机物分子量增大时，由于在较长波长处大分子的 CDOM 对光的吸收，导致 $a_g(250)/a_g(365)$ 的值减小，通过 $a_R=a_g(250)/a_g(365)$ 可以判断 DOC 的分子量大小和分子结构的变化(Helms et al., 2008)。

CDOM 的特征参数(如光谱斜率 S 等)反映了 CDOM 光学动力过程和分子结构的变化(Kutser et al., 2005)。基于 Origin Lab 8.5 平台，利用非线性拟合方法计算得到 CDOM 吸收的光谱斜率 S，参考波长为 280 nm，拟合波段为 250～365 nm。

有机碳比吸收系数定义为(Del Vecchio et al., 2004)：$a_g^*(\lambda) = a_g(\lambda)/c_{DOC}$，其中 $\lambda = 365$ nm。建立太湖 $a_g^*(365)$ 与 S 之间的关系，发现指数模型拟合 $a_g^*(365)$ 与 S 的关系效果最好：$a_g^*(365) = 0.024 \times \exp(-0.34 \times S)$，$R^2 = 0.83$(图 7-14)。光谱斜率 S 与 CDOM 吸收系数呈较好的负相关关系(马荣华等, 2005; 张运林等, 2007)，同时在 250～365 nm 波段范围内与 CDOM 比吸收系数($a_g^*(\lambda)$)有较好的负相关关系(Fichot et al., 2011)，而与 a_R 具有较好的正相关关系($R^2 = 0.96$)(图 7-14)，说明 3 个过程具有相似的变化机制，在判断 CDOM 的物质组成和源汇方面具有相似的指示作用。

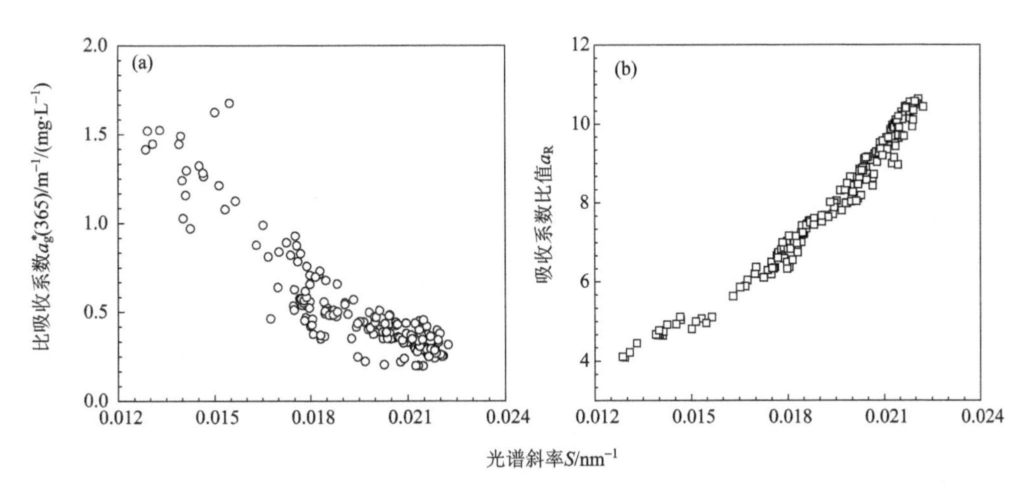

图 7-14　光谱斜率 S 与比吸收系数(a)、吸收系数比值(b)之间的关系

$a_g^*(365)$ [$a_g(365)/c_{DOC}$]、a_R [$a_g(250)/a_g(365)$]和 $S_{250\sim365}$ 三者之间具有较好的相关关系(图 7-14)，因此 DOC 浓度可以通过 CDOM 吸收系数的组合关系反演得到。建立 $a_g^*(365)$ 与 a_R 相关关系，发现幂函数形式拟合相关性最强($R^2 = 0.80$)，即：

$$[a_g(365)/c_{DOC}]=f\cdot[a_g(250)/a_g(365)]^g \tag{7-5}$$

公式两边取对数，可得

$$\ln[c_{DOC}]=h+j\cdot\ln[a_g(250)]+k\cdot\ln[a_g(365)] \tag{7-6}$$

式中，f、g、h、j、k 为拟合系数。

由于太湖水体的DOC浓度变化范围较小(3.0～9.0 mg/L)，故利用$a_g(250)$和$a_g(365)$建立多元线性模型估算c_{DOC}，其模型形式为

$$c_{DOC}=\alpha+\beta\cdot a_g(250)+\gamma\cdot a_g(365) \tag{7-7}$$

式中，α、β和γ为回归系数。

分别建立CDOM在250 nm和365 nm处的吸收系数[$a_g(250)$、$a_g(365)$]与DOC浓度(c_{DOC})之间的关系(图 7-15)，结果表明，201005期数据两者的关系较好，$a_g(250)$和$a_g(365)$与DOC浓度(c_{DOC})的决定性系数分别为：$R^2(250)=0.77$，$R^2(365)=0.63$；201101期数据最差，$R^2(250)=0.22$，$R^2(365)=0.21$。4期数据中，$a_g(250)$与c_{DOC}的决定系数均好于$a_g(365)$与c_{DOC}的决定系数。

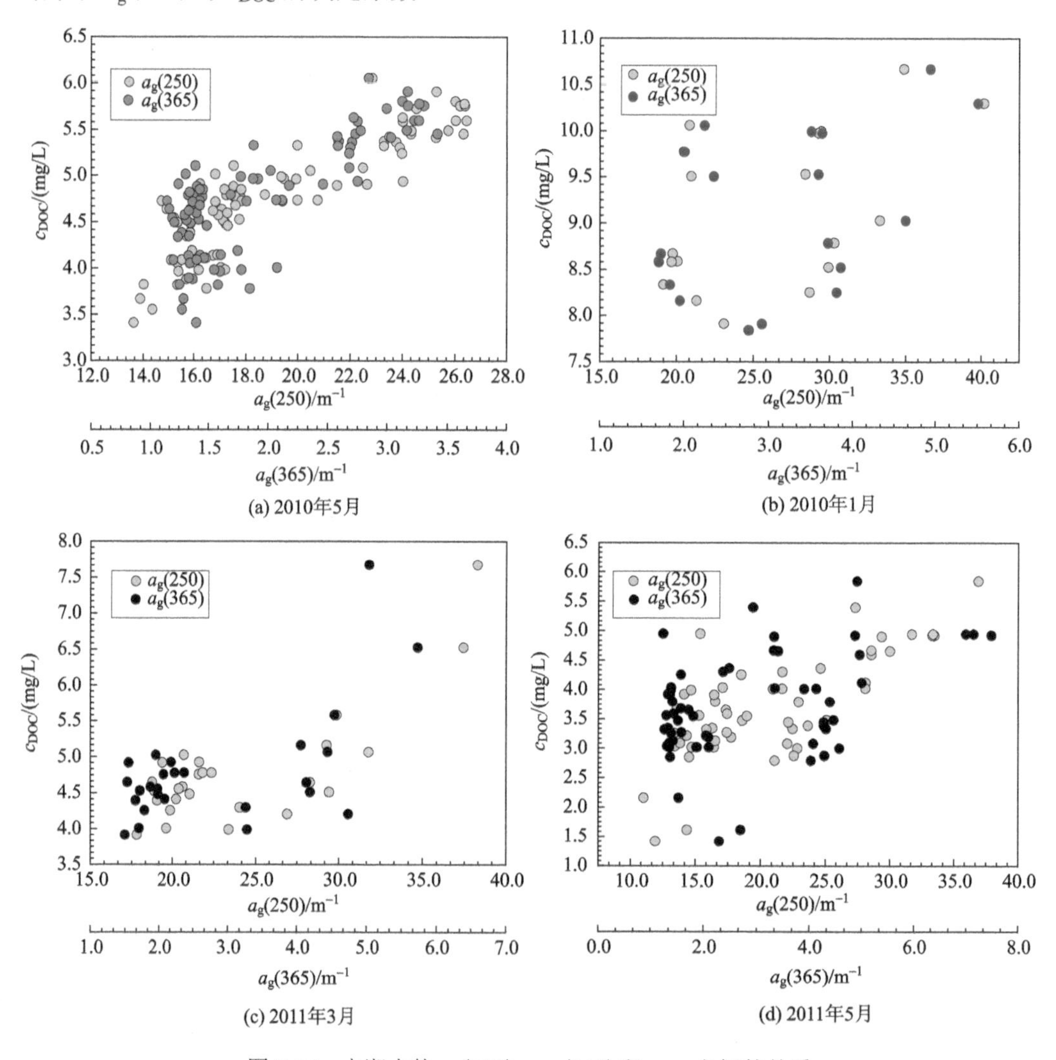

图 7-15　太湖水体$a_g(250)$、$a_g(365)$和c_{DOC}之间的关系

基于太湖4期样点数据，测定CDOM吸收系数和DOC浓度，利用CDOM特征波长吸收系数$a_g(250)$和$a_g(365)$建立多元模型估算太湖水体的DOC浓度(图 7-16)。4期

数据多元模型拟合系数均不相同(表 7-4)。对于 α 来说，除 201103 期 α 为负值外，其余 3 期均为正值；201101 期拟合值最大，远大于它期 α 值。4 期数据 β 值均为正值，其中 201101 期 β 值最小。与 β 值变化相反，γ 值均为负值，且 201101 期 γ 值最大，绝对值最小(–0.03)。除 201101 期数据外(R^2 = 0.22)，其他 3 期数据拟合效果较好，R^2 在 0.67 以上，且所有样点的拟合效果较好(R^2 = 0.47)。从 RMSE 上看，4 期数据拟合度比较理想，除所有航次的 RMSE 在 20%～30%之间外，其余均在 20%范围内。

表 7-4　太湖不同期 CDOM 吸收系数估算 DOC 浓度的回归系数

采样航次	有效样点个数/个	α	β	γ	R^2	RMSE/%
201010	84	0.57	0.33	–0.89	0.84	5.10
201101	19	7.30	0.07	–0.03	0.22	8.23
201103	26	–0.30	0.34	–0.96	0.81	7.17
201105	52	1.05	0.19	–0.37	0.67	13.35
所有样点	181	–0.47	0.40	–1.09	0.47	24.81

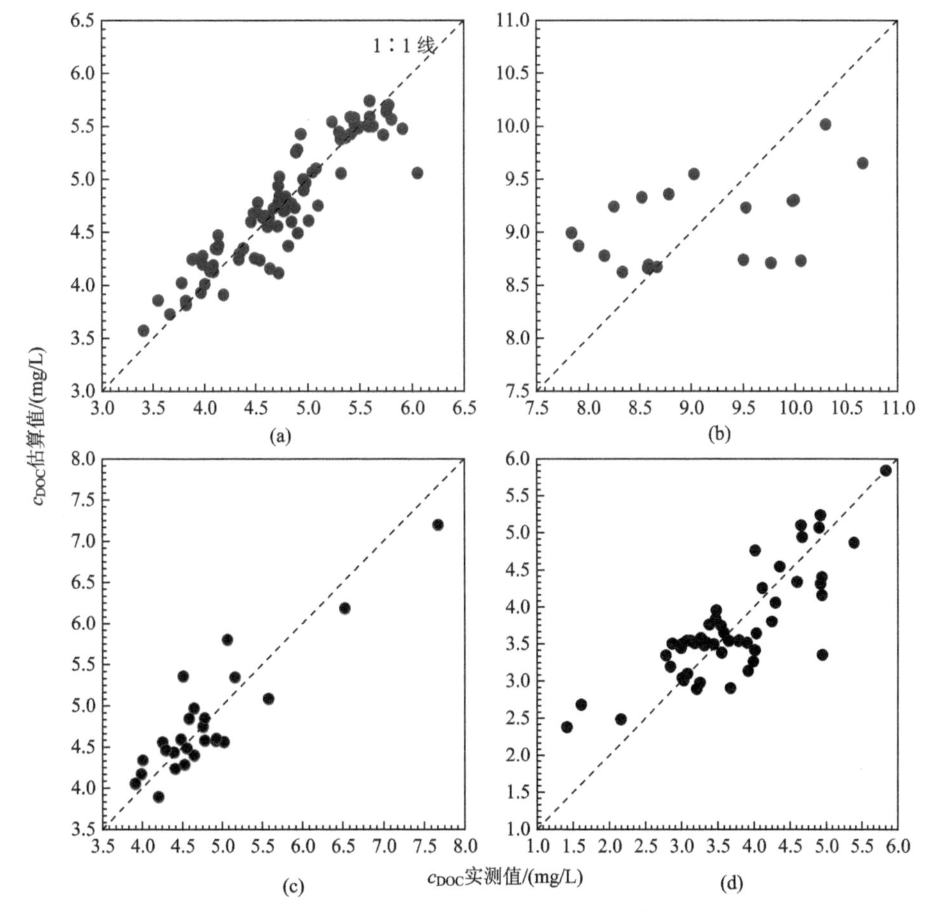

图 7-16　不同时期太湖 DOC 浓度估算值与实测值之间的关系：
(a) 201005；(b) 201101；(c) 201103；(d) 201105

利用多元线性模型建立太湖 CDOM 吸收系数与 DOC 浓度的关系效果较好[图 7-17(a)]。对于 201101 期数据，利用该期有效样点数据和所有航次样点数据的估算精度均较差(R^2 = 0.47，RMSE = 24.81%，n = 181)[图 7-17(a)]中的椭圆范围内样点为 201101 期数据采样点)，说明该模型不适于太湖冬季 DOC 浓度的估算。

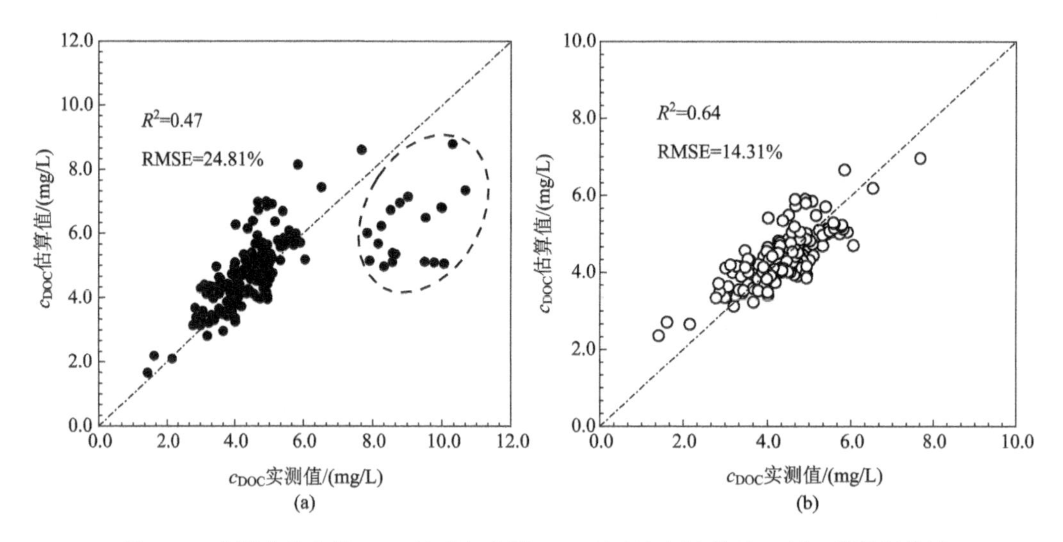

图 7-17　太湖水体估算 DOC 浓度与实测 DOC 浓度之间的关系：(a) 4 期数据结果（椭圆中为 201101 期数据）；(b) 去除 201101 期数据的结果

当去除 201101 期数据后，基于 3 期太湖水体 CDOM 吸收系数重新建立的多元线性模型估算的 DOC 浓度与实测的 DOC 浓度数据相比，精度大大提高(R^2 = 0.64，RMSE = 14.31%，n = 162)(图 7-17b)。201108 期数据的验证结果如图 7-18 所示，误差在 20%以下。

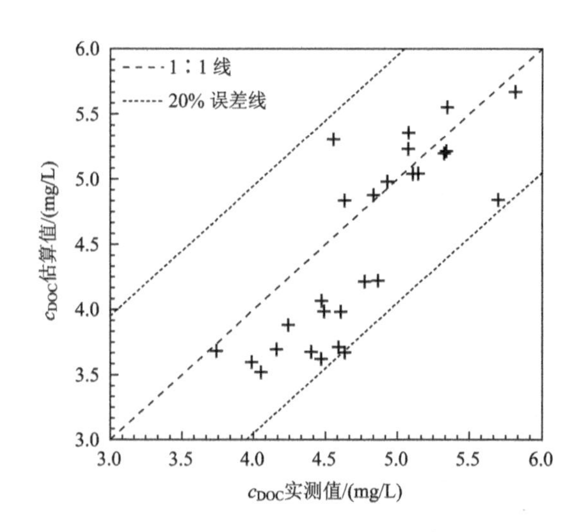

图 7-18　201108 期数据 DOC 估算值与 DOC 实测值之间的关系

除 2010 年 5 月份外，CDOM 在 250 nm 和 365 nm 处的吸收系数[$a_g(250)$和 $a_g(365)$]与 DOC 浓度(c_{DOC})之间的相关性都比较差(图7-16)，主要与溶解性有机物(dissolved organic matter，DOM)的源和汇有关。一般认为，DOM 有两个来源，即陆源和内源(沈红等, 2006)。陆源主要陆生植被降解后形成的腐殖质由河流携带进入水体中；内源主要是水体中的浮游植物经细菌、光照等腐烂降解产生。海岸带(Fichot et al., 2011; Rochelle-Newall and Fisher, 2002)、河口(Del Castillo et al., 2008; Spencer et al., 2009)以及深水湖泊(Kutser et al., 2005)等水域，DOM 的来源较为单一，CDOM 吸收系数或荧光特性与 DOC 浓度相关性较好。对于浅水湖泊来说，底泥的再悬浮过程也是表层水体 DOM 的主要来源(Boss et al., 2001)。同时，表层 DOM 在光照条件下发生一系列光化学过程(photochemical processes)，如光化漂白(photobleaching)和光化腐殖化(photohumicating)等(Loiselle et al., 2009)。大量研究表明，细菌在 DOM 的降解过程中具有非常重要的作用(Rochelle-Newall et al., 1999)。因此，DOC 和 CDOM 两者的源和汇并不统一，CDOM 与 DOC 的相关关系稳定性较差。

CDOM 在紫外波段范围内吸收非常强烈，特别在 UVA(315～400 nm)、UVB(280～315 nm)和 UVC(100～280 nm)波段内的吸收系数是可见光范围内吸收系数的几十倍，在紫外波段的光化降解能力较强。在 CDOM 吸收系数和 DOC 浓度的线性关系中，DOC 轴的截距代表了 DOC 所包含的无色溶解有机物的比重(Vodacek et al., 1997)。不同 CDOM 吸收系数与 DOC 浓度线性关系的斜率和截距不同，无法判定两者的固定关系。太湖 $a_g(250)$和 $a_g(365)$与 DOC 浓度(c_{DOC})之间的关系表明，太湖水体 DOC 中 CDOM 和 UDOM 的比例不固定，不同区域、不同季节均有不同(图 7-16)。CDOM 经光化降解产生 UDOM 和 DIM(dissolved inorganic matter，溶解无机物)2 种物质(Vodacek et al., 1997)。在 DOC 的物质组成中，当 CDOM 和 UDOM 呈比例时，CDOM 吸收系数与 DOC 浓度的关系较好。由于 CDOM 在 250 nm 处的强烈吸收，光化作用强，由 CDOM 释放的 UDOM 较多，与 c_{DOC}之间的关系优于 $a_g(365)$与 c_{DOC}之间的关系。

CDOM 是 DOC 中的有色物质，决定着水体颜色的变化(Kalle, 1996)。除 201101 期数据外，利用 CDOM 特征波长吸收估算太湖水体 DOC 浓度精度较高(图 7-17)。2011 年 1 月份 DOC 浓度较高，均值为(9.08 ± 0.87) mg/L，相应的 CDOM 吸收系数[$a_g(365)$]也比较大($3.62\ m^{-1} \pm 1.36\ m^{-1}$)，但 CDOM 比吸收系数最小，说明 CDOM 在 DOC 的比重较小，相反的 UDOM 比重较大。1 月份处于冬季，光照时间短，雨水较少，藻类以孢子形态沉于湖底，DOM 主要来源于藻类的死亡和湖底 DOM 的再悬浮作用。冬季太湖极偶尔有结冰现象，光照时间短，温度低，水体表层 DOM 分解速率减慢；雨水较少，陆源输入少；藻类大量死亡降解，对 DOM 的贡献较大，DOC 浓度和 CDOM 吸收系数较高；但由于风浪较大，太湖为浅水湖泊(平均深度 1.9 m)，湖底 DOM 的再悬浮对水体表层 DOM 浓度的贡献较大，因此，1 月份太湖水体中 CDOM 吸收系数与 DOC 浓度高于其他月份，但多年沉积的 DOM 与表层 DOC 和 CDOM 的相关关系不明显，两者的相关性较差。

要充分认识 CDOM 与 DOC 的关系，需要明确 DOM 的源和汇这两个过程。确定 DOM 的两个端元(内源和陆源)后，进行 DOM 光化学模拟实验，才能从根本上确定两者的内在联系。

2. 溶解有机碳含量遥感估算模型

DOC 不是水色因子，因此不能直接建立遥感算法定量估算其浓度分布。首先，建立特征波长处 CDOM 系数的遥感算法，然后利用 CDOM 吸收系数估算太湖水体表层的 DOC 浓度，最终利用遥感技术间接估算水体中的 DOC 含量。

1) CDOM 吸收系数遥感反演

针对大洋 I 类水体，CDOM 吸收系数的定量遥感算法主要是基于特征波长处遥感反射比的经验算法和半分析算法(Jiang et al., 2014)。通常，海色遥感的定量算法主要是特征波长处的波段比值算法(Morel and Gentili, 2009; Yu et al., 2010)。最近的研究中，Zhu 和 Yu(2012)建立了一种基于 QAA(quasi analytical algorithm)(Lee et al., 2002)的新算法(QAA-CDOM)估算浑浊河口和海岸带水体中的 CDOM 吸收系数，效果较好，并成功用于美国地球观测卫星(Earth Observing-1)，以展示 CDOM 吸收系数的时空分布情况。

湖泊等内陆水体属于光学 II 类水体，其光学特性极为复杂，受浮游植物、悬浮泥沙和 CDOM 的共同影响，并且水体中的物理、生物和化学过程对溶解有机物的生物化学特性有重要影响(Loiselle et al., 2009)。CDOM 不同的源、汇过程导致 CDOM 吸收光谱的形状和光谱斜率发生变化(Loiselle et al., 2009)，例如，内源的 CDOM(浮游植物腐烂产生)与外来的 CDOM(由河流带入，主要是土壤中的有机碳和腐殖酸)具有不同的光学特征(Yu et al., 2010)。

多元线性模型在水色参数遥感反演的研究中已有报道(Jiang et al., 2010; Kabbara et al., 2008)。该方法主要是结合多光谱遥感数据和实测的水色参数构建多元线性关系，公式为

$$y_i = \alpha + \sum_{i=1}^{n} x_i(\lambda)\beta(\lambda) + \varepsilon_i \tag{7-8}$$

式中，y_i 是指第 i 个样点的 CDOM 吸收系数；x_i 代表模拟的遥感传感器的敏感波段；β 是回归系数；α 是截距；ε_i 是随机误差；n 代表波段总数。

利用模拟的 SPOT、Landsat-TM、EOS MODIS、SeaWiFS、MERIS、GOCI、ALOS、IRS-P6 和 Rapid Eye 的波段建立多元线性模型，估算太湖水体的 CDOM 吸收系数。结合 5 次实验的现场数据，评价不同模拟传感器的估算精度。

利用相对误差(percentage difference, PD)、偏差(Bias)、均方根误差(root mean square error, RMSE)以及决定系数 R^2 综合评判不同模拟传感器波段构建的多元线性模型(优化模型)的估算结果(表 7-5)，发现 MERIS 传感器的波段设置最适于太湖水体的 CDOM 吸收系数的定量估算，在–20%～20%之间的 PD 的个数最多，达 55 个，Bias 值最低(0.01)，并且具有非常低的 RMSE(28.75%)以及较高的决定系数 R^2 = 0.74；其次是 SeaWiFS 和 GOCI 两个传感器。

将模拟的 MERIS 波段应用于多元线性模型中，估算太湖水体表层的 CDOM 吸收系数(图 7-19)。对比模型估算的 $a_g(412)$ 和现场测量的 $a_g(412)$，发现两者均匀地分

布在 1∶1 线的周围，具有较好的相关关系($R^2 = 0.74$)以及较小的 RMSE(28.75%)(图 7-19)。

多元线性模型成功应用于太湖水体，其主要原因是该方法能够最大限度地包含有用信息，特别是在浮游植物和悬浮泥沙影响的波段，有利于剔除其他水体组分的影响(Lee et al., 2002)。基于模拟的 MERIS 响应波段构建的多元线性模型估算太湖水体的 CDOM 吸收系数精度较高，主要由于 CDOM 在紫外和可见光较短波段吸收强烈，MERIS 传感器的波段设置包含了与 CDOM 吸收的相关波段(Schiller and Doerffer, 1999)，因此提高了估算精度，是估算太湖水体 CDOM 吸收系数的最佳传感器。

表 7-5　利用不同传感器构建的多元线性模型估算太湖水体的 CDOM 吸收系数

传感器	多元线性方程(优化模型)	PD	Bias	RMSE	R^2
Landsat TM	$a_g(412)=1.86-71.80\times b_1-78.17\times b_2+157.33\times b_3$	26	0.04	46.13%	0.18
SPOT	$a_g(412)=2.01-141.96\times b_1+155.23\times b_3$	28	0.04	46.50%	0.17
MODIS	$a_g(412)=1.91+177.97\times b_1-108.82\times b_3-81.22\times b_4$	27	0.04	45.87%	0.19
SeaWiFs	$a_g(412)=1.51+209.57\times b_2-200.65\times b_3+43.72\times b_4$	40	0.03	43.38%	0.28
MERIS	$a_g(412)=1.44+244.53\times b_1-293.65\times b_3+122.32\times b_5$	55	0.01	28.75%	0.74
GOCI	$a_g(412)=1.78+172.47\times b_2-307.46\times b_3+377.71\times b_5$	41	0.03	43.62%	0.27
IRS-P6	$a_g(412)=1.95-115.97\times b_2+135.60\times b_3$	31	0.04	46.78%	0.16
Rapid Eye	$a_g(412)=1.89-81.77\times b_1-78.83\times b_2+161.92\times b_3$	26	0.02	46.05%	0.18
ALOS	$a_g(412)=1.89-76.59\times b_1-104.47\times b_2+178.29\times b_3$	27	0.04	46.12%	0.18

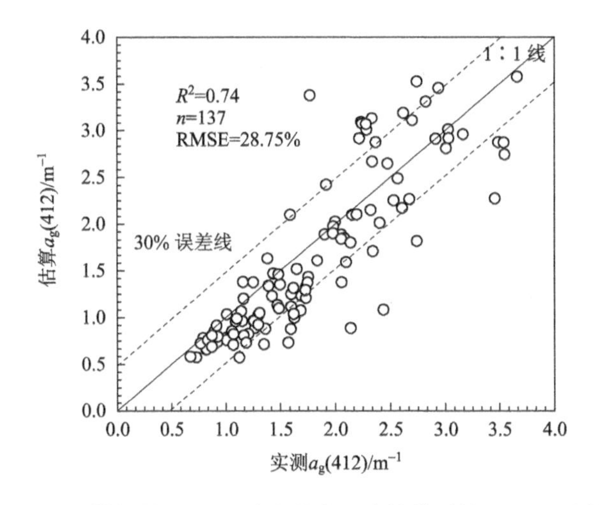

图 7-19　基于模拟的 MERIS 波段的多元线性模型的 $a_g(412)$ 估算结果

2) DOC 浓度遥感估算

利用多元线性的定量遥感算法，精确估算了太湖水体表层的 CDOM 吸收系数，并且建立了 CDOM 吸收系数与 DOC 浓度之间的定量关系，因此可建立太湖水体表层 DOC 浓度的定量遥感算法。

利用遥感技术估算的 CDOM 吸收系数在蓝光波段(412 nm)，而利用 CDOM 吸收系数组合估算 DOC 浓度时的波长位于紫外波段(250 nm 和 365 nm)，因此，需要将紫外波长处的 CDOM 吸收系数转化为可见光波段范围内的 CDOM 吸收系数后，然后再利用遥感技术估算太湖水体表层的 DOC 浓度。

利用 CDOM 吸收系数估算 DOC 浓度的线性方程为：$c_{\mathrm{DOC}} = \alpha + \beta \cdot a_{\mathrm{g}}(250) + \gamma \cdot a_{\mathrm{g}}(365)$，而 CDOM 吸收系数在紫外和可见光波段范围内随波长增大呈指数形式递减，即

$$a_{\mathrm{g}}(\lambda)=a_{\mathrm{g}}(\lambda_0)\exp[S(\lambda_0-\lambda)]$$

式中，S 为光谱斜率，与可溶性有机物分子量和结构有关(Bricaud et al., 1981)。以 412 nm 为参考波长，光谱斜率 S 的拟合波段为 240～450 nm，250 nm 和 365 nm 波长处的 CDOM 吸收系数可表达为

$$a_{\mathrm{g}}(250) = a_{\mathrm{g}}(412) \times \exp[S(412\sim250)] \tag{7-9}$$

$$a_{\mathrm{g}}(365) = a_{\mathrm{g}}(412) \times \exp[S(412\sim365)] \tag{7-10}$$

所以，DOC 浓度的估算算法表达为

$$c_{\mathrm{DOC}} = \alpha + \beta \cdot a_{\mathrm{g}}(412) \times \exp(162 \cdot S) + \gamma \cdot a_{\mathrm{g}}(412) \times \exp(47 \cdot S) \tag{7-11}$$

式(7-11)成功将紫外波长处的 CDOM 吸收系数转化为可见光波段的 CDOM 吸收系数。该算法有两个未知数，即 $a_{\mathrm{g}}(412)$和光谱斜率 S，其中，$a_{\mathrm{g}}(412)$可通过多元线性遥感算法得到，而光谱斜率 S 可通过以下算法得到

$$a_{\mathrm{g}}(\lambda_1) = a_{\mathrm{g}}(\lambda_0) \times \exp[S(\lambda_0-\lambda_1)] \tag{7-12}$$

$$a_{\mathrm{g}}(\lambda_2) = a_{\mathrm{g}}(\lambda_0) \times \exp[S(\lambda_0-\lambda_2)] \tag{7-13}$$

式(7-12)与式(7-13)相除，得到

$$a_{\mathrm{g}}(\lambda_1)/a_{\mathrm{g}}(\lambda_2) = \exp[S(\lambda_2-\lambda_1)] \tag{7-14}$$

选取$\lambda_1 = 412$ nm，$\lambda_2 = 443$ nm，式(7-14)两边取对数，得

$$S \propto \ln a_{\mathrm{g}}(412) - \ln a_{\mathrm{g}}(443) \tag{7-15}$$

因此，DOC 浓度的定量估算与 412 nm 和 443 nm 波长处 CDOM 吸收系数的组合得到，即可利用遥感技术定量估算太湖水体的 DOC 浓度。

利用 412 nm 波长处的 CDOM 系数估算 250 nm 和 365 nm 波长处的 CDOM 的吸收系数，其中光谱斜率 S 的拟合波段为 240～450 nm(图 7-20)，结果发现，估算的 $a_{\mathrm{g}}(250)$与实测 $a_{\mathrm{g}}(250)$、估算的 $a_{\mathrm{g}}(365)$与实测 $a_{\mathrm{g}}(365)$均匀地分布在 1∶1 线的周围，决定系数在 0.98 以上，因此，利用蓝光波段处的 CDOM 吸收系数可以替代紫外波段处的 CDOM 吸收系数。

原理上，光谱斜率 S 与在可见光波段的 CDOM 吸收系数比值的对数呈正比例关系[式(7-15)]。构建光谱斜率 S(拟合波段为 240～450 nm)与 $\ln[a_{\mathrm{g}}(412)/a_{\mathrm{g}}(443)]$之间的关系(图 7-21)，发现两者呈较好的线性负相关关系：$S = 0.019-0.004 \times [\ln a_{\mathrm{g}}(412) - \ln a_{\mathrm{g}}(443)]$ ($R^2 = 0.83, n = 181$)。

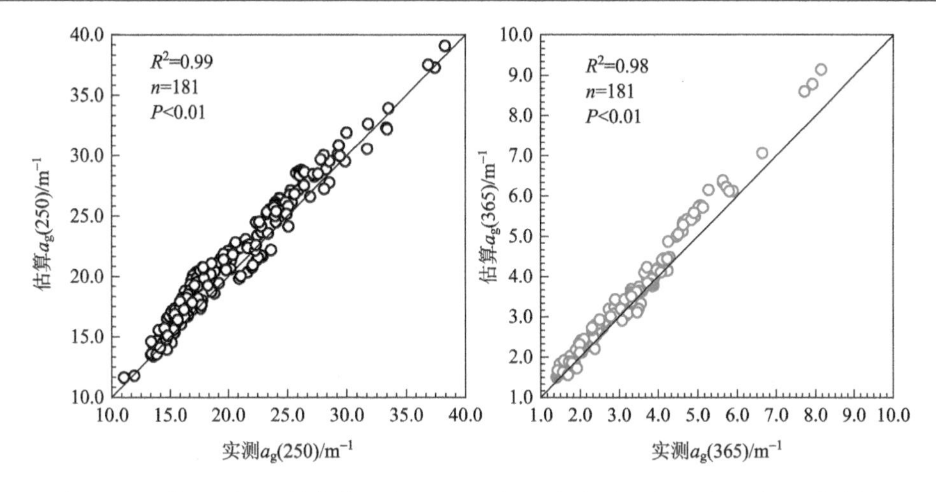

图 7-20　利用 $a_g(412)$ 估算的 $a_g(250)$ 和 $a_g(365)$ 与实测 $a_g(250)$ 和 $a_g(365)$ 的比较

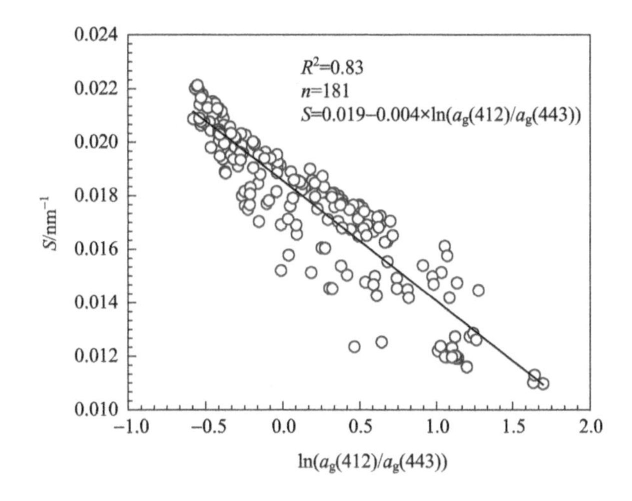

图 7-21　光谱斜率 S 与 $\ln[a_g(412)/a_g(443)]$之间的关系

利用多元线性算法估算太湖水体表层可见光波段的 CDOM 吸收系数，然后构建了可见光波段的 CDOM 吸收系数与 DOC 浓度之间的线性关系(图 7-18、图 7-19)，最终利用间接遥感算法估算太湖水体表层的 DOC 浓度。

基于 MERIS 遥感数据的太湖水体表层 DOC 浓度的遥感估算算法介绍如下。

$a_g(412)$的遥感估算：

$$a_g(412) = 1.44 + 244.53 \times b_1 - 293.65 \times b_4 + 122.32 \times b_5 \tag{7-16}$$

$a_g(443)$的遥感估算：

$$a_g(443) = 0.93 + 158.23 \times b_1 - 256.34 \times b_3 + 83.90 \times b_5 \tag{7-17}$$

光谱斜率 S 的估算：

$$S = 0.019 - 0.004 \times [\ln a_g(412) - \ln a_g(443)] \tag{7-18}$$

可见光波段 CDOM 系数与 DOC 浓度关系：

$$c_{DOC}=0.95+0.27\cdot a_g(412)\times\exp(162\cdot S)-0.73\cdot a_g(412)\times\exp(47\cdot S) \tag{7-19}$$

对比估算的 c_{DOC} 与实测的 c_{DOC} 发现(图 7-22)，大部分匹配样点均匀地分布在 1∶1 线周围，具有较高的决定系数($R^2 = 0.52$)和较低的 RMSE(21.34%)。

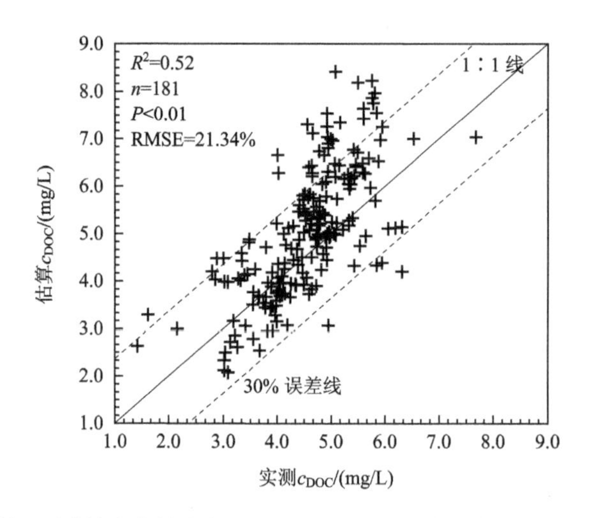

图 7-22　利用遥感技术估算太湖水体表层的 DOC 浓度与实测 DOC 浓度的对比

将 DOC 浓度的间接遥感模型应用于 2011 年 8 月 29 日～9 月 2 日在太湖梅梁湾、竺山湾和西太湖采集的水样($n = 28$)，以评价模型的适用性。

对比分析实测 DOC 浓度与间接遥感算法估算的 DOC 浓度(图 7-23)，结果发现，所有匹配样点均分布在 30%的误差线范围内，两者具有较高的决定系数($R^2 = 0.52$)以及较低的相对均方根误差(RMSE = 18.25%)。因此，该模型在不同的水域和季节具有一定的稳定性，适于太湖水体。

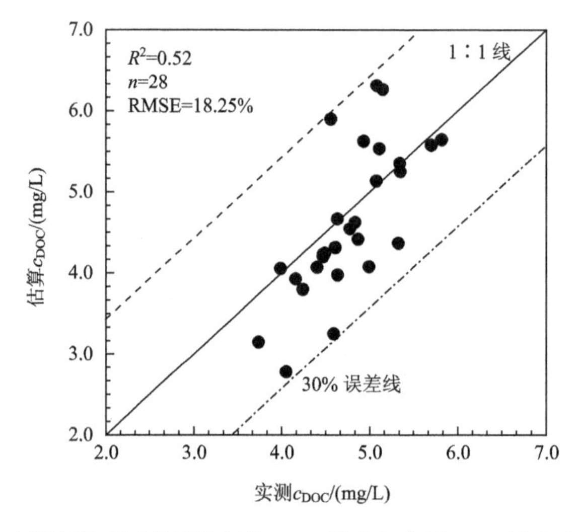

图 7-23　利用间接遥感模型估算的 DOC 浓度与实测 DOC 浓度之间的关系

3. 溶解有机碳含量时空分布格局

基于 CDOM 吸收系数的遥感算法，结合 CDOM 吸收系数与 DOC 浓度之间的定量关系，构建了太湖水体表层 DOC 含量的间接遥感估算模型，并将该模型应用于 MERIS 遥感影像，以示太湖水体 DOC 含量的时空变化情况。

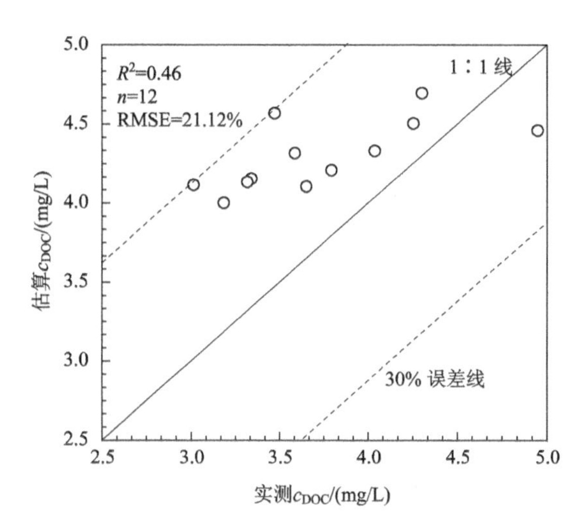

图 7-24　准同步的实测 DOC 含量与 MERIS 遥感影像估算的 DOC 含量的对比

获取 2011 年 5 月 1 日的 MERIS 影像，该影像与现场测量时间准同步。将 DOC 浓度的间接遥感算法应用于该景影像，以验证该算法应用于 MERIS 遥感影像的可靠性。准同步的实测 DOC 含量与 MERIS 遥感影像估算的 DOC 含量的对比显示(图 7-24)，DOC 浓度的估算值比实测值高但差别不大，并且两者具有较高的 R^2(0.46) 和较低的 RMSE(21.12%)。主要原因是由于 DOC 浓度的估算中使用了 MERIS 的蓝光波段(412 nm 和 443 nm)，该波段的大气校正效果较差；再者由于利用遥感技术定量反演 DOC 浓度时，经过 CDOM 吸收系数的估算、CDOM 吸收系数与 DOC 浓度的定量关系以及不同波长处 CDOM 吸收系数的转换等计算过程，传递了随机误差，大大影响了 DOC 浓度的遥感估算精度。总体来说，该模型应用效果较好，满足太湖水体 DOC 浓度遥感估算的要求。将该算法应用于 2011 年获取的 11 景 MERIS 遥感影像(8 月份全云覆盖，无影像)，以探讨太湖水体表层 DOC 浓度的时空变化情况。

DOC 浓度的间接遥感算法应用于 MERIS 影像，展示了太湖水体表层 DOC 浓度的时空变化特征(图 7-25)。图像中的空白区域代表有云覆盖区域或者是蓝藻覆盖区域。太湖水体 DOC 浓度时空变化显著，但浓度变化范围较小(0.0～10.0 mg/L)。从整体上看，梅梁湾、竺山湾和贡山湾 3 个湖湾的 DOC 浓度普遍高于其他水体。

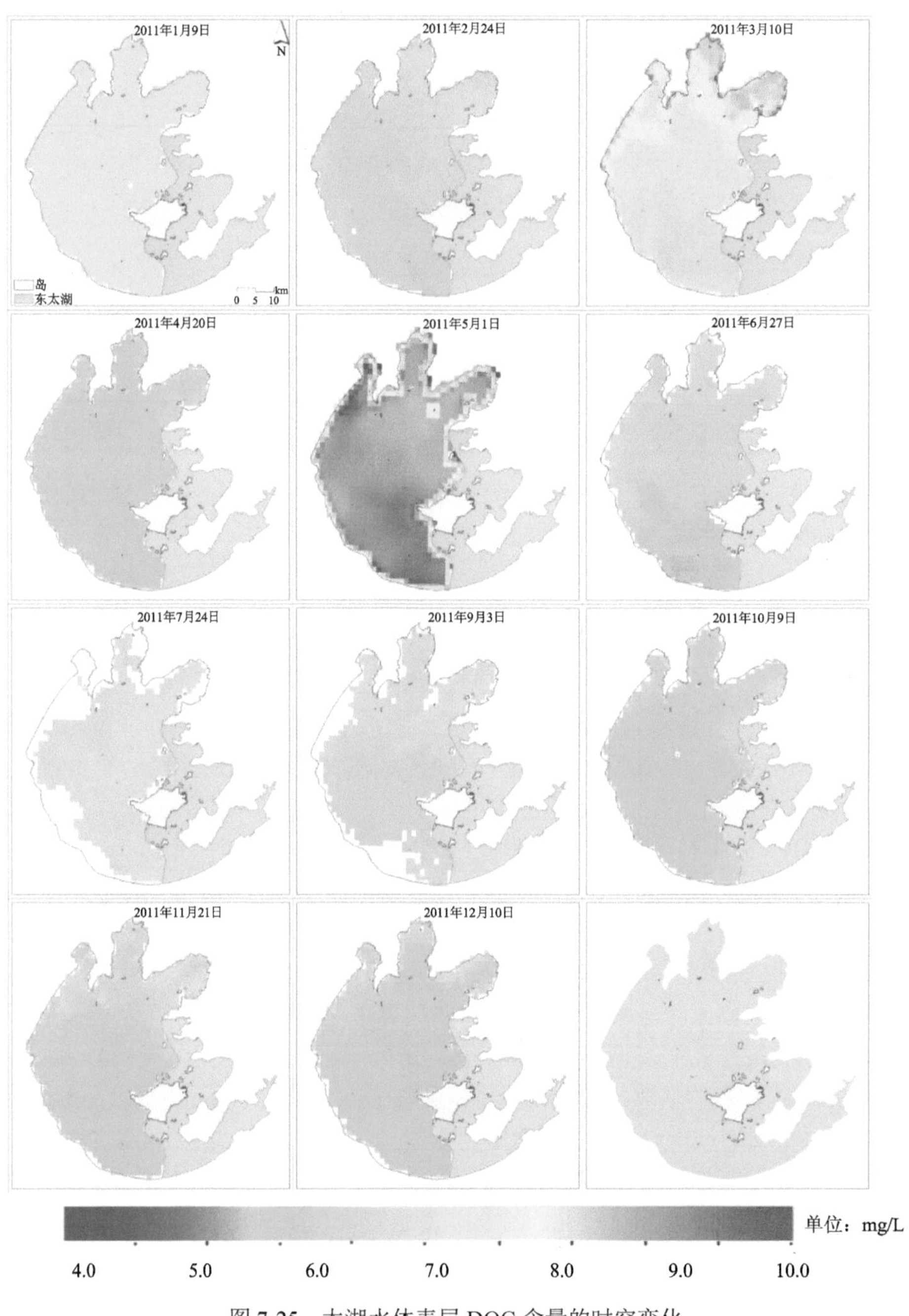

图 7-25　太湖水体表层 DOC 含量的时空变化

为进一步分析太湖水体表层 DOC 浓度的时空变化规律，按不同季节和水域进行对比分析。东太湖水域覆盖大量的沉水和浮叶植被，影响 DOC 浓度的遥感估算结果，故在对比分析 DOC 浓度的时空变化时剔除东太湖水域(Ma et al., 2011)。

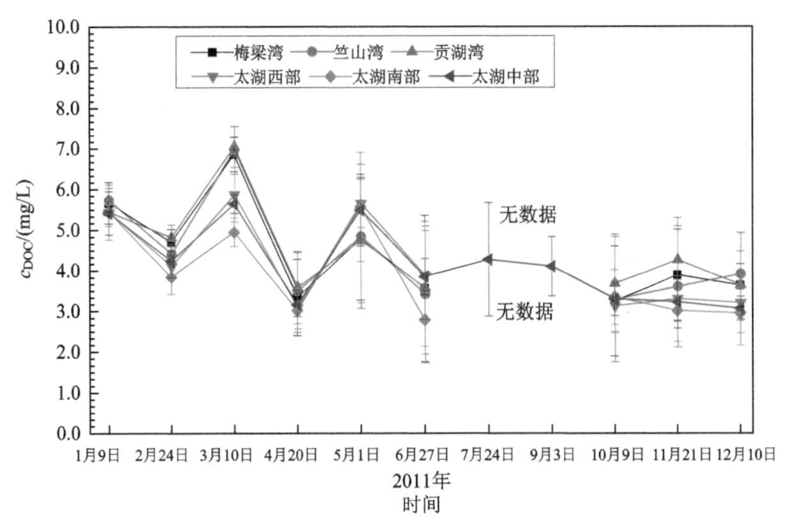

图 7-26　太湖不同水域 DOC 含量随时间的变化情况

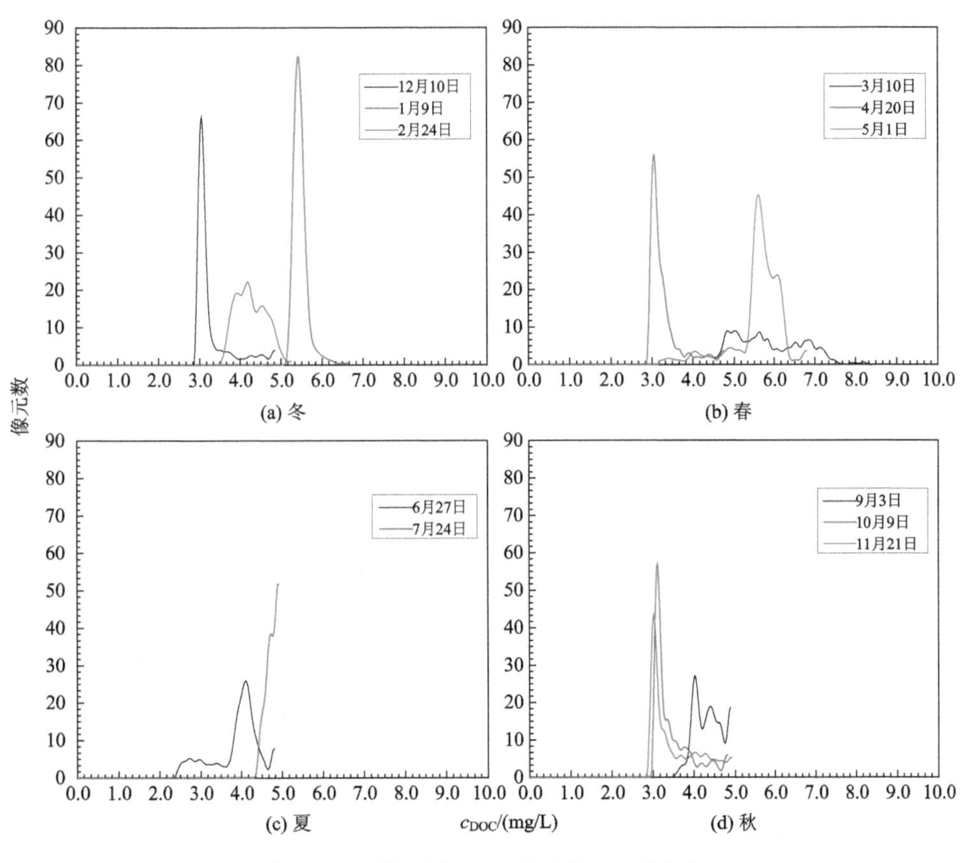

图 7-27　不同季节 DOC 浓度的直方图分布

DOC 浓度均值时空变化显著，不同水域的 DOC 浓度均值随时间呈波浪形变化(图 7-26)。从空间上看，竺山湾、梅梁湾和贡山湾 3 个湖湾口的 DOC 浓度均值普遍高于其他水域；除 5 月 1 日外，南太湖水域 DOC 浓度均值最低，特别在 6 月 27 日，达到最低值(2.79 ± 0.65 mg/L)；而西太湖和太湖中心水域 DOC 浓度则位于两者之间。DOC 浓度均值随时间变化显著，3 月 10 日达到最大值(贡山湾，7.05 ± 0.24 mg/L)。1 月 9 日不同水域的 DOC 浓度均值变化不大(5.42～5.72 mg/L)；2 月 24 日浓度下降，到 3 月 10 日各水域 DOC 浓度均值逐渐升高，其中竺山湾增幅最大(58%)；而 4 月 20 日浓度逐渐下降，但变化范围较小(3.02～3.58 mg/L)；5 月 1 日又波折地增长，幅度小于 3 月 10 日；6 月 27 日 DOC 浓度均值逐渐下降，降幅最大的水域是南太湖水域(72%)，贡山湾降幅最小为 24%；7 月和 9 月由于云的覆盖和藻华的大面积暴发，只有太湖中心水域有数据(图 7-25)，对比分析 6 月 27 日、7 月 24 日、9 月 3 日以及 10 月 9 日太湖中心水域 DOC 含量的均值发现，该水域 DOC 浓度变化不明显(3.29～4.27 mg/L)，10 月 9 日达最低值(3.29 ± 0.41 mg/L)；在 10 月 9 日、11 月 21 日和 12 月 10 日，DOC 浓度均值变化不明显，最大值在 11 月的贡山湾(4.25 ± 1.04 mg/L)，最小值在 12 月的南太湖水域(2.95 ± 0.79 mg/L)。

不同季节太湖水体表层 DOC 浓度在不同水域的直方图分布表明(图 7-27)，DOC 浓度季节变化显著，DOC 浓度的变化范围集中在 3.0～8.0 mg/L。DOC 浓度均值的最大值出现在春季，其中 3 月均值最大(5.88 ± 0.82 mg/L)，并且分布范围较大(3.0～8.0 mg/L)。从不同月份看，1 月、4 月、10 月、11 月和 12 月 DOC 浓度均值分布相对集中，除 1 月 DOC 浓度范围在 5.0～6.0 mg/L 外，其余月份均在 3.0～4.0 mg/L 之间变化；7 月 DOC 浓度分布呈单调变化，随浓度增大，像元数逐渐增加；其他月份 DOC 浓度变化范围较广，9 月出现多个峰值。

参 考 文 献

段洪涛, 马荣华, 孔维娟, 等. 2009. 太湖沿岸水体 CDOM 吸收光谱特性. 湖泊科学, 21(2): 242-247.

姜广甲, 刘殿伟, 宋开山, 等. 2009. 长春市石头口门水库 CDOM 的光学特性. 中国科学院研究生院学报, 26(5): 640-646.

林万涛. 2005. 生态系统在全球变化中的调节作用. 气候与环境研究, 10(2): 275-280.

刘占飞, 彭兴跃, 徐立, 等. 2003. 台湾海峡 1997 年夏季和 1998 年冬季两航次颗粒有机碳研究. 台湾海峡, 19(1): 95-101.

马荣华, 段洪涛, 唐军武, 等. 2010. 湖泊水环境遥感 . 北京: 科学出版社, 31-32.

马荣华, 戴锦芳, 张运林. 2005. 东太湖 CDOM 吸收光谱的影响因素与参数确定. 湖泊科学, 17(2): 120-126.

潘德炉, 马荣华. 2008. 湖泊水质遥感的几个关键问题. 湖泊科学, 20(2): 139-144.

沈红, 赵冬至, 付云娜, 等. 2006. 黄色物质光学特性及遥感研究进展. 遥感学报, 10(6): 949-954.

唐军武, 田国良, 陈清莲. 2000. 离水辐射非朗伯特性的 Monte Carlo 模拟及分析. 海洋学报, 22(2): 48-57.

杨一鹏, 王桥, 王文杰, 等. 2004. 水质遥感监测技术研究进展. 地理与地理信息科学, 20(6): 6-12.

张乃星, 宋金明, 贺志鹏. 2006. 海水颗粒有机碳(POC)变化的生物地球化学机制. 生态学报, 26(7): 2328-2339.

张运林, 秦伯强. 2007. 梅梁湾、大太湖夏季和冬季 CDOM 特征及可能来源分析. 水科学进展, 18(3): 415-423.

张运林, 冯胜, 马荣华, 等. 2008. 太湖秋季光学活性物质空间分布及其遥感估算模型研究. 武汉大学学报: 信息科学版, 33(9): 967-972.

Amon R M W, Benner R. 1996. Bacterial utilization of different size classes of dissolved organic matter.

Limnology and Oceanography, 41: 41-51.

Bertilsson S, Tranvik L J. 2000. Photochemical transformation of dissolved organic matter in lakes. Limnology and Oceanography, 45 (4) : 753-762.

Boss E, Pegau W S, Zaneveld J R V, et al. 2001. Spatial and temporal variability of absorption by dissolved material at a continental shelf. Journal of Geophysical Research, 106: 9499-9507.

Bricaud A, Morel A, Prieur L. 1981. Absorption by dissolved organic matter of the sea (yellow substance) in the UV and visible domains. Limnology and Oceanography, 26: 43-53.

Carlson C A, Ducklow H W, Michaels A F. 1994. Annual flux of dissolved organic carbon from the euphotic zone in the northwestern Sargasso Sea. Nature, 371: 405-408.

Chen Y W, Qin B Q, Teubner K, et al. 2003. Long-term dynamics of phytoplankton assemblages: Microcystis - domination in Lake Taihu a large shallow lake in China. Journal of Plankton Research, 25 (1) : 445-453.

Cloern J E, Grenz C, Vidergar L L. 1995. An empirical model of the phytoplankton: carbon ratio-the conversion factor between productivity and growth rate. Limnology and Oceanography, 40: 1313-1321.

De Hann H, De Boer T. 1987. Applicability of light absorbance and fluorescence as measures of concentration and molecular size of dissolved organic carbon in humic Laken Tjeukemeer. Water Research, 21: 731-734.

Del Castillo C E, Miller R L. 2008. On the use of ocean color remote sensing to measure the transport of dissolved organic carbon by the Mississippi River Plume. Remote Sensing of Environment, 112: 836-844.

Del Vecchio R, Blough N V. 2004. Spatial and seasonal distribution of chromophoric dissolved organic matter and dissolved organic carbon in the Middle Atlantic Bight. Marine Chemistry , 89 (1-4) : 169-187.

Downing J P. 1993. Land and water interface zones. Water Air and Soil Pollution, 70: 123-137.

Duan H T, Ma R H, Hu C M. 2012. Evaluation of remote sensing algorithms for cyanobacterial pigment retrievals during spring bloom formation in several lakes of East China. Remote Sensing of Environment, 126: 126-135.

Duan H T, Ma R H, Xu X F, et al. 2009. Two-decade reconstruction of algal blooms in China's Lake Taihu. Environmental Science & Technology, 43: 3522-3528.

Fichot C G, Benner R. 2011. A novel method to estimate DOC concentration from CDOM absorption coefficients in coastal waters. Geophysical Research Letters, 38: L03610.

Gardner W D, Mishonov A V, Richardson M J. 2006. Global POC concentrations from in-situ and satellite data. Deep Sea Research Part II: Topical Studies in Oceanography, 53 (5-7) : 718-740.

Gons H J. 1999. Optical teledetection of chlorophyll a in turbid inland waters. Environmental Science & Technology, 33 (7) : 1127-1132.

Helms J R, Stubbins A, Ritchie J D, et al. 2008. Absorption spectral slopes and slope ratios as indicators of molecular weight source and photobleaching of chromophoric dissolved organic matter. Limnology and Oceanography, 53 (3) : 955-969.

Jiang G J, Liu D W, Song K S, et al. 2010. Application of multivariate model based on three simulated sensors for water quality variables estimation in Shitoukoumen Reservoir, Jilin Province, China. Chinese Geographical Science, 20 (4) : 337-344.

Jiang G J, Loiselle S A, Yang D T, et al. 2020. Remote estimation of chlorophyll a concentrations over a wide range of optical conditions based on water classification from VIIRS observations. Remote Sensing of Environment, 241: 111735.

Jiang G J, Ma R H, Duan H T, et al. 2014. Remote determination of chromophoric dissolved organic matter in lakes China. International Journal of Digital Earth, 7: 897-915.

Kabbara N, Benkhelil J, Awad M, et al. 2008. Monitoring water quality in the coastal area of Tripoli (Lebanon) using high-resolution satellite data. ISPRS Journal of Photogrammetry and Remote Sensing, 63(5): 488-495.

Kalle K. 1966. The problem of the Gelbstoff in the sea. Oceanography and Marine Biology: An Annual Review, 4: 91-104.

Kutser T, Pierson D C, Tranvik L, et al. 2005. Using satellite remote sensing to estimate the colored dissolved organic matter absorption coefficient in lakes. Ecosystems, 8: 709-720.

Lee Z P, Carder K L, Arnone R A. 2002. Deriving inherent optical properties from water color: a multiband quasi-analytical algorithm for optically deep waters. Applied Optics, 41: 5755-5772.

Legendre L, Michaud J. 1999. Chlorophyll a to estimate the particulate organic carbon available as food to large zooplankton in the euphotic zone of oceans. Journal of Plankton Research, 21(11): 2067-2083.

Liu Z F, Stewart G, Cochran J K, et al. 2005. Why do POC concentrations measured using Niskin bottle collections sometimes differ from those using in-situ pumps? Deep-Sea Research I, 52: 1324-1344.

Loiselle S A, Azza N, Gichuki J, et al. 2010. Spatial dynamics of chromophoric dissolved organic matter in nearshore waters of Lake Victoria. Aquatic Ecosystem Health & Management, 13: 185-195.

Loiselle S A, Bracchini L, Cózar A, et al. 2009. Variability in photobleaching rates and their related impacts on optical conditions in subtropical lakes. Journal of Photochemistry and Photobiology B: Biology, 95(2): 129-137.

Ma R H, Jiang G J, Duan H T, et al. 2011. Effective upwelling irradiance depths in turbid waters: a spectral analysis of origins and fate. Optics Express, 19: 7127-7138.

Mishonov A V, Gardner W D, Richardson M J. 2003. Remote sensing and surface POC concentration in the South Atlantic. Deep Sea Research II, 50: 2997-3015.

Morel A, Gentili B. 2009. A simple band ratio technique to quantify the colored dissolved and detrital organic material from ocean color remotely sensed data. Remote Sensing of Environment, 113: 998-1011.

Nieke B, Reuter R, Heuermann R, et al. 1997. Light absorption and fluorescence properties of chromophoric dissolved organic matter (CDOM) in the St. Lawrence Estuary (Case 2 waters). Continental Shelf Research, 17(3): 235-252.

Rochelle-Newall E J, Fisher T R. 2002. Chromophoric dissolved organic matter and dissolved organic carbon in Chesapeake Bay. Marine Chemistry, 77: 23-41.

Rochelle-Newall E J, Fisher T R, Fan C, et al. 1999. Dynamics of chromophoric dissolved organic matter and dissolved organic carbon in experimental mesocosms. International Journal of Remote Sensing, 20(3): 627-641.

Ruiz-Verdu A, Simis S G H, de Hoyos C, et al. 2008. An evaluation of algorithms for the remote sensing of cyanobacterial biomass. Remote Sensing of Environment, 112: 3996-4008.

Schiller H, Doerffer R. 1999. Neural network for emulation of an inverse model-operational derivation of Case II water properties from MERIS data. International Journal of Remote Sensing, 20(9): 1735-1746.

Simis S, Peters S, Gons H. 2005. Remote sensing of the cyanobacterial pigment phycocyanin in turbid inland water. Limnology and Oceanography, 50: 237-245.

Son Y B, Gardner W D, Mishonov A V, et al. 2009. Multispectral remote-sensing algorithms for particulate organic carbon (POC): The Gulf of Mexico. Remote Sensing of Environment, 113: 50-61.

Spencer R G M, Aiken G R, Butler K D, et al. 2009. Utilizing chromophoric dissolved organic matter measurements to derive export and reactivity of dissolved organic carbon exported to the Arctic Ocean: A case study of the Yukon River Alaska. Geophysical Research Letters, 36: L06401.

Stramski D, Reynolds R A, Kahru M, et al. 1999. Estimation of particulate organic carbon in the ocean from satellite remote sensing. Science, 285(5425): 239-242.

Stramska M, Stramski D. 2005. Variability of particulate organic carbon concentration in the north polar Atlantic based on ocean color observations with Sea-viewing Wide Field-of-view Sensor (SeaWiFS). Journal of Geophysical Research, 110: C10018.

Vodacek A, Blough N V, DeGrandpre M D, et al. 1997. Seasonal variation of CDOM and DOC in the Middle Atlantic Bight: Terrestrial inputs and photooxidation. Limnology and Oceanography, 42(4): 674-686.

Yu Q, Tian Y Q, Chen R F, et al. 2010. Functional linear analysis of in situ hyperspectral data for assessing CDOM in rivers. Photogrammetric Engineering and Remote Sensing, 76(10): 1147-1158.

Zhang Y C, Lin S, Qian X, et al. 2011. Temporal and spatial variability of chlorophyll a concentration in Lake Taihu using MODIS time-series data. Hydrobiologia, 661: 235-250.

Zhou W, Wang G F, Sun Z H, et al. 2012. Variations in the optical scattering properties of phytoplankton cultures. Optics Express, 20(10): 11189-11206.

Zhu W, Yu Q. 2012. Inversion of chromophoric dissolved organic matter (CDOM) from EO-1 hyperion imagery for turbid estuarine and coastal waters. IEEE Transactions on Geosciences and Remote Sensing, 99: 1-13.